高等职业教育新形态系列教材

机械加工工艺设计

主　编　李亚利
副主编　游晓畅　黄皞磊
参　编　陈应鹏　古代辉
主　审　杨　健

北京理工大学出版社
BEIJING INSTITUTE OF TECHNOLOGY PRESS

内容简介

本教材以机械制造过程中的工艺内容为主线,涵盖机械加工工艺规程的作用、基本要求,以及零件各表面加工方法的选择等,使学生可以进行机械零件加工工艺规程的分析与设计。

本教材任务模块导向式地体现了实际生产中的工作过程,每个任务模块,都是引导、启发学生完成一个具体的工作,这个工作可以是一个学习任务,一个产品的设计,一个系统的生产或装配,也可以是其他可见的、可评估的学习自测或劳动成果。本教材采用"校企合作""互联网+"的模式,在教材中嵌入二维码,方便学生理解相关知识,进行更深入的学习。本教材尽力做到理论联系实际、图文并茂、结构严谨、语言精练,项目构建既体现典型零件的传统性及共性,又体现项目的完整性。

本教材主要作为应用型本科院校和高职高专院校的教材,也可作为中专、职工大学、函授大学等学校的教材,还可作为相关工程技术人员的参考书。

版权专有　侵权必究

图书在版编目(CIP)数据

机械加工工艺设计 / 李亚利主编. -- 北京:北京理工大学出版社,2024.1(2024.11 重印)
ISBN 978 – 7 – 5763 – 3638 – 2

Ⅰ. ①机… Ⅱ. ①李… Ⅲ. ①金属切削 – 工艺设计 – 高等学校 – 教材 Ⅳ. ①TG506

中国国家版本馆 CIP 数据核字(2024)第 024822 号

责任编辑:王卓然	**文案编辑**:王卓然
责任校对:周瑞红	**责任印制**:李志强

出版发行	/ 北京理工大学出版社有限责任公司
社　　址	/ 北京市丰台区四合庄路 6 号
邮　　编	/ 100070
电　　话	/ (010) 68914026(教材售后服务热线)
	(010) 63726648(课件资源服务热线)
网　　址	/ http://www.bitpress.com.cn

版 印 次	/ 2024 年 11 月第 1 版第 2 次印刷
印　　刷	/ 河北盛世彩捷印刷有限公司
开　　本	/ 787 mm×1092 mm　1/16
印　　张	/ 17
字　　数	/ 356 千字
定　　价	/ 49.90 元

图书出现印装质量问题,请拨打售后服务热线,负责调换

一、教材性质

《机械加工工艺设计》是重庆工业职业技术学院依据相关高职高专院校教学改革及课程改革经验编写的专业职业能力培养教材。本教材贯彻落实党的二十大精神,依据现代机械加工的典型岗位(群)对学生知识、素质和能力的要求,以机械加工工艺设计能力培养为基点,融机械制造生产中的知识和机械制造工艺编制技能为一体,实现知识传授与技术技能培养并重,是任务驱动和教、学、做为一体的新体系教材。本新体系教材以学生为中心,让学生去实际参与任务,使知识变成生产或项目过程性的内容,服务于任务或者项目,其核心是要求学生在模块任务操作的过程中学会知识、技能,从而实现对学生综合素养的培养。本教材的每个模块任务都是工作过程导向式,引导、启发学生去完成一个具体的工作。这个工作可以是完成一个学习任务,可以是设计一个产品,可以是生产或装配一个系统,也可以是完成其他可见的、可评估的学习自测或劳动成果。然后辅以相应的生产、项目过程性知识、理论等(这部分确实是必要的,也是区分于学徒制下的一些技师学院学生、中职学生和高职学生的关键部分,即高职学生除了要学会去完成一个工作任务之外,还要知其所以然,要有一定的理论知识储备,这样才可以形成工作迁移能力,才能体现其高技能外的高素质)。

二、教材特点

本教材从制造企业的生产过程入手,引入产业最新的工艺和技术,以制造技术为核心,以制造工艺为主线,充分体现工学结合的高职人才培养特色,本着有利于培养学生实践能力和工程素质的原则,在编写过程中主要进行了以下几个方面的尝试和改革。

1. 本教材的每个学习模块均按知识图谱—学习目标—任务描述—知识链接—任务实施—任务评价进行设置。模块任务为案例式,并融入职业素养、工匠精神教育。本教材教学理念先进、对接岗位紧密、素质教育能有效渗透,通过素质教育对学生进行正确的引导,帮助学生树立正确的人生观与价值观,为学生的可持续发展打下坚实的基础。

本教材贯彻先进的教学理念,以技能训练为主线,以相关知识为支撑,较好地处理理论教学与技能训练的关系,切实落实"知识传授与技术技能培养并重"的教学指导思想。

2. 为了更好地突出职业核心能力培养的要求,针对高职学生的特点和职业(岗位)需求,本教材对机械加工精度和表面质量的内容进行了较大幅度的改编和精简。

3. 本教材采用现行国家标准,编入新技术、新设备、新材料、新工艺等相关内容,并对现代制造技术进行介绍,以期望缩短学校教育与企业需要的距离,更好地满足产业升级对人才的需求。

4. 本教材在"厚基础、重能力、练技能、求创新"的整体思路指导下，将教材内容整合为6个模块，每个模块包含从企业实际生产中精选出的各项任务。本教材在各项任务的引领下，根据高职学生培养目标的要求，坚持"以工作过程为导向"，加强教材的针对性，突出对学生实际应用技能的培养。

5. 为适应"互联网＋职业教育"的发展需求，深化课堂教学模式改革，本教材配套开发课程标准、电子教案、PPT课件、动画及实操录像等形式多样的数字化资源，以便开展线上、线下混合式教学。学生可以通过扫描知识点专属二维码，直接获取本教材的线上课程资源，包括微课视频、工程案例、多媒体课件、文献资料等，提前掌握重难点内容，从而有目的地学习。

三、教材的主要内容、任务与学习方法

本教材以机械制造过程中的工艺内容为主线，介绍了机械加工工艺生产过程认知、工件的安装、机械加工工艺规程及其制定、机床主轴箱工艺、机械加工质量、发动机装配工艺等内容。通过本教材的学习，学生可以初步具备分析和解决机械制造中一般工艺技术问题的能力，了解机械加工工艺规程在企业中的作用及基本要求和零件各表面加工方法的选择等，能够进行机械零件加工工艺规程的分析与制订；具备应用机械制造工艺及设计知识分析和解决生产中常见产品质量问题的一般能力。

本教材以机械制图、工程力学、工程材料与热处理、金属切削原理与刀具、公差配合与测量技术等内容为理论依托，为学生后续专业课程的学习、机械产品的生产实习以及有关机械产品生产方面的最新科技成果的掌握打下良好基础，培养学生从事机械产品的设计、制造、运用、维修和管理等工作的能力。

学生在学习本教材时，要运用前面学过的专业基础知识和专业知识，如金属材料与热处理、机械设计基础等；要重视实践教学环节，如金工实习、跟岗实习等；要多到企业参观、实践，注意理论与实践相结合；要多做练习，从而理解和掌握本教材的基本概念及其在实践中的应用，但不能生搬硬套；要灵活运用所学知识去解决实际工作问题；还要做好本教材的预习和复习。

本教材在编写时，由李亚利任主编，游晓畅、黄皥磊任副主编，陈应鹏、古代辉任参编，重庆科技大学杨健任主审。本教材主要作为应用型本科院校和高职高专院校的教材，也可作为中专、职工大学、函授大学等学校的教材，还可作为相关工程技术人员的参考书。

本教材的编写得到了兄弟院校和相关企业、工程人员的大力支持和帮助，在此表示衷心感谢。由于编者水平有限，书中难免有不足之处，敬请各位读者批评指正。

编者

目 录

模块一　机械加工工艺生产过程认知 …………………………………………… 1
  任务一　机械制造企业产品分析 …………………………………………… 2
  任务二　机械加工工艺过程解析 …………………………………………… 9
  任务三　机械加工生产类型分析 ………………………………………… 17

模块二　工件的安装 ………………………………………………………… 22
  任务一　工件定位 ………………………………………………………… 23
  任务二　工件定位误差分析 ……………………………………………… 29

模块三　机械加工工艺规程及其制订 ……………………………………… 38
  任务一　制订机械加工工艺规程 ………………………………………… 39
  任务二　零件结构工艺性分析 …………………………………………… 46
  任务三　选择毛坯 ………………………………………………………… 54
  任务四　选择定位基准 …………………………………………………… 59
  任务五　零件加工工艺路线拟订设计 …………………………………… 68
  任务六　零件加工工序设计 ……………………………………………… 79
  任务七　机械加工生产率和技术经济分析（拓展学习）………………… 100

模块四　机床主轴箱工艺 …………………………………………………… 107
  任务一　车床主轴工艺设计与实践 ……………………………………… 108
  任务二　主轴箱工艺设计与实践 ………………………………………… 137
  任务三　齿轮工艺设计与实践 …………………………………………… 156
  任务四　套筒零件工艺设计与实践（拓展学习）………………………… 174

模块五　机械加工质量 ……………………………………………………… 188
  任务一　工艺系统几何误差分析 ………………………………………… 189
  任务二　工艺系统受力变形 ……………………………………………… 199
  任务三　工艺系统热变形 ………………………………………………… 208
  任务四　工件内应力分析 ………………………………………………… 213
  任务五　机械加工表面质量认知 ………………………………………… 217

模块六　发动机装配工艺 …………………………………………………… 228
  任务一　建立装配尺寸链 ………………………………………………… 229
  任务二　保证装配精度 …………………………………………………… 237
  任务三　制订装配工艺规程 ……………………………………………… 252

参考文献 ……………………………………………………………………… 264

模块一　机械加工工艺生产过程认知

模块简介

在实际生产中，一个零件往往要经过一定的加工过程才能将其由图样变成成品零件。由于零件的结构形状、几何精度、加工技术条件和生产数量等要求不同，因此，机械加工工艺人员只有从工厂现有的生产条件和零件的生产数量出发，根据零件的具体要求，在保证加工质量、提高生产率和降低生产成本的前提下，对零件各加工表面选择适宜的加工方法，合理地安排加工顺序，科学地拟订机械加工工艺过程，才能获得合格的机械零件。

【知识图谱】

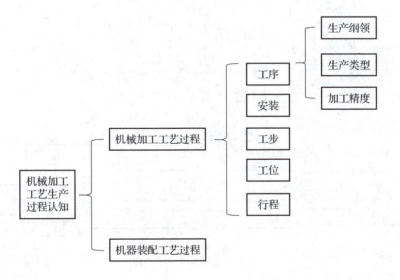

【学习目标】

1. 知识目标

（1）认知机械加工工艺过程的组成。

（2）认知工序、安装、工步、工位、行程等概念。

（3）熟悉生产纲领及生产类型的概念和特征。

（4）认知零件的结构工艺性知识。

2. 技能目标

(1) 能够进行产品的结构工艺性分析。

(2) 具有工序、安装、工步、工位、行程发现认知的能力。

3. 素质目标

(1) 培养学生发现问题和解决问题的能力,使学生具有终身学习与专业发展能力。

(2) 培养学生诚实守信、敢于担当的精神,能够弘扬中华优秀传统文化。

(3) 培养学生的质量和经济意识。

(4) 培养学生的大局观,以及动手、动脑和勇于创新的积极性。

任务一 机械制造企业产品分析

【任务描述】

请以图1-1所示的传动轴简图为例,独立查阅工程实践案例,了解机械制造企业的产品特征,对影响机械制造企业产品质量的要素进行分析,并填写保证该传动轴加工精度的方法。

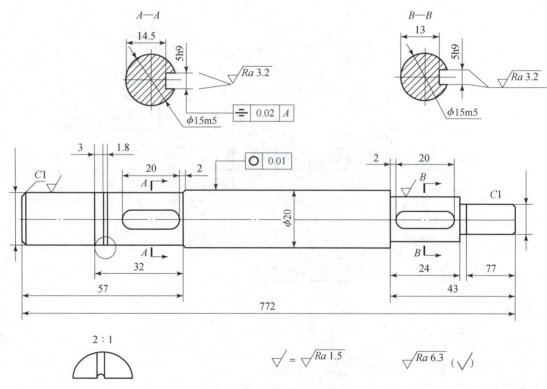

图1-1 传动轴简图

【知识链接】

一、生产系统

1. 系统的概念

任何事物都是由数个相互作用和相互依赖的部分组成的，并具有特定功能的有机整体，这个整体就是系统。例如，生态系统、水利系统、铁路运输系统、一台机器、一套化工设备、一个工厂都可看成一个系统。

2. 机械加工工艺系统

机械加工工艺系统由机床、刀具、夹具和工件四个要素组成，它们彼此关联、互相影响。该系统的整体目的是在特定的生产条件下，在保证机械加工工序质量的前提下，采用合理的机械加工工艺过程，降低该工序的加工成本。

机械加工工艺系统包含物质流、能量流、信息流。在机械加工工艺系统中，坯料经一个工序加工并检验后，就作为本道工序加工完成的零件输送到下一工序。这样的系统中存在物质的流动，称为物质流。同时，在加工中，机床要耗费电力资源，也就是说系统中存在着能量流。另外，当今电子计算机和自动控制等技术已广泛深入到机械加工领域中，例如，工艺文件通过数控程序和适应性控制模型控制着系统中物质要素的动作和流动，这种要素称为信息流。

3. 机械制造系统

机械制造系统是在机械加工工艺系统基础上以整个机械加工车间为整体的更高一级系统。一个工序很优秀，并不一定能获得零件的最低加工成本。只有全盘考虑组成零件加工的各道加工工序，才能实现零件加工的最佳化。这样综合的结果就是机械制造系统，其整体目的就是使该车间能最有效地全面完成全部零件的机械加工任务。它由各机械加工工艺系统要素组成。其中，信息流除机械加工工艺系统中的工艺参数信息外，还有计划、调度、管理等方面的信息。

4. 生产系统

机械加工工艺系统和机械制造系统是生产系统的子系统。生产系统以整个机械制造厂为整体，为了最有效地经营，获得最高经济效益，一方面把原材料供应、毛坯制造、机械加工、热处理、装配、检验与试车、油漆、包装、运输、保管等因素作为基本物质因素来考虑；另一方面把技术信息、经营管理、劳动力调配、资源和能源利用、环境保护、市场动态、经营政策、社会问题和国际因素等信息作为影响系统效果更重要的要素来考虑。可见，生产系统是包括机械制造系统的更高一级系统，机械制造系统是生产系统中比较重要的子系统。生产系统除包含物质流、能量流和信息流外，还包含劳务流和资金流，它们在工厂内部动态地流动。

之所以要分析系统的概念，就是要用系统工程技术的观点来分析所研究的系统及其组成,树立"局部"服从"整体"、"整体"融于"局部"的观点,从而实现整个生产系统的最佳化。

二、制造方法认知

产品或零件的机械加工有许多方法,加工的目的是使零件获得一定的加工精度和表面质量。零件的加工精度包括尺寸精度、形状精度和位置精度。

(一) 获得尺寸精度的方法

1. 试切法

试切法是边加工、边测量,即试切—测量—调整—再试切,反复进行,以达到规定尺寸的一种加工方法,如图1-2(a)所示。例如,进行箱体孔系的试镗加工时,先试切出很小部分加工表面,测量试切所得的尺寸,然后按照加工要求适当调整刀具切削刃相对工件的位置,再试切,再测量,如此经过两三次试切和测量,当被加工工件的尺寸达到要求后,再切削整个待加工表面。试切法达到的精度可能很高,不需要复杂的装置,但这种方法费时(需进行多次调整、试切、测量、计算),效率低,依赖工人的技术水平、严谨踏实的态度和计量器具的精度,质量不稳定,所以只用于单件小批生产。

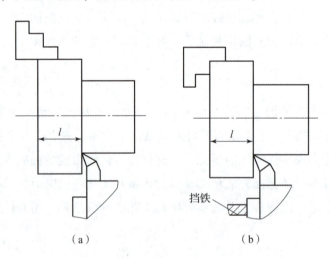

图1-2 零件加工
(a) 试切法加工;(b) 调整法加工

作为试切法的一种类型,配作是以已加工工件为基准,加工与其相配的另一工件,或将两个(或两个以上)工件组合在一起进行加工的方法。配作中,被加工工件最终要达到的尺寸精度是以与已加工工件的配合要求为准的。

2. 调整法

先在机床上调整好刀具的位置,然后以固定的刀具位置加工一批零件的方法称为调整法。

调整法加工预先用样件或标准件调整好机床、夹具、刀具和工件的准确相对位置,用以保证工件的尺寸精度,如图1-2（b）所示。因为尺寸事先调整到位,所以加工时,不用再进行试切,尺寸自动获得,并在一批零件加工过程中保持不变。例如,采用铣床夹具时,刀具的位置靠对刀块确定。调整法的实质是利用机床上的定程装置、对刀装置或预先调整好的刀架的方式,使刀具相对于机床或夹具达到一定的位置精度,然后加工一批工件。在机床上按照刻度盘进刀然后切削,也是调整法的一种,这种方法需要先按试切法决定刻度盘上的刻度。在大批大量生产中,多用定程挡块、样件、样板等对刀装置进行调整。

调整法比试切法的加工精度稳定性好,有较高的生产率,对机床操作人员的要求不高,但对机床调整人员的要求高,常用于成批生产和大量生产。

3. 定尺寸刀具法

用刀具的相应尺寸来保证工件被加工部位尺寸的方法称为定尺寸刀具法。它利用标准尺寸的刀具进行加工,加工表面的尺寸由刀具尺寸决定,即利用具有一定的尺寸精度的刀具（如钻头、铰刀、扩孔钻等）来保证工件被加工部位（如孔）的精度。当尺寸精度要求较高时,常用浮动刀具进行加工,这是为了消除刀具与工件位置误差的影响。定尺寸刀具法操作方便,生产率较高,加工精度比较稳定,几乎与加工人员的技术水平无关,在各种类型的生产中广泛应用,如钻孔、铰孔等的加工。拉刀也属定尺寸刀具法,应用于大中批生产和大量生产。

4. 主动测量法

在加工过程中,边加工边测量加工尺寸,并将所测结果与设计要求的尺寸进行比较后,或使机床继续工作,或使机床停止工作,就是主动测量法。目前,主动测量法中的数值已可用数字显示。主动测量法把测量装置加入机械加工工艺系统（即机床、刀具、夹具和工件组成的统一体）中,使其成为第五个因素。主动测量法加工质量稳定、生产率高,是未来发展的方向。

5. 自动控制法

自动控制法把测量、进给装置和控制系统组成一个自动加工系统,加工过程依靠自动加工系统自动完成。其中,尺寸测量、刀具补偿调整和切削加工以及机床停车等一系列工作可自动完成,自动达到所要求的尺寸精度。例如,在数控机床上加工时,零件就是通过程序的各种指令控制工序和加工精度的。

自动控制的具体方法有两种。

（1）自动测量。机床上有自动测量工件尺寸的装置,在工件达到要求的尺寸时,测量装置即发出指令使机床自动退刀并停止工作。

（2）数字控制。机床中有控制刀架或工作台精确移动的伺服电动机、滚动丝杠螺母副及整套数字控制装置,尺寸的获得（刀架的移动或工作台的移动）由预先编制好的程序通过计算机数字控制装置自动控制。

自动控制法加工质量稳定、生产率高、加工柔性好、能适应多品种生产,是目前机械制造的发展方向和计算机辅助制造（computer - aided manufacturing,CAM）的基础。

(二) 获得形状精度的方法

1. 刀尖轨迹法

依靠刀尖的运动轨迹获得形状精度的方法称为刀尖轨迹法，即让刀具相对于工件做有规律的运动，以其刀尖轨迹获得所要求的表面几何形状。刀尖的运动轨迹取决于刀具和工件的相对成形运动，因而所获得的形状精度取决于成形运动的精度。数控车床、数控铣床、普通车削、铣削、刨削和磨削等均属刀尖轨迹法。图 1-3 所示为用刀尖轨迹法加工圆锥面。

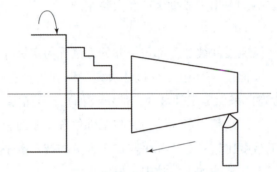

图 1-3 用刀尖轨迹法加工圆锥面

2. 成形法

利用成形刀具对工件进行加工的方法称为成形法，即用成形刀具取代普通刀具。成形刀具的切削刃就是工件外形，成形刀具替代了一个成形运动。成形法可以简化机床或切削运动，提高生产率。成形法所获得的形状精度取决于成形刀具的形状精度和其他成形运动的精度。图 1-4 所示为用成形法加工球面。

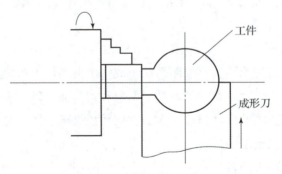

图 1-4 用成形法加工球面

3. 展成法

利用刀具和工件做展成切削运动形成包络面，从而获得形状精度的方法称为展成法，如滚齿、插齿、滚花键加工就属于展成法。

4. 数控成形法

利用坐标轴联动的数控技术自动控制较高的形状精度，这种方法称为数控成形法。两坐标联动的数控技术可加工平面轮廓曲线，三坐标联动的数控技术可加工立体轮廓曲面，而五轴加工中心专门用于加工更加复杂的曲面类工件,如飞机涡轮发动机的叶片、叶轮、船用螺旋桨等复杂曲面类工件。

(三) 获得位置精度的方法

当零件较复杂、加工表面较多时,需要在多道工序中加工,其位置精度取决于工件的安装定位方法。工件安装常用的定位方法如下。

1. 找正装夹

(1) 直接找正定位法。

用划针或百分表直接在机床上找正工件正确位置的方法称为直接找正定位法。如图1-5所示,在内圆磨床上找正工件时,用四爪卡盘安装工件,若要保证加工后内孔面与外圆面的同轴度,则先用百分表按工件外圆进行找正,找正后夹紧,车削内孔面,从而保证内孔面与外圆面的同轴度要求。直接找正定位法生产率低,精度取决于加工人员技术水平和测量工具的精度。其定位精度一般在0.01~0.5 mm之间,常用于单件小批生产。

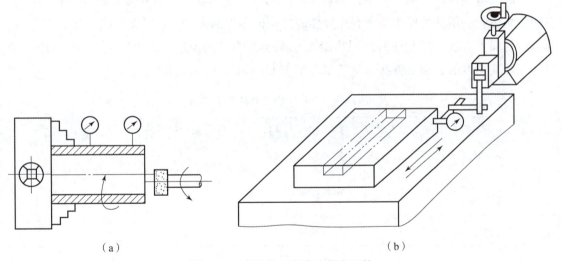

图1-5 直接找正定位法装夹工件
(a) 在内圆磨床上找正工件;(b) 在刨床上找正工件

(2) 划线找正定位法。

划线找正定位法是用划针在零件毛坯上划好线,再以所划的线为基准,找正零件在机床中位置的一种方法,如图1-6所示。划线找正定位法定位精度低,生产率也低,需要有技术的划线人员,一般用于批量较小、形状复杂且笨重的工件或低精度毛坯的加工。

2. 夹具装夹法

夹具装夹法是在机床上安装夹具,使工件在夹具中定位,不用找正的一种方法。夹具装夹法可靠、装卸方便且定位精度较高,当零件以精基准定位时,定位精度可达0.01 mm。由于专用夹具的制造费用高,因而此方法广泛用于成批生产和大量生产。在单件小批生产时,很少采用专用夹具,而是采用通用夹具。当工件的加工精度要求较高时,可采用标准元件组装的组合夹具,使用后元件可拆回。

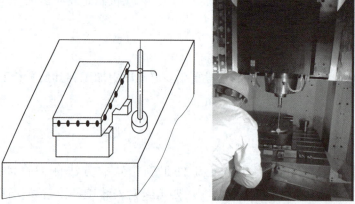

图1-6 划线找正定位法

【任务实施】

一般机械零件,如轴、齿轮,都具有较高的尺寸、形状、位置精度及表面粗糙度要求,它们可能会影响零件的使用功能和互换性。要保证零件的精度,就需要在机械加工工艺中选择合适的加工方法,使零件的使用功能和互换性都能得到保证。根据图1-1中的传动轴,思考保证其精度的方法有哪些,将其填写至表1-1中。

表1-1 传动轴加工精度任务工单

精度要求	加工精度	保证精度的方法	备注
$\phi 20 f6 \begin{pmatrix} -0.020 \\ -0.033 \end{pmatrix}$	尺寸精度		
⌖ 0.01	形状精度		
⌯ 0.02 A	位置精度		

【任务评价】

对【任务实施】进行评价,并填写表1-2。

表1-2 任务评价表

考核内容	考核方式	考核要点	分值	评分
知识与技能(70分)	教师评价(50%)+互评(50%)	认知生产系统	14分	
		认知获得尺寸精度的方法	14分	
		认知获得位置精度的方法	14分	
		认知夹具装夹法	14分	
		认知划线找正定位法	14分	

续表

考核内容	考核方式	考核要点	分值	评分
学习态度与团队意识（15分）	教师评价（50%）+互评（50%）	学习积极性高，有自主学习的能力	3分	
		有分析解决问题的能力	3分	
		有团队协作精神，能顾全大局	3分	
		有组织协调能力	3分	
		有合作精神，乐于助人	3分	
工作与职业操守（15分）	教师评价（50%）+互评（50%）	有安全操作、文明生产的职业意识	3分	
		遵守纪律，规范操作	3分	
		诚实守信，实事求是，有创新意识	3分	
		能够自我反思，不断优化完善	3分	
		有节能环保意识、质量意识	3分	

任务二　机械加工工艺过程解析

【任务描述】

图1-7所示的圆盘零件在加工过程中需经历多个工艺流程。请完成对该圆盘零件的机械加工工艺过程分析，并将其各个工序、工步等逐一填到对应表格中。

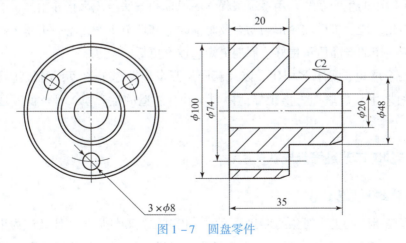

图1-7　圆盘零件

【知识链接】

机械产品的制造是一个包含产品开发、设计、生产、检验、经营和售后服务等多个环节和过程的系统工程。其中的核心是产品的生产制造，它是将产品设计的信息转化为产品的关键，直接影响产品质量，并关系到企业在市场定位的实现。

一、生产过程

工业产品的生产过程是指从原材料到成品之间各个相互联系的劳动过程总和。这里所指的成品可以是一台机器、一个部件，也可以是某种零件。这些过程如下。

（1）原材料、半成品和成品的运输和保存。

（2）生产和技术准备工作，如产品的开发和设计、工艺及工艺装备的设计与制造、各种生产资料的准备及生产组织（在机械加工中，通常将夹具、刀具、量具及各种刀具间的辅助工具统称为工艺装备）。

（3）毛坯制造和处理。

（4）零件的机械加工、热处理及其他表面处理。

（5）部件或产品的装配、检验、调试、油漆和包装等。

由上述过程可以看出，机械产品的生产过程是相当复杂的。为了便于组织生产，现代机械工业的发展趋势是组织专业化生产，即将一种产品的生产分散在若干个专业化工厂进行，最后集中由一个工厂制成完整的机械产品。例如，制造机床时，机床上的轴承、电机、电器、液压元件甚至其他许多零部件都是由专业化工厂生产的，最后由机床厂完成关键零部件和配套件的生产，并装配成完整的机床。专业化生产有利于零部件的标准化、通用化和产品的系列化，从而能在保证质量的前提下，提高劳动生产率、降低成本。

上述生产过程的内容十分广泛，从产品开发、生产和技术准备到毛坯制造、机械加工和装配，影响的因素和涉及的问题多而复杂。为了使工厂具有较强的应变能力和竞争能力，现代工厂逐步用系统的观点看待生产过程的各个环节及它们之间的关系，即将生产过程看成一个具有输入和输出的生产系统。用系统工程学的原理和方法组织和指导生产，能使工厂的生产和管理科学化；能使工厂按照市场动态及时地改进和调节生产，不断更新产品以满足社会的需要；能使生产的产品质量更好、周期更短、成本更低。

由于市场全球化、需求多样化，以及新产品开发周期越来越短，因此随着信息技术的发展，企业间采用动态联盟，实现异地协同设计与制造的生产模式是目前制造业发展的重要趋势。

二、机械加工工艺过程组成认知

（一）机械加工工艺过程

工艺过程是指改变生产对象的形状、尺寸、相对位置和性质等，使其成为半成品或成品的过程，如图 1-8 所示。工艺过程是生产过程的一部分，可分为毛坯制造、机械加工、热处理和装配等过程。机械加工工艺过程是指用机械加工的方法直接改变毛坯的形状、尺寸和表面质量，使之成为零件或部件的那部分生产过程。生产过程包括机械加工工艺过程和机器装配工艺过程，本教材中的工艺过程均指机械加工工艺过程。

图 1-8 轴工艺过程

(二) 工艺过程的组成

在工艺过程中,针对零件的结构特点和技术要求,要采用不同的加工方法和装备,按照一定的顺序进行加工,才能完成由毛坯到零件的过程。组成工艺过程的基本单元是工序,工序又由安装、工步、工位和行程等组成。

1. 工序(加工顺序)

一个或一组工人,在一个工作地点对同一个或同时对几个工件进行加工所连续完成的那部分工艺过程,称为工序。由定义可知,判别是否为同一工序的主要依据是工作地点是否变动和加工是否连续。

例1 一个工作地,一台车床或三台相同车床都加工同一零件部位,称为一道工序。

例2 批量影响,一台车床,单件加工与批量加工,虽同为车外圆,但单件加工车外圆是连续加工,因此为同一工序,而批量加工车外圆时如无连续之意,则属不同工序。

例3 轴零件的工艺过程。

生产规模不同,加工条件不同,其工艺过程及工序的划分也不同。图 1-9 所示的阶梯轴,根据加工是否连续和变换工作地点(机床)的情况,单件小批生产时,可划分为表 1-3 所示的 3 道工序;大批大量生产时,则可划分为表 1-4 所示的 5 道工序。由表 1-3 可知,

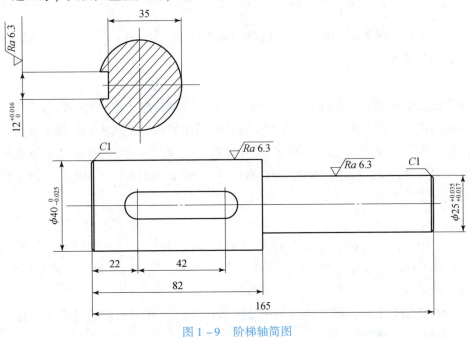

图 1-9 阶梯轴简图

该零件的机械加工分2种车削和1种铣削工序,这是由于三者机床及加工的连续性均已发生变化;而车削加工工序1,虽然包含多个加工表面和多种加工方法(如车、钻等),但其划分工序的要素未改变,故仍属同一工序。表1-4中有5道工序,其中虽然工序2、工序3同为车削,但由于加工连续性已发生变化,因此应为2道工序;同样,工序4因为使用设备和工作地点均已变化,也应作为另一道工序。

表1-3 单件小批生产时的工艺过程

工序号	工序名称	工序内容	设备
1	车削	(用三爪自定心卡盘夹紧毛坯外圆) 车一端面,钻中心孔;调头,车另一端面,钻中心孔	车床
2	车削	车大外圆及倒角;调头,车小外圆及倒角	车床
3	铣削	铣键槽,去毛刺	铣床

表1-4 大批大量生产时的工艺过程

工序号	工序名称	工序内容	设备
1	铣端面,钻中心孔	两边同时铣端面,钻中心孔	铣端面,钻中心孔机床
2	车削	车大外圆及倒角	车床
3	车削	车小外圆及倒角	车床
4	铣削	铣键槽	铣床
5	钳	去毛刺	钳台

工序的作用:工序不仅是制订工艺过程的基本单元,也是制订生产计划和进行质量检验、生产管理的基本单元。

2. 安装

在加工前,应先使工件在机床上或夹具中占有正确的位置,这一过程称为定位;工件定位后,将其固定,使其在加工过程中保持定位位置不变的操作称为夹紧,将工件在机床或夹具中每定位、夹紧一次所完成的那部分工序内容称为安装。一道工序中,工件可能被安装一次或多次。安装次数多,除会增加装夹时间外,还会降低加工精度。因此,一道工序中,应尽量减少工件安装次数。

3. 工步

一道工序中,在加工表面(或装配时的连接表面)和加工(或装配)工具不变的情况下所连续完成的那部分工序称为工步。例如,表1-3中的工序1,每个安装中都有车端面、钻中心孔两个工步。

(1)为简化工艺文件,当工件在一次装夹后连续进行若干相同的工步时,常填写为一个工步,如图1-10所示。

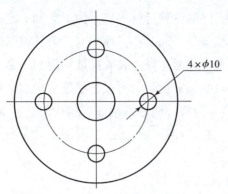

图 1-10 具有四个相同孔的加工

（2）复合工步。

为提高生产率，生产中常会采用数把刀具（或复合刀具）的组合同时加工几个表面，这种工步称为复合工步。在工艺文件上，复合工步应视为一个工步。

图 1-11 所示为用钻头和车刀同时加工内孔和外圆复合工步。图 1-12 所示为用复合中心钻钻孔、锪锥面复合工步。

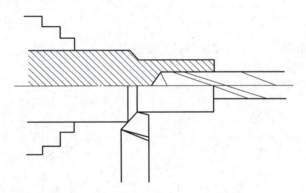

图 1-11 用钻头和车刀同时加工内孔和外圆复合工步

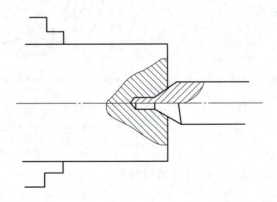

图 1-12 用复合中心钻钻孔、锪锥面复合工步

4. 工位

为了减少工件的装夹次数，常采用各种回转工作台、回转夹具或移动夹具，使工件在一

次装夹中，可先后处于几个不同的位置进行加工。为了完成一定的工序部分，一次装夹工件后，工件与夹具或设备的可动部分一起移动，而相对于刀具或设备的固定部分所占据的每一个位置称为工位。工件在加工中应尽量减少装夹次数，因为每多一次装夹，不仅会增加装夹时间，还会增加装夹误差。减少装夹次数的有效办法是采用多工位夹具。

例如，表1-4中的工序1为两边同时铣端面，钻中心孔，每个工位都是用两把刀具同时铣两端面或钻两端中心孔，它们都是复合工步，如图1-13所示。

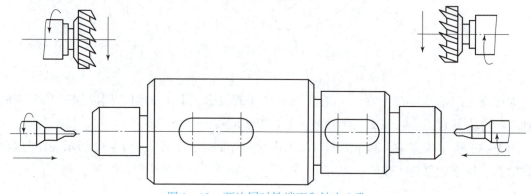

图1-13 两边同时铣端面和钻中心孔

图1-14所示为用万能分度头使工件依次处于工位Ⅰ，Ⅱ，Ⅲ，Ⅳ来完成对零件的铣削加工。

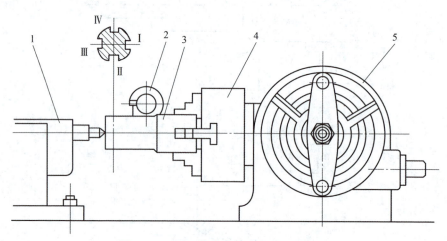

图1-14 用万能分度头进行多工位加工
1—尾座；2—铣刀；3—工件；4—三爪自定心卡盘；5—分度头

想一想

图1-15所示为多工位加工，其好处有哪些？

多工位加工的好处如下。
（1）减少工件的安装次数，减少安装误差和辅助时间。
（2）缩短工时，实现加工时间与辅助时间重叠，提高效率。

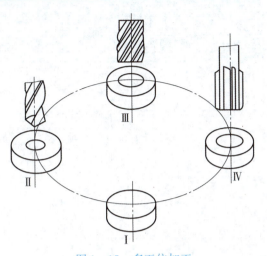

图 1-15 多工位加工

I—装卸工件；II—钻孔；III—扩孔；IV—铰孔

5. 行程（走刀或进给）

行程（进给次数）有工作行程和空行程之分。工作行程是指刀具以加工进给速度相对工件完成一次进给运动的工步部分，空行程是指刀具以非加工进给速度相对工件完成一次进给运动的工步部分。一个工步可能只要一次行程，也可能要几次行程。

综上所述，工序是工艺过程中的基本单元。零件的工艺过程由若干个工序组成。一个工序中可能包含一个或几个安装，每个安装可能包含一个或几个工位，每个工位可能包含一个或几个工步，每个工步可能包括一次或几次行程。如图 1-9 所示的阶梯轴，当单件小批生产时，工艺工程如表 1-3 所示；当大批大量生产时，工艺过程如表 1-4 所示。

【任务实施】

对图 1-7 所示圆盘零件的工艺过程进行分析，并填写表 1-5、表 1-6。

表 1-5 圆盘零件单件小批生产时的工艺过程任务工单

工序号	工序名称	安装	工步	工序内容

表 1-6　圆盘零件大批大量生产时的工艺过程任务工单

工序号	工序名称	安装	工步	工序内容

> **小贴士**
>
> （1）通过小组协作、角色扮演，培养学生自主学习能力和团队协作精神。
>
> （2）通过生产实训，将圆盘零件作为生产性实训载体，完成零件的工艺编制与加工制作，让学生切实接触企业产品，体验企业员工的工作过程，培养其热爱劳动的职业素养，实现产学深度融合。
>
> （3）通过计时竞赛、方案分析、尺寸保证，培养学生精益求精的工匠精神。

【任务评价】

对【任务实施】进行评价，并填写表 1-7。

表 1-7　任务评价表

考核内容	考核方式	考核要点	分值	评分
知识与技能 （70分）	教师评价（50%）+ 互评（50%）	认知圆盘零件机械加工工序名称	14分	
		认知圆盘零件机械加工工步数	14分	
		认知圆盘零件机械加工工步内容	14分	
		认知圆盘零件机械加工安装	14分	
		认知圆盘零件机械加工工序内容	14分	
学习态度与 团队意识 （15分）	教师评价（50%）+ 互评（50%）	学习积极性高，有自主学习的能力	3分	
		有分析解决问题的能力	3分	
		有团队协作精神，能顾全大局	3分	
		有组织协调能力	3分	
		有合作精神，乐于助人	3分	

续表

考核内容	考核方式	考核要点	分值	评分
工作与职业操守（15分）	教师评价（50%）+互评（50%）	有安全操作、文明生产的职业意识	3分	
		遵守纪律，规范操作	3分	
		诚实守信，实事求是，有创新意识	3分	
		能够自我反思，不断优化完善	3分	
		有节能环保意识、质量意识	3分	

任务三　机械加工生产类型分析

【任务描述】

指出图1-9所示阶梯轴的不同生产批量对工艺特征的影响，如工序的划分、安装、工位、选择的设备等。

【知识链接】

一、生产纲领

生产纲领指企业在计划期内应当生产的产品产量和进度计划。计划期常为一年，故又称年产量。产量的组成：需求产品数量、备品数量及废品数量。

因此，年产量 N 为

$$N = Qn(1+\alpha\%)(1+\beta\%)$$

式中　N——零件的年产量，台；

　　　Q——产品的年产量，台；

　　　n——每台产品所需该零件的数量，件；

　　　α——备品率；

　　　β——废品率。

二、生产类型

不同的年产量对设备的专业化、自动化程度，所采用的加工方法及制造装备条件的要求均不相同，因此，年产量的大小对零件制造过程及制造时的生产组织有着重要的影响，决定着零件制造的生产类型。根据生产专业化程度的不同，生产类型可分为单件生产、成批生产、大量生产三种。

1. 单件生产

单件生产适用于产品年产量较小,但产品品种多的情况。生产中的试制及工装的制造便属于该类型。单件生产一般较多采用普通设备及标准附件,极少采用专用工装,常靠试切法、划线找正定位法等方法保证加工精度。因此,单件加工质量不稳,其质量好坏主要取决于操作人员技术水平的高低,且生产率不高。重型机械制造、专用设备制造和新产品试制,均属于单件生产。

2. 成批生产

成批生产适用于产品有一定数量、分批投入制造、生产呈周期性重复的情况。生产中,机床设备的生产便属于该类型。成批生产设备选用时,通用、专用设备相结合,工装应采用通用与专用兼顾的方式,工艺方法应用较灵活。机床、机车、电动机等的制造,均属于成批生产。

3. 大量生产

大量生产适用于产品产量很大,品种单一而固定,且长期重复同一工作内容的情况,如轴承等标准件的生产。大量生产时,广泛采用专用机床、自动机床、自动生产线及专用工装,加工过程自动化程度高、效率高、质量稳定。汽车、标准件等的生产制造,均属于大量生产。

成批生产一般又分为小批生产、中批生产、大批生产三种,在工艺上小批接近于单件生产,大批接近于大量生产,故生产中又常按单件小批生产、中批生产及大批大量生产来划分生产类型。表1-8所示为年产量与生产类型的关系。

表1-8 年产量与生产类型的关系

生产类型		同类零件的年产量/件		
		小型机械或轻型零件（质量<100 kg）	中型机械或中型零件（质量在100~2 000 kg之间）	重型机械或重型零件（质量>2 000 kg）
单件生产		≤100	≤10	≤5
成批生产	小批生产	100~500	10~200	5~100
	中批生产	500~5 000	200~500	100~300
	大批生产	5 000~50 000	500~5 000	300~1 000
大量生产		>50 000	>5 000	>1 000
注：小型、中型和重型机械分别以缝纫机、机床（或柴油机）和轧钢机为代表。				

表1-8中的小型、中型和重型零件可参考表1-9中的数据确定。

表1-9 不同机械产品的零件质量类型

机械产品类别	零件的质量/kg		
	轻型零件	中型零件	重型零件
电子机械	≤4	4~30	>30
机床	≤15	15~50	>50
重型机械	≤100	100~2 000	>2 000

三、各种生产类型的工艺特征

生产类型不同,零件和产品的加工对象、毛坯的制造方法及加工余量、机床设备及其布置形式、工艺装备、对加工人员的技术要求、工艺文件、零件的互换性、生产率、单件加工成本也会不同。各种生产类型的工艺特征如表 1-10 所示。在制订零件机械加工工艺规程时,先确定生产类型,再参考表 1-10 确定该生产类型下的工艺特征,以使所制订的工艺规程正确合理。

表 1-10 各种生产类型的工艺特征

特点	类型		
	单件小批生产	中批生产	大批大量生产
加工对象	经常改变	周期性改变	固定不变
毛坯的制造方法及加工余量	铸件采用木模手工造型,锻造方法采用自由锻。毛坯精度低,加工余量大	部分铸件用金属模,部分锻件采用模锻。毛坯精度中等,加工余量中等	铸件广泛采用金属模机器造型,锻件广泛采用模锻以及其他高生产率的毛坯制造方法。毛坯精度高,加工余量小
机床设备及其布置形式	采用通用机床。机床设备按类别和规定大小采用"机群式"排列布置	采用部分通用机床和部分高生产率的专用机床。机床设备按被加工工件类别分"工段"排列布置	广泛采用高生产率的专用机床及自动机床。按流水线和自动线排列机床设备
工艺装备	多采用通用夹具,很少采用专用夹具,靠划线找正定位法及试切法达到尺寸精度;采用通用刀具与万能量具	广泛采用专用夹具,部分靠划线找正定位法进行加工;较多采用专用刀具和专用量具	广泛采用先进高效夹具、复合刀具、专用量具或自动化测量装置。靠调整法达到精度要求
对加工人员的技术要求	需技术水平较高的加工人员	需一定技术水平的加工人员	对操作人员的技术要求较低,对调整人员的技术要求较高
工艺文件	有简单的工艺过程卡	有较详细的工艺过程卡,对重要零件需编制工序卡	有工艺过程卡和工序卡,关键工序要有调整卡和检验卡
零件的互换性	广泛采用钳工修配	零件大部分有互换性,少数采用钳工修配	零件全部有互换性,某些配合要求很高的零件采用分组互换
生产率	低	中等	高
单件加工成本	高	中等	低

表 1-10 中一些项目的结论都是在传统的生产条件下归纳的。大批大量生产由于采用专用高效设备及工艺装备，因而产品成本低，但往往不能适应多品种生产的要求；而单件小批生产由于采用通用设备及工艺装备，因而容易适应品种的变化，但产品成本高，有时还跟不上市场的需求。因此，目前各种生产类型的企业既要适应多品种生产的要求，又要提高经济效益，它们的发展趋势既要朝着生产过程柔性化的方向发展，又要上规模、扩大批量，以提高经济效益。成组技术和数控技术为这个发展趋势提供了重要的基础，各种相应的制造技术都是在这种条件下应运而生的。

生产类型对工厂的生产过程和生产组织起着决定性的作用。

【任务实施】

指出图 1-9 所示阶梯轴的不同生产批量对工艺特征的影响，并填写表 1-11。

表 1-11　阶梯轴工艺特征任务工单

批量	单件小批生产	大批大量生产
工序数		
毛坯的制造方法及加工余量		
机床设备及其布置形式		
工艺装备		
对加工人员的技术要求		
工艺文件		
零件的互换性		
生产率		
单件加工成本		

【任务评价】

对【任务实施】进行评价，并填写表 1-12。

表 1-12　任务评价表

考核内容	考核方式	考核要点	分值	评分
知识与技能（70分）	教师评价（50%）+互评（50%）	毛坯的制造方法及加工余量	14 分	
		机床设备及其布置形式	14 分	
		工艺装备	14 分	
		对加工人员的技术要求	14 分	
		零件的互换性	14 分	

续表

考核内容	考核方式	考核要点	分值	评分
学习态度与团队意识（15分）	教师评价（50%）+互评（50%）	学习积极性高，有自主学习的能力	3分	
		有分析解决问题的能力	3分	
		有团队协作精神，能顾全大局	3分	
		有组织协调能力	3分	
		有合作精神，乐于助人	3分	
工作与职业操守（15分）	教师评价（50%）+互评（50%）	有安全操作、文明生产的职业意识	3分	
		遵守纪律，规范操作	3分	
		诚实守信，实事求是，有创新意识	3分	
		能够自我反思，不断优化完善	3分	
		有节能环保意识、质量意识	3分	

模块二　工件的安装

【模块简介】

除了需要机床、刀具、量具之外，机械加工时还要使用机床夹具，它们是机床与工件之间的连接装置，使工件相对于机床或刀具获得正确位置。

【知识图谱】

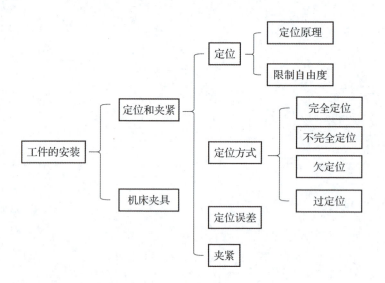

【学习目标】

1. 知识目标

（1）认知机床夹具的作用、组成。

（2）熟悉夹具定位的基本原理与定位方式。

（3）基本认知定位误差的分析与计算。

（4）基本认知定位元件。

2. 技能目标

（1）能够进行定位误差的分析与计算。

（2）能够进行定位元件的选择。

(3) 具有切削加工及运行监控能力。

3. 素质目标

(1) 培养学生发现问题和解决问题的能力，使学生具有终身学习与专业发展的能力。

(2) 培养学生诚实守信、敢于担当的精神，能够弘扬中华优秀传统文化。

(3) 培养学生的工匠精神、劳动精神，能够树立社会主义核心价值观。

(4) 培养学生的科学素养，使学生具备科学思维、理性思维及辩证思维。

任务一　工件定位

【任务描述】

夹具安装是一种先进的安装方式，既能保证质量，又能节省工时，对操作人员的技能要求较低，特别适用于大批大量生产。请对图2-1所示工件进行正确的定位装夹。

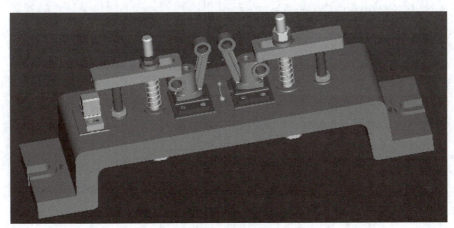

图2-1　夹具装夹

【知识链接】

一、机床夹具的作用

夹具是一种装夹工件的工艺装备，广泛应用于机械制造过程的切削加工、热处理、装配、焊接和检测等工艺过程。在金属切削机床上使用的夹具统称为机床夹具。在现代生产中，机床夹具是一种不可缺少的工艺装备，它直接影响着加工精度、生产率和产品的制造成本等，故机床夹具设计在企业的产品设计与制造及生产技术准备中占有极其重要的地位。在机床上用夹具装夹工件时，其主要功能是使工件定位和夹紧。

二、定位和夹紧

(1) 定位：在进行机械加工前，使工件在机床或夹具上，占据某一正确位置的过程。

(2) 夹紧：工件定位后，通过一定的机构给工件施以一定的力，避免工件因切削力或重力等力的作用而改变原有的位置。夹紧力不是越大越好，夹紧力大，工件变形就越大，从而使精度降低。此外，夹紧力大的夹具结构相对庞大。

定位与夹紧是装夹工件的两个相互联系的过程。在工件定位后为了使工件在切削力等的作用下能保持既定位置不变，通常还需再夹紧工件，将工件紧固，因此它们是不同的。若认为工件被夹紧后其位置不能动，也就定位了，这种理解是错误的。此外，还有些装置能使工件的定位与夹紧同时完成，如三爪自定心卡盘等。若工件脱离定位支承点而失去了定位，则说明工件还没有夹紧。因此，定位是使工件占有一个正确的位置，夹紧是使它不能移动和转动，使工件保持在一个正确的位置，所以定位和夹紧是两个概念，绝不能混淆。

三、工件的安装

1. 安装对机械加工的影响

（1）直接影响加工精度。

（2）影响生产率和加工人员的劳动强度。

2. 工件的安装方式

（1）直接找正安装。

工件在机床上的正确位置，是通过一系列尝试而获得的。具体做法：用千分尺或划盘上的划针，以目测法校正工件位置，一边校正，一边找正。卡盘找正装夹如图 2-2 所示。

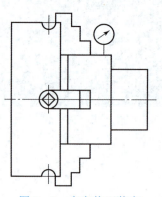

图 2-2　卡盘找正装夹

直接找正安装的特点如下。

① 优点：夹具结构简单，可避免因夹具本身的制造误差而产生的定位误差，因此，定位精度高。但当加工误差为 0.005~0.01 mm 时，传统的直接找正安装可能难以达到要求，此时需要使用更精密的量具和方法。

② 缺点：安装费时，效率低，须凭经验操作，对加工人员技术要求高。

适用场合：单件小批生产（如工具修理车间）。

（2）划线找正安装。

对重、大、复杂工件的加工，往往是在待加工处划线，然后装上机床，工件在机床或夹具上的位置按划线进行找正安装。

划线找正安装的特点：定位精度不高。

定位误差来源：①划线误差；②观察误差。

适用场合：生产批量小、毛坯精度低，以及大型工件等不适宜采用夹具的粗加工中。

（3）夹具安装。

夹具是用来使加工对象占有正确位置，以便接受加工、检测的装置。利用夹具进行加工，由于工件相对夹具的位置是一定的，且夹具与机床的位置关系已预先调整好，因此在切削一批零件时，不必再逐个找正定位，就能达到规定的技术要求。

夹具安装的特点：夹具安装是一种先进的安装方式，既能保证质量，又能节省工时，对操作人员的技能要求较低，特别适用于大批大量生产中。夹具装夹如图 2 - 1 所示。

四、工件的六点定位原理

（一）定位原理

1. 自由度

如图 2 - 3 所示，任何自由刚体在空间都有 6 个自由度，它们分别是沿空间直角坐标系 X 轴、Y 轴、Z 轴方向的移动自由度和绕 X 轴、Y 轴、Z 轴的转动自由度。

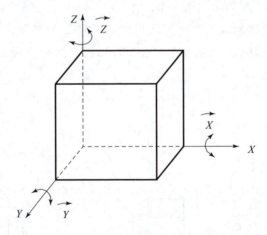

图 2 - 3　自由刚体在空间具有的 6 个自由度

用 6 个点（实际上相当于支承点的定位元件）与工件接触，每个固定点限制工件的 1 个自由度，这样图 2 - 3 中刚体的 6 个自由度就被完全限制了，刚体既不能移动，也不能转动，在空间的位置是确定的。由此可见，要使工件完全定位就必须限定工件在空间的 6 个自由度，这种以六点限制工件 6 个自由度的方法就称为六点定位原理。

2. 工件定位的目的

工件定位的目的是使工件在机床上（或夹具中）占有正确的位置，也就是使它相对于刀具刀刃有正确的相对位置。

3. 工件定位的实质

假定工件也是一个刚体，要使工件在机床上（或夹具中）完全定位，就必须限制它在空间的 6 个自由度。

（二）定位方式

1. 完全定位和不完全定位

（1）完全定位。完全定位是指不重复地限制工件的 6 个自由度的定位。当工件在 X、Y、Z 三个坐标轴方向均有尺寸要求或位置精度要求时，一般采用这种定位方式。

（2）不完全定位。根据工件的加工要求，有时并不需要限制工件的全部自由度，这样的定位方式称为不完全定位。工件在加工时，在夹具中并不都是完全定位的，限制哪几个自由度，应根据零件的具体加工要求来定。用调整法定程切削加工时，刀具或工作台的行程须调整至规定的距离，这样，在哪一个方向上有尺寸要求，就必须限制与此尺寸方向有关的自由度，否则就得不到该工序所要求的加工尺寸。

图 2-4（a）所示为工件上铣键槽，在沿 X、Y、Z 三个轴的移动和转动方向上都有尺寸要求，所以加工时必须限制全部 6 个自由度限制，为完全定位。

图 2-4（b）所示为工件上铣台阶面，它只要限制 5 个自由度就够了，为不完全定位。

图 2-4（c）所示为工件铣上平面，它只需保持高度尺寸 z，因此只要在工件底面上限制 3 个自由度就已足够，这也是不完全定位。

注意：不需完全定位的加工工序中，采用完全定位固然可以，但增加了夹具的复杂程序。在机械加工中，一般为了简化夹具的定位元件结构，只对影响本道工序的加工尺寸的自由度加以限制即可。

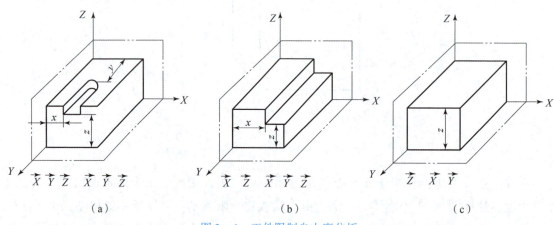

图 2-4 工件限制自由度分析
(a) 铣键槽；(b) 铣台阶面；(c) 铣上平面

2. 欠定位与过定位

（1）欠定位：根据工件的加工要求，应该限制的自由度没有完全被限制的定位称为欠定位。如图 2-5（a）所示，在加工中，工件定位点数少于应限制的自由度数，结果会导致加工后达不到要求的加工精度，产生不良后果。在图 2-5（b）中，若不设防转定位销 A，则工件转动自由度不能得到限制，工件绕 X 轴回转方向的位置是不确定的，铣出的上方键槽无法保证与下方键槽的位置要求。在满足加工要求的前提下，采用不完全定位是允许的，而欠定位在实际生产中是不允许的。

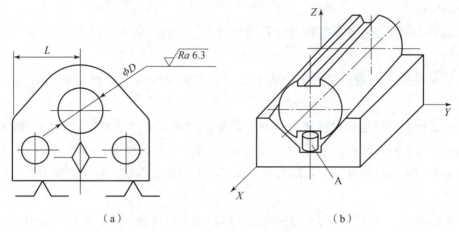

图 2-5 欠定位示意图
(a) 欠定位加工 ϕD 孔；(b) 用防转定位销消除欠定位

(2) 过定位：夹具上的两个或两个以上的定位元件重复限制同一个自由度的现象，称为过定位。工件的某个自由度被限制两次以上时，会使工件定位不确定，夹紧后会使工件或定位元件产生变形。

图 2-6 所示为连杆过定位示意。①支承板：限制 Z 轴方向的移动，绕 X 轴和 Y 轴的转动 3 个自由度；②长圆柱销：限制了 X 轴、Y 轴方向的移动和绕 X 轴、Y 轴的转动 4 个自由度；③挡销：限制绕 Z 轴的转动。当工件定位孔与端面垂直度误差较大，而且孔与长圆柱销的间隙又很小时：①若长圆柱销刚度好，则工件被压歪，连杆变形；②若长圆柱销刚度不足，则长圆柱销被夹歪。两种情况均会引起加工左孔的位置精度，使连杆大小头孔轴线不能平行。

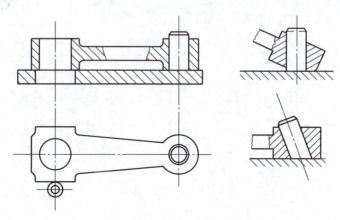

图 2-6 连杆过定位示意

(三) 应用六点定位原理应注意的问题

1. 方法问题

（1）根据工序加工技术要求和工件形状的特点，确定应限制的自由度，而后用相应的支承点限制即可。

（2）分析时也可反过来分析哪几个自由度可不必限制，剩下的就是要限制的自由度了。

2. 定位方式

过定位有时是允许的，而欠定位决不允许，欠定位的后果会导致加工后达不到加工精度。

过定位的优点：使定位可能更为可靠。例如，冰箱有4个支承点；又如，精加工中以1个精确平面代替3个支承点，刚度好，振动小，有利于提高精度。有时，若合理采用过定位，不仅不会影响零件的加工，反而有利于提高加工精度。因此，过定位常出现在精加工工序中。

过定位的缺点：易使工件的定位精度受影响，使工件或夹具夹紧后产生变形。因此，大多情况下，应避免过定位。

过定位一般会造成如下不良影响。

（1）使接触点不稳定，增加了同批工件在夹具中位置的不同一性。

（2）增加了工件和夹具的夹紧变形。

（3）导致部分工件不能顺利与定位元件定位。

（4）干扰了设计意图的实现。

【任务实施】

进行零件定位方式分类，填写表2-1。

表2-1 零件定位方式分类任务工单

零件定位	工件限制自由度	完全定位	不完全定位	欠定位	过定位
图2-4（a）					
图2-4（b）					
图2-4（c）					
图2-5					
图2-6					

【任务评价】

对【任务实施】进行评价，并填写表2-2。

表 2-2 任务评价表

考核内容	考核方式	考核要点	分值	评分
知识与技能 （76 分）	教师评价（50%）+ 互评（50%）	认知机床夹具的作用、组成	10 分	
		认知夹具定位的基本原理	26 分	
		定位方式认知	20 分	
		定位元件选用认知	20 分	
学习态度与 团队意识 （12 分）	教师评价（50%）+ 互评（50%）	学习积极性高，有自主学习的能力	3 分	
		有分析解决问题的能力	3 分	
		有团队协作精神，能顾全大局	3 分	
		有合作精神，乐于助人	3 分	
工作与职业操守 （12 分）	教师评价（50%）+ 互评（50%）	有安全操作、文明生产的职业意识	3 分	
		遵守纪律，规范操作	3 分	
		诚实守信，实事求是，有创新意识	3 分	
		能够自我反思，不断优化完善	3 分	

任务二　工件定位误差分析

【任务描述】

图 2-7 所示为用 V 形块定位加工键槽的 3 种情况，计算这 3 种情况下的定位误差。

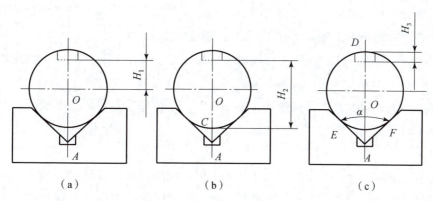

图 2-7　用 V 形块定位加工键槽的 3 种情况

(a) 以外圆轴线为工序基准；(b) 以外圆下素线为工序基准；(c) 以外圆上素线为工序基准

【知识链接】

一、定位误差的概念

工件上，被加工表面的设计基准相对于定位元件工作表面在加工尺寸方向上的最大变动量，称为定位误差。

二、定位误差产生的原因

（1）一批工件在尺寸、形状及相互位置上均存在差异，而夹具定位元件也有制造误差。

（2）工件的定位基准与设计基准不重合，或工件的定位基准与定位元件的工作表面之间存在间隙。

六点定位原理解决了限制工件自由度的问题，即解决了工件在夹具中位置"定与不定"的问题。但是，由于一批工件在夹具中逐个定位时，各个工件所占据的位置不完全一致，因此会出现工件位置定得"准与不准"的问题。如果工件在夹具中所占据的位置不准确，加工后各工件的加工尺寸必然大小不一，形成误差。这种只与工件定位有关的误差称为定位误差，用 Δ_D 表示。在工件的加工过程中，产生误差的因素很多，定位误差仅是加工误差的一部分，为了保证加工精度，一般限定定位误差不超过工件加工公差 T 的 $1/5 \sim 1/3$，即

$$\Delta_D \leq (1/5 \sim 1/3) T \qquad (2-1)$$

式中　Δ_D——定位误差，mm；

　　　T——工件的加工误差，mm。

三、定位误差的来源

定位误差的来源有基准不重合误差和基准位移误差。

1. 基准不重合误差

基准不重合误差：是指一批工件在夹具上逐个定位时，定位基准与工序基准不重合而造成的加工误差，其大小为工序基准在工序尺寸方向上的最大变动量。

图 2-8（a）所示工件的底面 3 与侧面 4 已加工好，需加工平面 1，2，均用底面及侧面定位。

如图 2-8（b）所示，工序一中加工平面 2 时，定位基准与设计基准重合，其图纸的设计尺寸与加工时刀具调整控制尺寸（对一批工件说，可看作为常量不变）一致，因此定位误差 $\Delta_D = 0$。

如图 2-8（c）所示，工序二中加工平面 1 时，图纸要求的设计尺寸为 $A \pm \Delta A$，而加工时刀具调整尺寸 $C \neq A \pm \Delta A$。因此，即使不考虑本道工序的加工误差，这种定位方法也将可能使加工尺寸 A 发生变化（在工序一留下的误差范围 $\pm \Delta H$ 内波动），因而也就产生了定位误差（Δ_{DA}）。图 2-8（d）所示为工序二的改进，避免了基准不重合误差。

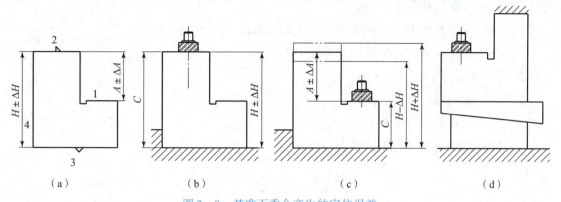

图 2-8 基准不重合产生的定位误差
(a) 工作；(b) 工序一；(c) 工序二；(d) 工序二的改进

定位误差大小计算步骤如下。

(1) 画出被加工工件定位时的两个极限尺寸的位置。

(2) 根据图形中的几何关系，找出零件图上被加工尺寸方向上设计基准的最大变动量（最大值与最小值之差）。因此，工序二尺寸 A 的定位误差 Δ_{DA} 为

$$\Delta_{DA} = (H + \Delta H) - (H - \Delta H) = 2\Delta H$$

上述误差完全是由于定位基准和设计基准不重合引起的，因此这类定位误差称为基准不重合误差，用 Δ_B 表示。

为提高定位精度，设计夹具时应尽量使定位基准与加工表面的设计基准重合。但这样定位精度虽然提高了，有时却会使夹具结构复杂，工件安装不便，稳定性和可靠性变差。因此生产中在满足工艺要求的前提下，如果能降低工序成本，基准不重合的定位方案也允许选用。

2. 基准位移误差

基准位移误差：是指一批工件在夹具上逐个定位时，工件的定位基准和定位元件的制造误差引起定位基准的偏移，造成工序尺寸的定位误差，其大小为定位基准在工序尺寸方向上的最大变动量。

如图 2-9（b）所示，点 O 是芯轴轴心，点 O_1，O_2 分别是工件孔中心的两种状态。芯轴和工件内孔都有制造误差，这就导致工件套在芯轴上必然会有间隙。孔的中心线与芯轴的中心线位置不重合，导致这批工件的加工尺寸 A 附加了工件定位基准变动误差，即基准位移误差。

基准位移误差的计算存在两种情况。

(1) 芯轴水平放置，如图 2-9 所示，因重力作用，工件与芯轴的接触为固定边接触，即工件内孔素线与芯轴素线接触，定位基准的位移方向总是向下。图 2-9（b）中的 O_1，O_2 两点分别为定位基准处于两个极端位置的情况，因此，线段 O_1O_2 就是工件定位基准的最大变动量，即 Δ_Y，基准位移误差，它使加工尺寸 A 发生变化，即 $A_{max} - A_{min}$，则有

$$\Delta_Y = i_{max} - i_{min} = (D_{max} - d_{min})/2 - (D_{min} - d_{max})/2 = (\delta_D + \delta_d)/2 \quad (2-2)$$

式中　Δ_Y——基准位移误差,mm;

　　　i_{max}——定位孔轴中心位移的最大值 OO_1,mm;

　　　i_{min}——定位孔轴中心位移的最小值 OO_2,mm;

　　　D_{max}——孔的最大直径,mm;

　　　d_{min}——轴的最小直径,mm;

　　　δ_D——工件孔的直径公差,mm;

　　　δ_d——芯轴或圆柱定位销的直径公差,mm。

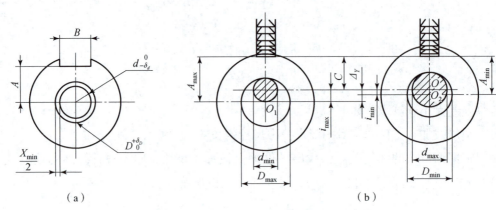

图 2-9　基准位移产生的误差

(a) 芯轴定位加工键槽;(b) 芯轴定位的两种极限状态

(2) 芯轴垂直放置,此时工件定位孔与芯轴为非固定边任意接触,工件定位基准可在芯轴径向方向上任意位移,因此,其基准位移误差 Δ_Y 为

$$\Delta_Y = X_{max} = \delta_D + \delta_d + X_{min} \quad (2-3)$$

式中　Δ_Y——基准位移误差,mm;

　　　X_{max}——定位孔与芯轴的最大间隙,mm;

　　　X_{min}——定位孔与芯轴的最小间隙,mm;

　　　δ_D——工件孔的直径公差,mm;

　　　δ_d——芯轴或圆柱定位销的直径公差,mm。

减小定位配合间隙,即可减小基准位移误差,提高定位精度。由此可见,工件定位基准和夹具定位元件本身的制造误差,也直接影响定位精度。在设计夹具时,除了应尽量满足基准重合原则外,还应根据被加工工件的精度要求,合理规定定位元件的制造精度,以及限制被加工工件上与定位基准有关的公差值。

四、定位误差计算

定位误差的计算方法有矢量法、合成法。

合成法为分别计算 Δ_B 与 Δ_Y,再合成,即

$$\Delta_B = 0,\ \Delta_Y \neq 0 \rightarrow \Delta_D = \Delta_Y$$

$$\Delta_B \neq 0, \ \Delta_Y = 0 \rightarrow \Delta_D = \Delta_B$$

$\Delta_B \neq 0, \ \Delta_Y \neq 0$ 有以下两种情况。

(1) 引起 Δ_B 与 Δ_Y 的原因是相互独立的因素时，应将两项误差相加 $\Delta_D = \Delta_B + \Delta_Y$。

(2) 引起 Δ_B 与 Δ_Y 的原因是同一因素时，定位误差的合成需判别"＋""－"号：当 Δ_B 与 Δ_Y 引起工序基准的变化方向相同时，取"＋"号，即 $\Delta_D = \Delta_B + \Delta_Y$；当 Δ_B 与 Δ_Y 引起工序基准的变化方向相反时，取"－"号，即 $\Delta_D = \Delta_B - \Delta_Y$。

1. 工件以平面定位

以平面定位时，定位基面的位置可以看成不变动的，因此基准位移误差为零。

2. 工件以圆孔定位

工件以圆孔定位时产生的基准位移误差主要取决于其配合性质和配合间隙方向。

(1) 工件以圆孔在过盈配合芯轴（定位销）上定位，此时定位副之间无径向间隙，也就不存在定位副不准确所引起的基准位移误差，即 $\Delta_Y = 0$。

(2) 工件以圆孔在间隙配合芯轴（定位销）上定位，根据芯轴与工件圆孔的接触位置不同，又有前述两种情况，即 $\Delta_D = \Delta_B \pm \Delta_Y$。

3. 以外圆柱面用 V 形块定位

由 V 形块的特性可以得出，工件中心将在 V 形块的对称中心面内上下偏移，其变化量就是基准位移误差。

例 1　工件用 V 形块定位加工键槽时的定位误差计算。

解　在图 2-7 中，用 V 形块定位加工键槽时的定位误差计算加工键槽时，一般有如下两项工序要求。

(1) 尺寸 H。

(2) 键槽对工件外圆中心的对称度。

若忽略工件的圆度误差和 V 形块的角度误差，则可认为工件外圆中心在水平方向上的位置变动量为零。

标注键槽设计尺寸 H 时，有如下三种不同的标注方法。

(1) 要求保证键槽底面到工件中心之间的尺寸 H_1，如图 2-7（a）所示。

(2) 要求保证下素线到键槽底面之间的尺寸 H_2，如图 2-7（b）所示。

(3) 要求保证上素线到键槽底面之间的尺寸 H_3，如图 2-7（c）所示。

首先，写出点 O（工件基准点）至加工尺寸方向上某固定点（通常取点 A）的距离

$$\overline{OA} = \frac{\overline{OE}}{\sin\frac{\alpha}{2}} = \frac{d}{2\sin\frac{\alpha}{2}}$$

再对其求全微分

$$d(\overline{OA}) = \frac{1}{2\sin\frac{\alpha}{2}}dd - \frac{d\cos\frac{\alpha}{2}}{4\sin^2\left(\frac{\alpha}{2}\right)}$$

用微小增量代替微分，并将尺寸误差视为微小增量，且考虑到尺寸误差可正可负，各项误差应取绝对值，故定位误差为

$$\Delta_{DH} = \frac{1}{2\sin\frac{\alpha}{2}} T_d + \frac{T_\alpha}{4\sin^2\left(\frac{\alpha}{2}\right)}$$

若使用同一夹具进行加工，则 $T_\alpha = 0$，所以 $\Delta_{DH1} = \frac{T_d}{2\sin\frac{\alpha}{2}}$。

同理：$\overline{CA} = \overline{OA} - \overline{OC} = \frac{d}{2}\left(\frac{1}{\sin\frac{\alpha}{2}} - 1\right)$，则 $\Delta_{DH2} = \frac{T_d}{2}\left(\frac{1}{\sin\frac{\alpha}{2}} - 1\right)$，$\overline{DA} = \overline{OA} + \overline{OD} = \frac{d}{2}\left(\frac{1}{\sin\frac{\alpha}{2}} + 1\right)$，则 $\Delta_{DH3} = \frac{T_d}{2}\left(\frac{1}{\sin\frac{\alpha}{2}} + 1\right)$。

通过以上计算，可得出如下结论。

（1）定位误差随毛坯误差增大而增大。

（2）定位误差与 V 形块夹角 α 有关，即定位误差随 α 增大而减小，但定位稳定性却随 α 增大而变差，故一般选用 α = 90°。

（3）定位误差与加工尺寸标注方法有关。

五、一面两孔定位误差

常见定位方式，多以单一表面作为定位基准，但在实际生产中，通常都以工件上的两个或两个以上的几何表面作为定位基准，即采用组合定位方式。

组合定位方式有很多，常见的组合方式有一个孔及其端面、一根轴及其端面、一个平面及其上的两个圆孔。生产中最常用的就是一面两孔定位，如加工箱体、杠杆、盖板支架类零件等场合。采用一面两孔定位，容易做到工艺过程中的基准统一，保证工件的相对位置精度。

工件采用一面两孔定位时，两孔可以是工件结构上原有的，也可以是根据定位需要专门设计的工艺孔，相应的定位元件是支承板和两个定位销。当两孔的定位方式都选用短圆柱销时，支承板限制工件的 3 个自由度，两个短圆柱销分别限制工件的 2 个自由度，此时有 1 个自由度被两个短圆柱销重复限制，产生过定位现象，严重时会发生工件不能安装的情况。因此，必须正确处理过定位，并控制各定位元件对定位误差的综合影响。为使工件能方便地安装到两短圆柱销上，可把一个短圆柱销改为菱形销，采用一圆柱销、一菱形销和一支承板的定位方式。这样可以消除过定位现象，提高定位精度，有利于保证加工质量。

用几何方法计算定位误差介绍如下。

例2 工件在使用芯轴、圆柱销、菱形销定位时，常会考虑留有间隙而需要进行定位误差计算（以一面两孔定位为例）。

解 分析如下。

左端：孔径 $D_1{}^{+\Delta_sD_1}_{0}$，公差为 T_{D_1}；销径 $d_1{}^{-\Delta_sd_1}_{-\Delta_xd_1}$，公差为 T_{d_1}；最小间隙为 Δ_1。右端：孔径公差为 T_{D_2}；销径公差为 T_{d_2}；最小间隙为 Δ_2。

先单独分析左端圆柱销1的定位情况。销与孔之间的最大间隙为 $\varepsilon_1 = \Delta_1 + T_{D_1} + T_{d_1}$。$\varepsilon_1$ 将使一批工件安装时孔的中心偏离销的中心。其中，偏心位移误差范围是以 ε_1 为直径的圆，圆心即销的中心 O_1 [见图2-10（b）]。再分析菱形销2定位情况。由于菱形销不限制 X 轴方向的移动自由度，只限制绕 Z 轴的转动自由度，所以孔2与菱形销2的中心偏移范围如下。

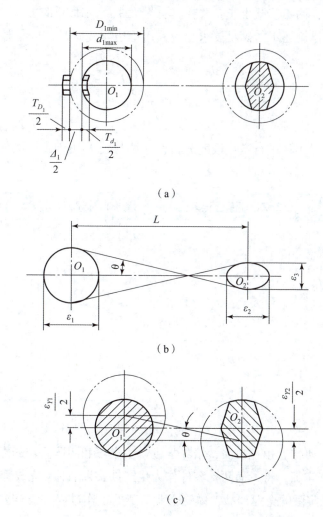

图2-10 一面两孔定位误差
（a）一面两孔定位方式；（b）一面两孔定位误差形式；（c）一面两孔定位实际结果

在 X 轴方向：$\varepsilon_X = \varepsilon_1 = \Delta_1 + T_{D_1} + T_{d_1}$。

在 Y 轴方向：$\varepsilon_Y = \varepsilon_2 = \Delta_2 + T_{D_2} + T_{d_2}$。

孔1，2的中心偏移误差组合起来，将引起工件的两种定位误差。

（1）纵向定位误差：即在两孔连心线方向的最大可能移动量（ε_X）。

$$\varepsilon_X = \varepsilon_1 = \Delta_1 + T_{D_1} + T_{d_1} \text{（相当于第一孔定位误差）}$$

（2）角度定位误差：即工件绕点 O_1 和点 O_2 的最大偏转角 θ。

$$\varepsilon_\theta = \theta \approx \tan\theta = \frac{\varepsilon_{Y1} + \varepsilon_{Y2}}{2L} = \frac{\Delta_1 + \Delta_2 + (T_{d_1} + T_{d_2}) + (T_{D_1} + T_{D_2})}{2L}$$

由此看出，欲减小角度定位误差，可以从以下两方面着手。

①提高孔与销的加工精度，减小配合间隙。

②增大孔间距。在选择定位基准时，应尽可能选距离较远的两孔；当工件上无合适的两孔而需另设工艺孔时，两工艺孔也应布置在具有最大距离的适当部位。

若采用以上两种措施还不能满足要求，应采用单边靠，此时，角度定位误差为

$$\varepsilon_\theta = \theta \approx \tan\theta = \frac{|\varepsilon_{Y1} - \varepsilon_{Y2}|}{2L}$$

【任务实施】

用不同定位方式对工件进行定位误差分析，并填写表 2-3。

表 2-3　零件定位误差分析任务工单

图 2-7 零件定位方案	基准不重合误差	基准位移误差	总定位误差
图 2-7（a）			
图 2-7（b）			
图 2-7（c）			

> **小贴士**
>
> （1）通过小组协作、角色扮演，培养学生自主学习和团队协作的意识。
>
> （2）通过生产实训，将一面两孔零件作为生产性实训载体，完成零件的定位与加工制作，让学生接触实际的企业产品，体验企业员工的工作过程，培养学生热爱劳动的职业素养，实现产学深度融合。
>
> （3）通过计时竞赛、定位误差分析、尺寸保证，培养学生精益求精的工匠精神。

【任务评价】

对【任务实施】进行评价，并填写表 2-4。

表 2-4　任务评价表

考核内容	考核方式	考核要点	分值	评分
知识与技能（76 分）	教师评价（50%）+ 互评（50%）	基准不重合误差	10 分	
		基准位移误差	26 分	
		定位误差的分析与计算能力	20 分	
		V 形块定位特性	20 分	
学习态度与团队意识（12 分）	教师评价（50%）+ 互评（50%）	学习积极性高，有自主学习的能力	3 分	
		有分析解决问题的能力	3 分	
		有团队协作精神，能顾全大局	3 分	
		有合作精神，乐于助人	3 分	
工作与职业操守（12 分）	教师评价（50%）+ 互评（50%）	有安全操作、文明生产的职业意识	3 分	
		遵守纪律，规范操作	3 分	
		诚实守信，实事求是，有创新意识	3 分	
		能够自我反思，不断优化完善	3 分	

模块三　机械加工工艺规程及其制订

模块简介

在本模块中学生需要学习零件的结构特点、技术要求以及材料与毛坯的选择，定位基准类型及粗、精基准选择原则，零件加工方法与加工顺序安排，热处理工序的类型与安排原则，工序组合的原则，机械加工工艺规程的类型等基础知识，从而使学生学会填写机械加工工艺规程卡中的各项内容。这要求培养学生的职业素养和质量意识，使其具有大国工匠精神。

【知识图谱】

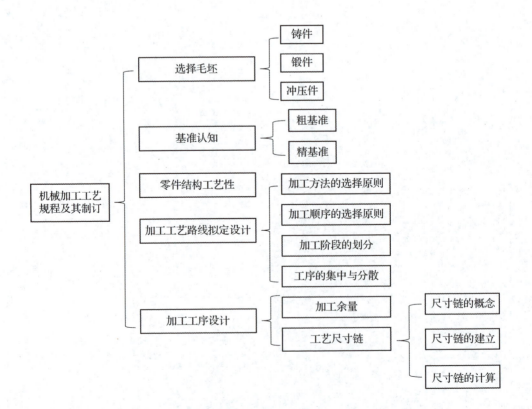

【学习目标】

1. 知识目标

(1) 认知机械加工工艺规程。
(2) 认知零件的结构工艺性。
(3) 认知常用的毛坯类型并能够正确选择。
(4) 认知定位基准类型，粗、精基准选择原则。
(5) 认知工艺尺寸链。

2. 技能目标

(1) 具有建立工艺尺寸链的能力。
(2) 具有正确选用加工切削用量和常规刀具的能力。
(3) 具有常用工艺装备的选择、使用与设计的能力。
(4) 具有选用毛坯的能力。
(5) 具有切削加工及运行监控的能力。

3. 素质目标

(1) 培养学生发现问题和解决问题的能力，使学生具有终身学习与专业发展的能力。
(2) 培养学生诚实守信、敢于担当的精神，能够弘扬中华优秀传统文化。
(3) 培养学生的工匠精神、劳动精神，能够树立社会主义核心价值观。
(4) 培养学生的科学素养，使学生具备科学思维、理性思维及辩证思维。

任务一 制订机械加工工艺规程

【任务描述】

图 3-1 所示为端盖零件图，产品的年产量是 5 000 台，每台产品中端盖的数量是 1 件，备品率为 7%，废品率为 1%。毛坯为外协件，需提供毛坯简图，毛坯类型可根据需要确定。

任务要求：拟订端盖零件工艺路线，填写机械加工工艺过程卡。

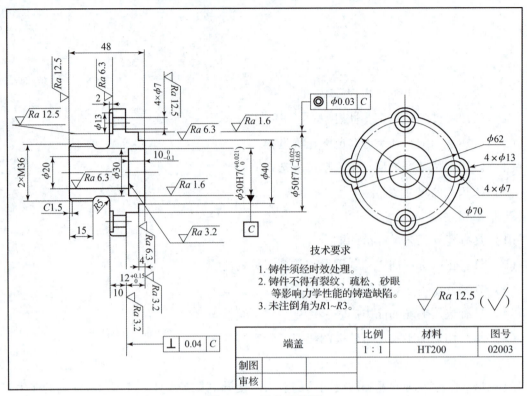

图 3-1　端盖零件图

【知识链接】

一、工艺规程的作用与基本要求

（一）工艺规程的概念

在不同的生产条件下，任何一个零件或产品的工艺过程都可以是多种多样的，且各具特点，但在确定的生产背景和工艺要求下，其可以有一个较为合理的工艺过程。将合理的工艺过程编写成规范的工艺文件，作为指导企业生产过程的依据，这一工艺文件便是工艺规程。工艺规程是指用文字和图表表达的，技术上可行，符合当时当地条件，并且高效率、低成本的零件工艺过程。

工艺规程的内容一般包括三项：机械加工工艺过程卡（标明零件加工工序数、加工工序名称及顺序、加工设备）、机械加工工序卡（指明加工部位，明确加工要求，给出加工方案）、检验卡（说明检验内容与检测方法）。

工艺规程的制订，往往需要有零件、产品图纸、产品生产类型、企业生产条件、相关手册、技术标准等原始资料作为依据，充分考虑技术性、经济性、先进性、高效低耗及良好的劳动条件等原则，最后进行多方比较协调而成。

（二）工艺规程的作用

工艺规程是在总结实践经验的基础上，依据科学的理论和必要的工艺试验后制订的，反映了加工中的客观规律。因此，工艺规程既是指导工人操作和用于生产、工艺管理工作的主要技术文件，又是新产品投产前进行生产准备和技术准备的依据，同时还是新建、扩建车间或工厂的原始资料。此外，先进的工艺规程还起着交流和推广先进经验的作用。典型和标准的工艺规程能缩短工厂的生产准备时间。

工艺规程是经过逐级审批的，因此也是工厂生产中的工艺纪律，有关人员必须严格执行。一般情况下，工艺规程一经确定便不再随意更改，企业以此组织生产过程，管理企业的各项工作。同时工艺规程作为财务核算的依据，对企业的多项工作都具有重要的参考价值。因此，对于任何一个机械加工企业来讲，制订合理的工艺规程都是一项十分重要的工作。但工艺规程也不是一成不变的，随着科学技术的进步和生产的发展，工艺规程也会出现某些不适应的问题，因此工艺规程应定期整顿，及时吸取合理化建议、技术革新成果、新技术和新工艺，从而更加完善和合理。

（三）工艺规程的类型及格式

根据《工艺管理导则　第 5 部分：工艺规程设计》（GB/T 24737.5—2009）中的规定，工艺规程的类型有以下 3 种。

1. 专用工艺规程

专用工艺规程是指针对某一个产品或零部件所设计的工艺规程。

2. 通用工艺规程

通用工艺规程分为典型工艺规程和成组工艺规程。

（1）典型工艺规程是指为一组结构特征和工艺特征相似的零部件所设计的通用工艺规程。

（2）成组工艺规程是指按成组技术原理将零件分类成组，针对每一组零件所设计的通用工艺规程。

3. 标准工艺规程

标准工艺规程是指已纳入标准的工艺规程。

本节主要阐述零件的机械加工专用工艺规程的制订。它是其他几种工艺规程制订的基础。

《工艺规程格式》（JB/T 9165.2—1998）中规定的工艺规程格式共有 30 种，其中包括机械加工、装配和各种加工的工艺规程格式。

最常见的机械加工工艺过程卡和机械加工工序卡的格式如表 3-1 和表 3-2 所示。

（1）机械加工工艺过程卡。

机械加工工艺过程卡主要指出零件加工的流程，如毛坯制造、机械加工、热处理等，是简要说明零件机械加工过程并以工序为单位的一种工艺文件，一般不用于直接指导加工人员操作，而多作为生产管理方面使用。但是，对于单件小批生产和中批生产，通常用这种工艺文件指导生产，这时机械加工工艺过程卡就应编制得尽量详细；大批生产可酌情自定。机械加工工艺过程卡的格式如表 3-1 所示。

表 3-1 机械加工工艺过程卡

机械加工工艺过程卡		产品型号		零件图号				共 页	第 页
		产品名称		零件名称					
材料牌号		毛坯种类		毛坯外形尺寸		每件毛坯可制件数		每台件数	备注
工序号	工序名称	工序内容		车间	工段	设备	工艺装备		工时
								准	单
描图									
描校									
底图									
装订号									
					设计（日期）	审核（日期）	标准化（日期）	会签（日期）	
标记	处数	更改文件号	签字	日期	标记	处数	更改文件号	签字	日期

表 3-2 机械加工工序卡

机械加工工序卡		产品型号		零件图号			共 页	第 页
		产品名称		零件名称			材料牌号	
	车间	工序号	工序名					
	毛坯种类	毛坯外形尺寸	每坯可制件数				每台件数	
	设备名称	设备型号	设备编号				同时加工件数	
	夹具编号		夹具名称				切削液	
	工位器具编号		工位器具名称			工序工时	准终	单件
工步号	工步内容	工艺装备	主轴转速/ (r·min⁻¹)	切削速度/ (m·min⁻¹)	进给量/ (mm·r⁻¹)	背吃刀量/ mm	进给次数	工步工时
								机动 辅助
描图								
描校								
底图号						设计 (日期)	审核 (日期)	标准化 (日期)	会签 (日期)
装订号								
标记	处数	更改文件号	签字	日期	标记	处数	更改文件号	签字 日期

(2) 机械加工工序卡。

表3-2所示的机械加工工序卡是在机械加工工艺过程卡的基础上，进一步按每道工序所编制的一种工艺文件，包括加工工序简图和详细的工步内容等。机械加工工序卡一般具有工序简图（图上应标明定位基准、工序尺寸及公差、几何公差和表面粗糙度要求，用粗实线表示加工部位等），并详细说明该工序中每个工步的加工内容、工艺参数、操作要求及所使用的设备和工艺装备等。机械加工工序卡主要用于大批大量生产中的所有零件、中批生产中复杂产品的关键零件，以及单件小批生产中的关键工序。

实际生产中并不需要各种文件俱全，标准中允许结合具体情况做适当增减。未规定的其他工艺文件格式，可根据需要自行拟订。

二、制订工艺规程的原始资料、步骤

1. 原始资料

（1）产品或零件的装配图及零件图。
（2）产品或零件的年产量。
（3）毛坯生产情况。
（4）企业现有生产条件和资料。
（5）有关手册及新工艺、新技术的应用情况。

2. 制订工艺规程的步骤

制订产品或零件机械加工工艺规程的步骤如下。
（1）对装配图和零件图进行工艺分析。
（2）确定生产类型。
（3）根据材料选择毛坯。
（4）拟订工艺路线，其主要内容是选择定位基准、确定各表面加工方法、安排加工顺序等。
（5）确定各工序的加工余量、工序尺寸及公差。
（6）确定各工序所用设备及工装。
（7）确定切削用量及时间定额。
（8）填写工艺文件。

【任务实施】

对图3-1所示端盖零件图进行工序内容分析，并填写表3-3。

表3-3 端盖零件工序分析任务工单

工序号	工序简图要求	工步内容要求

【任务评价】

对【任务实施】进行评价,并填写表3-4。

表3-4 任务评价表

考核内容	考核方式	考核要点	分值	评分
知识与技能（70分）	教师评价（50%）+互评（50%）	工艺规程的概念	30分	
		工艺规程的作用	20分	
		工艺规程的类型及格式	10分	
		制订工艺规程的步骤	10分	
学习态度与团队意识（15分）	教师评价（50%）+互评（50%）	学习积极性高,有自主学习的能力	3分	
		有分析解决问题的能力	3分	
		有团队协作精神,能顾全大局	3分	
		有组织协调的能力	3分	
		有合作精神,乐于助人	3分	
工作与职业操守（15分）	教师评价（50%）+互评（50%）	有安全操作、文明生产的职业意识	3分	
		遵守纪律,规范操作	3分	
		诚实守信,实事求是,有创新意识	3分	
		能够自我反思,不断优化完善	3分	
		有节能环保意识、质量意识	3分	

任务二　零件结构工艺性分析

【任务描述】

在制订零件的机械加工工艺规程之前，对零件进行结构工艺性分析，并对产品零件图提出修改意见，是制订机械加工工艺规程的一项重要工作。轴的尺寸标注、箱体的工艺凸台结构、斜孔的加工是否合理等工艺问题都需要通过进行零件结构工艺性分析来处理。

【知识链接】

一、零件图分析

在制订零件的机械加工工艺规程之前，对零件进行结构工艺性分析，并对产品零件图提出修改意见，是制订工艺规程的一项重要工作。

首先应熟悉零件在产品中的作用、位置、装配关系和工作条件；其次搞清楚各项技术要求对零件装配质量和使用性能的影响，找出主要的和关键的技术要求；最后对零件图进行分析。

1. 检查零件图的完整性和正确性

在了解零件形状和结构之后，应检查零件视图是否正确、足够，表达是否直观、清楚，绘制是否符合国家标准，尺寸、公差及技术要求的标注是否齐全、合理等。

2. 零件的技术要求分析

零件的技术要求包括下列几个方面：加工表面的尺寸精度；主要表面的形状精度；主要表面之间的相互位置精度；加工表面的表面粗糙度及表面质量方面的其他要求；热处理要求；其他要求（如动平衡、未注圆角或倒角、去毛刺、毛坯要求等）。

要注意分析这些要求在保证使用性能的前提下是否经济合理，在现有生产条件下能否实现。特别要分析主要表面的技术要求，因为主要表面的加工确定了零件工艺过程的大致顺序。

3. 零件的材料分析

零件的材料分析即分析所提供毛坯材质本身的力学性能和热处理状态、毛坯的铸造品质（内部是否有白口、夹砂、疏松等）和被加工部位的材料硬度，判断其加工的难易程度，为选择刀具材料和切削用量提供依据。所选的毛坯材料应经济合理，切削性能好，满足使用性能的要求。

4. 合理的尺寸标注

（1）零件图上的重要尺寸应直接标注，而且在加工时应尽量使工艺基准与设计基准重合，并符合尺寸链最短的原则。如图 3-2 所示，活塞环槽的尺寸为重要尺寸，其宽度应直接标出。

（2）零件图上标注的尺寸应便于测量，不要从轴线、中心线、假想平面等难以测量的基准标注尺寸。如图 3-3 所示，对于其中的轮毂键槽的深度，只有尺寸 c 的标注才便于用卡尺或样板测量。

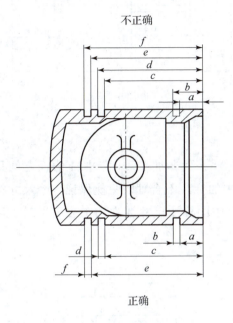

图 3-2　直接标注重要尺寸

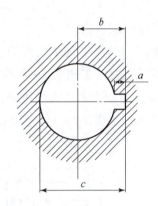

图 3-3　轮毂键槽深度的标注

（3）零件图上的尺寸不应标注成封闭式的，以免产生矛盾。如图 3-4 所示，已标注了孔距尺寸 $a \pm \delta_a$ 和角度 $\alpha \pm \delta_\alpha$，因此 X 轴、Y 轴的坐标尺寸就不能随便标注。有时为了方便加工，可将其按尺寸链计算出来，标注在圆括号内，作为加工时的参考尺寸。

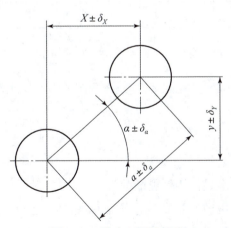

图 3-4　孔中心距的标注

（4）零件上非配合的自由尺寸，应尽量按加工顺序从工艺基准标出。图 3-5 所示的齿轮轴，若采用图 3-5（a）的标注方法，则大部分尺寸要经换算，且不能直接测量；而图 3-5（b）所示的标注方式，与加工顺序一致，又便于加工测量。

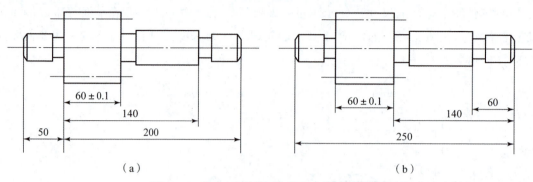

图 3-5 按加工顺序标注非配合的自由尺寸
(a) 错误；(b) 正确

（5）零件上各非加工表面的位置尺寸应直接标注，而非加工表面与加工表面之间只能有一个联系尺寸。如图 3-6 所示，图 3-6（a）中的标注不合理，只能保证一个尺寸符合图样要求，其余尺寸可能会超差；而图 3-6（b）中的标注尺寸 A 在加工表面Ⅳ时予以保证，其他非加工表面的位置直接标注，在铸造时保证。

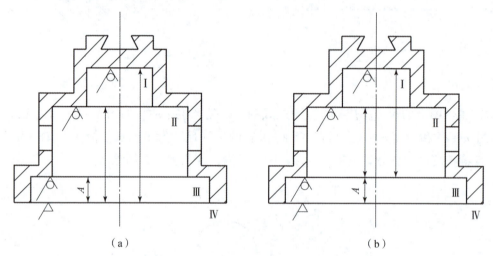

图 3-6 非加工表面与加工表面之间的尺寸标注
(a) 错误；(b) 正确

二、零件结构工艺性分析

零件结构工艺性是指在满足使用性能的前提下，零件是否能以较高的生产率和最低的成本方便地加工出来的特性。机械产品或零件虽有不同的形状及尺寸，但都是由一些基本的典型表面和特型表面组成的。在分析零件结构时，应根据组成该零件的各个表面的尺寸、精度、组合情况来选择适当的加工方法和加工路线。

零件的结构工艺性对工艺过程的影响很大，使用性能相同而结构不同的两个零件，其加工方法与生产成本可能会有较大的差别。零件良好的结构工艺性，是指零件加工制造的可能性、方便性、效率性和经济性。为了多快好省地把设计的零件加工出来，就必须对零件的结构工艺性进行详细的分析，主要考虑以下三方面。

1. 有利于达到所要求的加工质量

（1）合理确定零件的加工精度与表面质量。

加工精度与表面质量若定得过高，则会增加工序，增加制造成本；若定得过低，则会影响产品的使用性能。故必须根据零件在整个产品中的作用和工作条件来合理地确定加工精度与表面质量，尽可能使零件加工方便、制造成本低。

（2）保证位置精度的可能性。

为保证零件的位置精度，最好使零件能在一次安装中加工出所有相关表面，这样就能依靠机床本身的精度来达到所要求的位置精度。

2. 有利于减少加工劳动量

（1）尽量减少不必要的加工面积。减少加工面积不仅可以减少机械加工的劳动量，而且还可以减少刀具的损耗，提高装配质量。图3-7所示为尽量减少不必要的加工面积，图3-8所示为轴承座减少了底面的加工面积，从而降低了修配的工作量，保证了配合表面的接触。

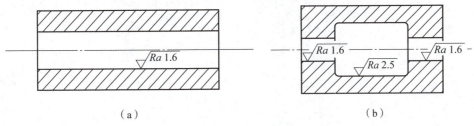

图3-7 尽量减少不必要的加工面积
(a) 错误；(b) 正确

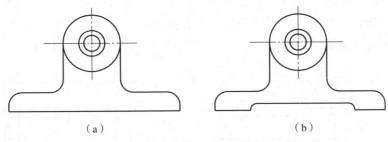

图3-8 轴承座减少了底面的加工面积
(a) 错误；(b) 正确

（2）尽量避免或简化内表面的加工。

因为外表面加工要比内表面加工方便经济，又便于测量，所以，在零件设计时应力求避免在零件内腔进行加工。如图3-9所示，将箱体的结构从图3-9（a）改成图3-9（b），这样不仅加工方便而且还有利于装配。再如图3-10所示，将图3-10（a）中件2上的内沟槽A加工，改为图3-10（b）中件1的外沟槽加工后，加工与测量都更为方便。

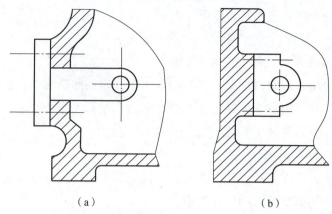

图 3-9　将内表面转化为外表面加工图
(a) 错误；(b) 正确

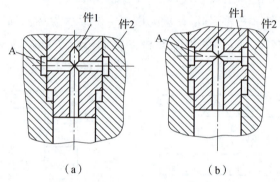

图 3-10　将内沟槽转化为外沟槽加工
(a) 错误；(b) 正确

3. 有利于提高劳动生产率

（1）零件的有关尺寸应力求一致，并能用标准刀具加工。如图 3-11（b）所示，将退刀槽尺寸改为一致的，可减少刀具的种类，节省换刀时间。图 3-12（b）所示的结构，能采用标准钻头钻孔，从而方便加工。

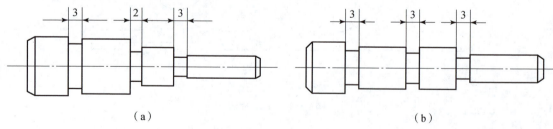

图 3-11　退刀槽尺寸一致
(a) 错误；(b) 正确

（2）减少零件的安装次数。零件的加工表面应尽量分布在同一方向，或互相平行或互相垂直的表面上；次要表面应尽可能与主要表面分布在同一方向上，以便与主要表面同时加工；孔端的加工表面应为圆形凸台或沉孔，以便在加工孔端的同时将凸台或沉孔全锪出来。图 3-13（b）所示的钻孔方向一致；图 3-14（b）所示的键槽方位一致。

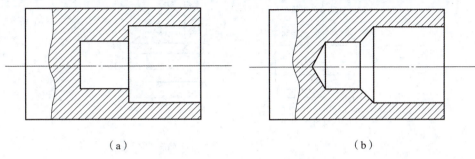

图 3-12　便于采用标准钻头钻孔

(a) 错误；(b) 正确

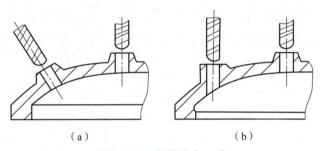

图 3-13　钻孔方向一致

(a) 错误；(b) 正确

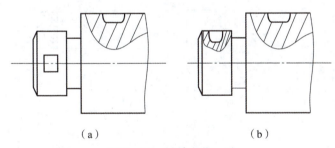

图 3-14　键槽方位一致

(a) 错误；(b) 正确

(3) 零件的结构应便于加工。如图 3-15 (b)、图 3-16 (b) 所示，设置越程槽、退刀槽，可减少刀具（砂轮）的磨损。图 3-16 (b) 所示的结构，便于引进刀具，从而保证了加工的可能性。

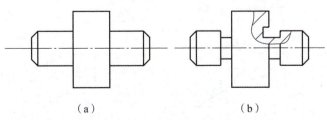

图 3-15　应留有越程槽

(a)-错误；(b) 正确

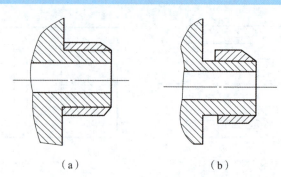

(a)   (b)

图 3-16 应留有退刀槽

(a) 错误；(b) 正确

（4）避免钻头单刃切削和在斜面上钻孔。图 3-17（b）所示结构，避免了因钻头两边切削力不等使钻孔轴线倾斜或折断钻头。图 3-18（b）所示结构避免了在斜面上钻孔。

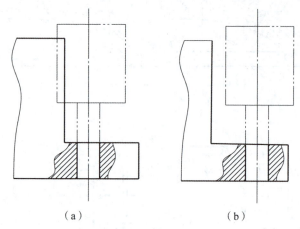

(a)   (b)

图 3-17 钻头单刃切削

(a) 错误；(b) 正确

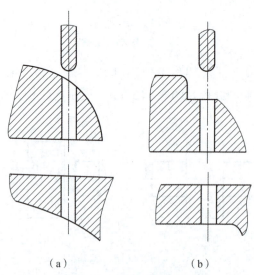

(a)   (b)

图 3-18 避免在斜面上钻孔

(a) 错误；(b) 正确

(5) 便于多刀或多件连续加工。如图 3-19（b）所示，为适应多刀加工，阶梯轴各段长度应相似或呈整数倍；直径尺寸应沿同一方向递增或递减，以便调整刀具。零件设计的结构要便于多件连续加工，图 3-20（b）所示结构可将毛坯排列成行便于多件连续加工。

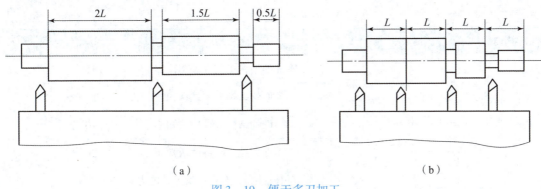

图 3-19　便于多刀加工
（a）错误；（b）正确

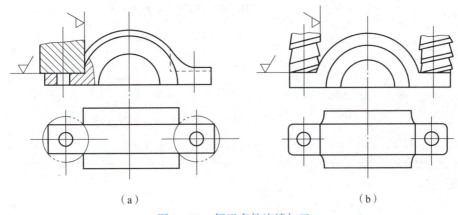

图 3-20　便于多件连续加工
（a）错误；（b）正确

【任务实施】

对零件结构工艺性内容进行分析，并填写表 3-5。

表 3-5　对零件结构工艺性分析任务工单

零件的结构工艺性要求	要求一	要求二	要求三

【任务评价】

对【任务实施】进行评价，并填写表3-6。

表3-6 任务评价表

考核内容	考核方式	考核要点	分值	评分
知识与技能（76分）	教师评价（50%）+互评（50%）	零件的结构工艺性基本认知	16分	
		零件的结构方便性认知	20分	
		零件的结构效率性认知	20分	
		零件的结构经济性认知	20分	
学习态度与团队意识（12分）	教师评价（50%）+互评（50%）	学习积极性高，有自主学习的能力	3分	
		有分析解决问题的能力	3分	
		有团队协作精神，能顾全大局	3分	
		有合作精神，乐于助人	3分	
工作与职业操守（12分）	教师评价（50%）+互评（50%）	有安全操作、文明生产的职业意识	3分	
		遵守纪律，规范操作	3分	
		诚实守信，实事求是，有创新意识	3分	
		能够自我反思，不断优化完善	3分	

任务三 选择毛坯

【任务描述】

零件一般由毛坯加工而成。图3-1所示端盖零件的毛坯，以及其他轴、箱体、齿轮等零件的毛坯，都需要合理选择。

【知识链接】

在现有的生产条件下，毛坯主要有铸件、锻件和冲压件等几个类型。铸件是把熔化的金属液浇注到预先制作的铸型腔中，待其冷却凝固后获得的零件毛坯。在一般机械中，铸件的重量一般占总机重量的50%以上，它是零件毛坯的最主要类型。铸件的突出优点是它可以制成各种复杂形状的零件毛坯，特别是具有复杂内腔的零件毛坯，此外，铸件成本低廉。其缺点是在生产过程中，工序多，加工质量难以控制，力学性能较差。锻件是利用冲击力或压力作用，使加热后的金属坯料产生塑性变形，从而获得的零件毛坯。锻件的结构复杂程度往往不及铸件，但是，锻件具有良好的内部组织，从而具有良好的力学性能，所以常用来制作承受重载和冲击载荷的重要机器零件和工具的毛坯。冲压件是利用冲床和专用模具，使金属板料产生塑性变形或分离，从而获得的制件。冲压通常在常温下进行，冲压件具有质量小、刚性好、尺寸精度高等优点，在很多情况下冲压件可直接作为零件使用。

毛坯的选择主要是选定毛坯的种类及制造方法，认知毛坯制造误差及可能产生的缺陷。正确选择毛坯具有较大的技术经济意义。毛坯的种类及制造方法对零件的质量、材料利用率、生产成本等都有很大的影响。

一、常用毛坯的类型

1. 铸件

铸件适用于形状复杂的零件毛坯。根据铸造方法的不同，铸件又分为以下几种类型。

（1）砂型铸造铸件。

砂型铸造铸件是应用最为广泛的一种铸件。它又分为木模手工造型和金属模机器造型两种。木模手工造型铸件精度低，加工表面需留较大的加工余量，生产率低，适用于单件小批生产或大型零件的铸造。金属模机器造型生产率高，铸件精度也高，但设备费用高，铸件的质量受限制，适用于大批大量生产的中小型铸件。

（2）金属型铸造铸件。

将熔融金属浇注到金属模具中，依靠金属自重充满金属型腔模而获得的铸件称为金属型铸造铸件。这种铸件比砂型铸造铸件精度高，表面质量和力学性能好，生产率也较高，但需专用的金属型腔模，适用于大批大量生产中尺寸不大的有色金属铸件。

（3）离心铸造铸件。

将熔融金属注入高速旋转的铸模内，在离心力的作用下，金属液充满型腔而形成的铸件称为离心铸造铸件。这种铸件晶粒细，金属组织致密，力学性能好，外圆精度及表面质量高，但内孔精度差，且需要专门的离心浇注机，适用于生产批量较大的黑色金属和有色金属旋转体铸件。

（4）压力铸造铸件。

熔融金属在一定的压力作用下，以较高的速度注入金属型腔内而获得的铸件称为压力铸造铸件。这种铸件精度高，可达 IT11～IT13 级；表面粗糙度值小，可达 0.4～3.2 μm；铸件力学性能好。它可铸造各种结构较复杂的零件，铸件上各种孔眼、螺纹、文字及花纹图案均可铸出，但需要一套昂贵的设备和型腔模，适用于生产批量较大、形状复杂、尺寸较小的有色金属铸件。

（5）精密铸造铸件。

石蜡通过型腔模压制成与工件一样的蜡制件，再在蜡制件周围黏上特殊型砂，待其凝固后烘干焙烧，蜡被熔化而放出，留下工件形状的模壳，用来浇铸。精密铸造铸件精度高、表面质量好。精密铸造一般用来铸造形状复杂的铸钢件，可节省材料、降低成本，是一项先进的毛坯制造工艺。

2. 锻件

锻件适用于强度要求高、形状比较简单的零件毛坯。其锻造方法有自由锻和模锻两种。

自由锻件是使用锻锤或在压力机上人工操作利用冲击力或压力使金属自由变形而成形的锻件。它的精度低、加工余量大、生产率也低，适用于单件小批生产及大型锻件。

模锻件是在锻锤机或压力机上，通过专用锻模锻制成形的锻件。它的精度和表面粗糙度均比自由锻件好，可以使毛坯形状更接近工件形状，加工余量小。同时，由于模锻件的材料纤维组织分布好，因此其机械强度高。模锻件生产率高，但需要专用模具，主要适用于生产批量较大的中小型零件。精度要求更高的用精锻件。

3. 冲压件

冲压件是通过冲压设备对薄钢板进行冷冲压加工而得到的零件，它可以非常接近成品要求。冲压件可以作为毛坯使用，有时也可以直接作为零件使用。冲压件的尺寸精度高，适用于生产批量较大且零件厚度较小的中小型零件。

4. 焊接件

焊接件是根据需要将型材或钢板焊接而成的结合件，它制作方便、简单，但需要经过热处理才能进行机械加工。其适用于单件小批生产中制造大型毛坯。其优点是制造简便，加工周期短，毛坯质量小；缺点是焊接件抗振动性差，机械加工前需经过时效处理以消除内应力。

5. 型材

型材主要通过热轧或冷拉而成。热轧件的精度低，价格较冷拉件便宜，用于一般零件的毛坯。冷拉件尺寸小、精度高，易于实现自动送料，但价格高，多用于生产批量较大且在自动机床上进行加工的场合。型材按其截面形状可分为圆钢、方钢、六角钢、扁钢、角钢、槽钢以及其他特殊截面形状的型材。

6. 冷挤压件

冷挤压件是在压力机上通过挤压模压制而成的，生产率高。冷挤压毛坯精度高，表面粗糙度值小，可以不再进行机械加工，但要求材料塑性好。其材料主要为有色金属和塑性好的钢材，适用于大批大量生产中制造形状简单的小型零件。

7. 粉末冶金件

粉末冶金件是以金属粉末为原料，在压力机上通过模具压制成形后再经高温烧结而成的。其生产率高、零件的精度高、表面粗糙度值小，一般可以不再进行机械加工，但金属粉末成本较高，适用于大批大量生产中压制形状较简单的小型零件。

二、毛坯的选择原则

在选择毛坯类型及制造方法时，应考虑下列因素。

模块三 机械加工工艺规程及其制订

1. **零件的材料及力学性能要求**

零件材料的工艺特性和力学性能大致决定了毛坯类型。例如，铸铁零件选用铸造毛坯；对于钢质零件，当形状较简单且力学性能要求不高时，其毛坯常选用棒料；对于重要的钢质零件，为获得良好的力学性能，其毛坯应选用锻件；当零件形状复杂且力学性能要求不高时，其毛坯选用铸钢件；有色金属零件常选用型材或铸件毛坯。

2. **零件的结构形状与外形尺寸**

形状复杂的零件毛坯，一般用铸造方法制造。薄壁零件毛坯不宜用砂型铸造；大型零件毛坯可用砂型铸造；中小型零件毛坯可考虑用先进的铸造方法。一般用途的阶梯轴，如各阶直径相差不大，则其毛坯可用圆棒料；如各阶直径相差较大，为减少材料消耗和机械加工的劳动量，则其毛坯宜选择锻件。尺寸大的零件毛坯一般用自由锻件；中小型零件毛坯可用模锻件。

3. **生产类型**

大量生产的零件应选择精度和生产率都比较高的毛坯制造方法，用于毛坯制造的昂贵费用可由材料消耗的减少和机械加工费用的降低来补偿。例如，铸件采用金属模机器造型或精密铸造；锻件采用模锻、精锻；型材采用冷轧和冷拉型材。零件产量较小时应选择精度和生产率较低的毛坯制造方法。

4. **现有生产条件**

确定毛坯时，必须结合具体的生产条件，如现场毛坯制造的实际水平和能力、外协的可能性等，否则就不现实。有条件时，应积极组织地区专业化生产，统一供应毛坯。

5. **充分利用新工艺、新技术、新材料**

为节约材料和能源，随着毛坯制造向专业化生产发展，目前毛坯制造方面的新工艺、新技术、新材料发展很快。为了提高机械加工生产率，应充分考虑精密铸造、精锻、冷轧、冷挤压、粉末冶金、异型钢材及工程塑料等在机械加工中的应用。这样，可大大减少机械加工量，甚至不需要进行加工，经济效益非常显著。

【任务实施】

机械加工中常见的零件毛坯类型有铸件、锻件、冲压件3种，据此填写表3-7。

> **小贴士**
>
> （1）通过小组协作、角色扮演，培养学生自主学习和团队协作的意识。
>
> （2）通过生产实训，认知毛坯件，让学生切实接触企业产品，体验企业员工的工作过程，培养其热爱劳动的职业素养，实现产学深度融合。
>
> （3）通过毛坯选择，培养学生的职业素养。

表 3-7 常见毛坯类型选用任务工单

毛坯类型	特点	应用	端盖毛坯选用

【任务评价】

对【任务实施】进行评价，并填写表 3-8。

表 3-8 任务评价表

考核内容	考核方式	考核要点	分值	评分
知识与技能（70分）	教师评价（50%）+ 互评（50%）	铸件毛坯认知	20分	
		锻件毛坯认知	20分	
		冲压件毛坯认知	10分	
		毛坯选择原则	10分	
		端盖毛坯选择	10分	
学习态度与团队意识（15分）	教师评价（50%）+ 互评（50%）	学习积极性高，有自主学习的能力	3分	
		有分析解决问题能力	3分	
		有团队协作精神，能顾全大局	3分	
		有组织协调能力	3分	
		有合作精神，乐于助人	3分	
工作与职业操守（15分）	教师评价（50%）+ 互评（50%）	有安全操作、文明生产的职业意识	3分	
		遵守纪律，规范操作	3分	
		诚实守信，实事求是，有创新意识	3分	
		能够自我反思，不断优化完善	3分	
		有节能环保意识、质量意识	3分	

任务四　选择定位基准

【任务描述】

轴、箱体等零件在加工时需要进行正确装夹，从毛坯开始到加工成达到精度要求的零件，每道工序都要正确定位，确定粗、精基准。例如，轴以外圆、中心孔作为定位基准，箱体零件以一面两孔作为定位基准。对图 3-21 所示的车床进刀轴架进行定位基准分析。

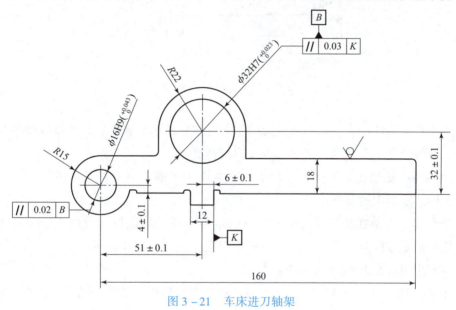

图 3-21　车床进刀轴架

【知识链接】

一、基准及其选择

正确选择基准对保证零件的加工精度、选择加工方法、安排工序及设计夹具结构都有很大影响。

（一）基准的概念及分类

基准是用来确定生产对象上几何要素间的几何关系时，所依据的那些点、线、面。基准往往是计算、测量和尺寸标注的起点。基准可分为设计基准和工艺基准两大类。

1. 设计基准

在设计图样上所采用的基准称为设计基准，如零件图上所采用的基准，也包括装配图上的基准，即装配基准。装配时是根据装配图上的基准进行装配的。装配基准是指装配时用来确定零件或部件在产品中的相对位置所采用的基准（《机械制造工艺基本术语》（GB/T 4863—2008）中装配基准的定义）。

如图 3-22 所示，该零件尺寸 φ20h6 的设计基准是 φ20 mm 圆柱面的中心线，φ28K6 的设计基准是 φ28 mm 圆柱面的中心线。对圆跳动而言，φ20h6 的中心线是其设计基准。又如齿轮，其齿顶圆、分度圆和内孔直径的设计基准均为内孔轴线。

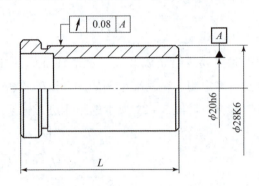

图 3-22 基准分析示例

2. 工艺基准

工艺基准是在零件加工、测量、装配的工艺过程中使用的基准。工艺基准根据其使用场合的不同，又可分为工序基准、定位基准和测量基准。

(1) 工序基准是指在工序图上，用来确定本道工序加工表面加工后的尺寸、形状、位置的基准，即工序图上的基准。

(2) 定位基准是指在加工过程中，用以确定零件在夹具或机床上的正确位置所采用的基准。定位基准是零件与夹具定位元件或机床直接接触的点、线、面。

(3) 测量基准是测量时所采用的基准。

(4) 基准实例。现以图 3-23 为例说明各种基准及其相互关系。图 3-23 所示为短阶梯轴图样的三个设计尺寸的 d，D 和 C。尺寸 d 的设计基准是 d 圆柱面的中心线，尺寸 D 的设

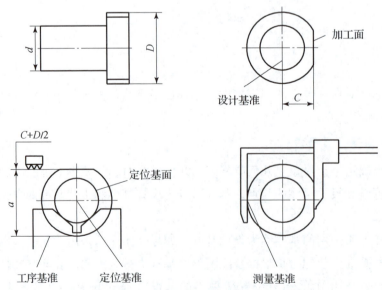

图 3-23 基准实例

计基准是 D 圆柱面的中心线，尺寸 C 的设计基准是 D 圆柱面的中心线。加工中的工序基准是 D 圆柱面的下素线，定位基准是 d 圆柱面的中心线，测量基准是 D 圆柱面的素线。

（二）定位基准的选择

制订机械加工工艺规程时，正确选择定位基准对零件表面间位置要求（位置尺寸和位置精度）的保证和加工顺序的安排都有很大的影响。用夹具装夹时，定位基准的选择还会影响到夹具的结构。因此，定位基准的选择是一个很重要的工艺理论问题。定位基准有精基准和粗基准两种。精基准是指用零件上已加工表面作为定位基准；粗基准是指用零件上未加工的毛坯面作为定位基准。

选择定位基准必须从保证工件精度的要求出发，因此，分析定位基准的顺序就应从精基准到粗基准。

1. 精基准的选择原则

精基准是指用零件上已加工表面作为定位基准。一般从零件加工的第二道工序开始，其定位基准都是精基准。精基准在选择时，主要应考虑保证加工要求和零件安装方便可靠。

（1）基准重合原则。

基准重合原则是指选用设计基准作为定位基准，以避免定位基准与设计基准不重合而引起的基准不重合误差。图 3-24 所示零件的设计尺寸为 a 和 c，设其顶面 B 和底面 A 已加工好（即尺寸 a 已经保证），现在用调整法铣削一批零件的面 C。为保证设计尺寸 c，以底面 A 定位，则定位基准 A 与设计基准 B 不重合，如图 3-24（b）所示。由于铣刀是相对于夹具定位面（或机床工作台面）调整的，因此对一批零件来说，刀具调整好后位置不再变动。加工后尺寸 c 的大小除受本道工序加工误差 Δ_i 的影响外，还与上道工序的加工误差 T_a 有关。这一误差是由于所选的定位基准与设计基准不重合而产生的，这种定位误差称为基准不重合误差，它的大小等于设计（工序）基准与定位基准之间的联系尺寸 a（定位尺寸）的公差 T_a。

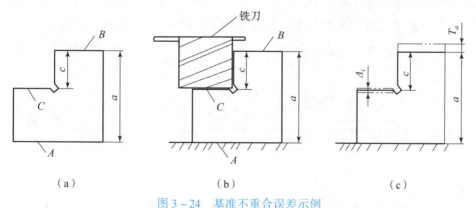

图 3-24 基准不重合误差示例
(a) 工序简图；(b) 加工示意图；(c) 加工误差

从图 3-24（c）中可看出，欲加工尺寸 c 的误差包括 Δ_i 和 T_a，为了保证尺寸 c 的精度，应使 $\Delta_i + T_a \leq T_c$。显然，若采用基准不重合的定位方案，则必须控制该工序的加工误差和基准不重合误差的总和不超过尺寸 c 的公差 T_c。这样既缩小了本道工序的加工允差，又对前面工序提出了较高的要求，使加工成本增加，因此是应当避免的。所以，在选择定位基准时，应当尽量使定位基准与设计基准重合。

如图3-25所示，以B面定位欲加工面C，使得基准重合，此时尺寸a的误差对加工尺寸c无影响，本道工序的加工误差只需满足$\Delta_i \leq T_c$即可。

显然，这种基准重合的情况能使本道工序允许出现的误差范围变大，使加工更容易达到精度要求，经济性更好。但是，这样往往会使夹具结构复杂，增加操作的困难，但为了保证加工精度，有时不得不采取这种方案。

上面分析的是设计基准与定位基准不重合而产生的基准不重合误差，是在加工的定位过程中产生的。同样基准不重合误差也可引申到其他基准不重合的场合。例如，当工序基准与设计基准、测量基准与设计基准、工序基准与定位基准、工序基准与测量基准等基准不重合时，都会产生基准不重合误差。

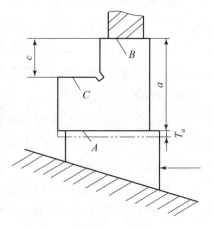

图3-25　基准重合安装示意图

（2）基准统一原则。

在工件的加工过程中尽可能地采用统一的定位基准，这就是基准统一原则，即在各道工序的加工中，其定位基准应尽可能相同。例如，轴类零件加工中，车、铣、磨等加工工序都使用两端中心孔作为定位基准，这就是基准统一。基准统一可简化夹具设计工作，降低夹具的制造工作量及成本，缩短生产准备时间，有利于保证各加工表面的相互位置精度。例如，箱体零件多采用一面两孔定位，齿轮的齿坯和齿形加工多采用齿轮的内孔及一端面作为定位基准，均属于基准统一原则。

（3）自为基准原则。

当某些表面精加工要求加工余量小而均匀时，选择以被加工表面本身作为定位基准称为自为基准原则。遵循自为基准原则时，不能提高加工表面的位置精度，只能提高加工表面本身的精度，多用于对工件上重要表面的加工。图3-26所示的机床导轨面精加工时，以导轨

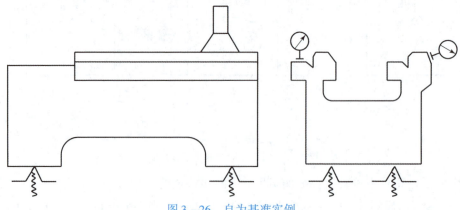

图3-26　自为基准实例

面本身为基准，用百分表找正安装，即可保证导轨面加工余量的均匀性，满足导轨面的质量要求。另外，如拉刀、无心磨、浮动铰孔、浮动镗孔等都是遵循自为基准原则的实例。

（4）互为基准原则。

互为基准原则是指当对工件上两个相互位置精度要求很高的表面进行加工时，需要用两个表面互相作为基准，反复进行加工，以保证位置精度要求。例如，图3-27所示为采用互为基准原则磨内孔和外圆，图3-27（b）所示为将外圆作为定位基准加工内孔，图3-27（c）所示为将内孔作为定位基准加工锥孔。另外在齿轮加工中，如果要保证精密齿轮的齿圈跳动精度，可以在齿面淬硬后，先以齿面定位磨内孔，再以内孔定位磨齿面，从而保证位置精度。又如，车床主轴的前锥孔与主轴支承轴颈间有严格的同轴度要求，加工时应先以轴颈外圆为定位基准加工锥孔，再以锥孔为定位基准加工外圆，如此反复多次，最终达到加工要求。

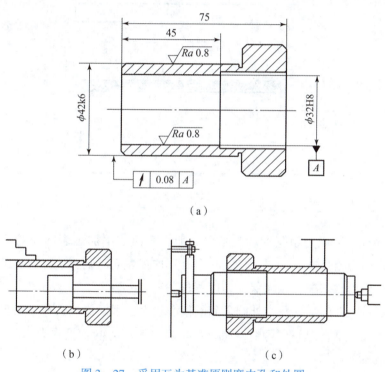

图3-27　采用互为基准原则磨内孔和外圆

（5）保证工件定位准确、安装可靠、操作方便的原则。

所选定位基准应能保证工件定位准确、稳定、夹紧可靠。

在定位基准的选择中，要根据实际情况灵活运用上述原则，在选择时首先考虑的是基准重合和基准统一原则。有时基准重合和基准统一两者并不能兼顾，所以在选择基准时要综合分析，以保证加工精度为主要目的。

2. 粗基准选择原则

粗基准是指用零件上未加工的毛坯面作为定位基准。机械加工的第一道工序，其定位基准就为粗基准。选择粗基准时，主要要求保证各加工表面有足够的余量，使加工表面与不加工表面间的位置符合图样要求，并特别注意要尽快获得精基面。具体选择时应考虑下列原则。

（1）选择重要表面为粗基准。为保证工件上重要表面的加工余量小而均匀，应选择该重要表面为粗基准。所谓重要表面一般是工件上加工精度及表面质量要求较高的表面，如床身的导轨面，车床主轴箱的主轴孔，都是各自的重要表面。因此，加工床身和主轴箱时，应以导轨面或主轴孔为粗基准。如图3-28所示，先以导轨面为粗基准加工床腿底面，再以底面为精基准加工导轨面。

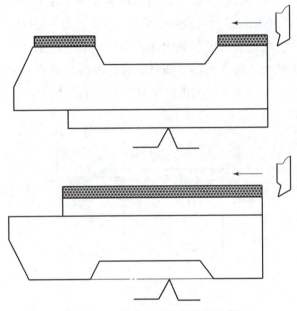

图3-28　床身加工的粗基准选择

（2）选择不加工表面为粗基准。为了保证加工表面与不加工表面间的位置要求，一般应选择不加工表面为粗基准。如果工件上有多个不加工表面，则应选择与加工表面位置要求较高的不加工表面为粗基准，以便保证精度要求。

图3-29所示工件的毛坯孔与外圆之间的偏心较大，因此应当选择不加工的外圆为粗基准，将工件装夹在三爪自定心卡盘中，在镗孔时消除毛坯的同轴度误差。其壁厚是均匀的，但内孔的加工余量不均匀。

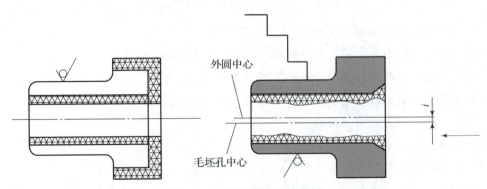

图3-29　粗基准选择的实例

(3)选择加工余量最小的表面为粗基准。在没有要求保证重要表面加工余量均匀的情况下,如果零件上每个表面都要加工,则应选择其中加工余量最小的表面为粗基准,以避免该表面在加工时因余量不足而留下部分毛坯面,造成工件废品。如图3-30所示,因 $\phi55$ mm 外圆的余量较小,故应选 $\phi55$ mm 外圆为粗基准。如果选 $\phi108$ mm 外圆为粗基准加工 $\phi50$ mm 外圆,则当两外圆有3 mm 的偏心时,有可能因 $\phi50$ mm 的加工余量不足使工件报废。

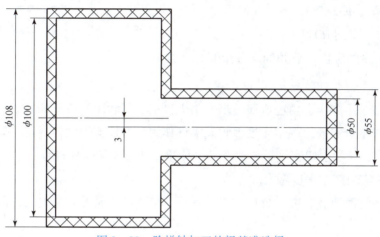

图3-30 阶梯轴加工的粗基准选择

(4)粗基准在同一尺寸方向上只能使用一次。因为粗基准本身都是未经机械加工的毛坯面,其表面粗糙且精度低,若重复使用,则将产生较大的误差。对于图3-31所示的小轴,如重复使用毛坯面 B 定位去加工表面 A 与 C,则必然会使加工表面 A 与 C 的轴线产生较大的同轴度误差。

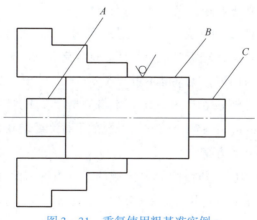

图3-31 重复使用粗基准实例
A,C—加工表面;B—毛坯面

(5)选择较为平整光洁、被加工面积较大的表面为粗基准,以便工件定位可靠、夹紧方便。此外,选择的粗基准还应使夹具结构简单、操作方便。

实际上,无论精基准还是粗基准,上述选择原则都不可能同时满足,有时还是互相矛盾的。因此,在实际应用时应根据具体情况进行分析,权衡利弊,保证其主要的要求。

【任务实施】

图 3-21 所示为车床进刀轴架零件，且已知其工艺过程如下。

(1) 划线。

(2) 粗、精刨底面和凸台。

(3) 粗、精镗 ϕ32H7 孔。

(4) 钻、扩、铰 ϕ16H9 孔。

试选择各工序的定位基准并确定各限制几个自由度。

> **小贴士**
>
> (1) 通过小组协作、角色扮演，培养学生自主学习和团队协作的意识。
>
> (2) 通过生产实训，将车床进刀轴架零件作为生产性实训载体，完成零件的工艺编制与加工制作，让学生切实接触企业产品，体验企业员工的工作过程，培养其热爱劳动的职业素养，实现产学深度融合。
>
> (3) 通过计时竞赛、方案分析、尺寸保证，培养学生精益求精的工匠精神。

【任务分析】

第一道工序：划线。当毛坯误差较大时，采用划线的方法能同时兼顾几个不加工表面对加工表面的位置要求。选择不加工表面 R22 mm 外圆和 R15 mm 外圆为粗基准，同时兼顾不加工的上平面与底面距离 18 mm 的要求，划出底面和凸台的加工线。

第二道工序：按划线找正，粗、精刨底面和凸台。

第三道工序：粗、精镗 ϕ32H7 孔。加工要求为尺寸 (32±0.1) mm，(6±0.1) mm 及凸台侧面 K 的平行度 0.03 mm。根据基准重合原则选择底面和凸台为定位基准，底面限制 3 个自由度，凸台限制 2 个自由度，无基准不重合误差。

第四道工序：钻、扩、铰 ϕ16H9 孔。除孔本身的精度要求外，本道工序应保证的位置要求为尺寸 (4±0.1) mm，(51±0.1) mm 及两孔的平行度要求 0.02 mm。根据精基准选择原则，可以有以下 3 种不同的方案。

(1) 底面限制 3 个自由度，凸台侧面 K 限制两个自由度。此方案加工两孔采用了基准统一原则，且夹具比较简单。设计尺寸 (4±0.1) mm 基准重合；尺寸 (51±0.1) mm 的工序基准是孔 ϕ32H7 的中心线，而定位基准是面 K，定位尺寸为 (6±0.1) mm，存在基准不重合误差，其大小等于 0.2 mm；两孔平行度 0.02 mm 也有基准不重合误差，其大小等于 0.03 mm。可见，此方案基准不重合误差已经超过了允许的范围，不可采用。

(2) ϕ32H7 孔限制 4 个自由度，底面限制 1 个自由度。此方案对尺寸 (4±0.1) mm 有基准不重合误差，且定位销细长，刚性较差，所以也不予以采用。

(3) 底面限制 3 个自由度，ϕ32H7 孔限制 2 个自由度。此方案可将工件套在一个长的菱形销上来实现，对于 3 个设计要求均为基准重合，只有 φ32H7 孔对于底面的平行度误差将会影响两孔在垂直平面内的平行度，应当在镗 φ32H7 孔时加以限制。

综上所述，方案（3）基准基本上重合，夹具结构也不太复杂，装夹方便，故应采用。车床进刀轴架定位基准任务工单如表 3-9 所示。

表 3-9　车床进刀轴架定位基准任务工单

工序任务分析	粗基准	精基准

【任务评价】

对【任务实施】进行评价，并填写表 3-10。

表 3-10　任务评价表

考核内容	考核方式	考核要点	分值	评分
知识与技能（70 分）	教师评价（50%）+互评（50%）	精基准基本认知	15 分	
		精基准选择原则	20 分	
		粗基准基本认知	15 分	
		粗基准选择原则	20 分	
学习态度与团队意识（15 分）	教师评价（50%）+互评（50%）	学习积极性高，有自主学习的能力	3 分	
		有分析解决问题的能力	3 分	
		有团队协作精神，能顾全大局	3 分	
		有组织协调能力	3 分	
		有合作精神，乐于助人	3 分	
工作与职业操守（15 分）	教师评价（50%）+互评（50%）	有安全操作、文明生产的职业意识	3 分	
		遵守纪律，规范操作	3 分	
		诚实守信，实事求是，有创新意识	3 分	
		能够自我反思，不断优化完善	3 分	
		有节能环保意识、质量意识	3 分	

任务五　零件加工工艺路线拟订设计

【任务描述】

已知车床进刀轴架零件（见图3-21）工艺过程如下。
(1) 划线。
(2) 粗、精刨底面和凸台。
(3) 粗、精镗 $\phi 32H7$ 孔。
(4) 钻、扩、铰 $\phi 16H9$ 孔。
试选择各工序的定位基准并确定各限制几个自由度。

【知识链接】

一、表面加工方法的选择

零件机械加工工艺路线是指零件生产过程中，由毛坯到成品所经过的工序先后顺序。在拟订工艺路线时，除了首先应考虑定位基准的选择外，还应考虑各表面加工方法的选择、加工阶段的划分、加工顺序的安排、工序的集中与分散，以及设备与工艺装备的选择等问题。拟订工艺路线是制订机械加工工艺规程的关键一步，它不仅影响零件的加工质量和效率，而且影响设备投资、生产成本甚至加工人员的劳动强度。目前还没有一套通用而完整的工艺路线拟订方法，只总结出一些综合性原则，在运用这些原则时，要根据具体条件综合分析。

为了正确选择加工方法，应掌握各种加工方法的特点和加工的经济精度及经济表面粗糙度的概念。

1. 机械加工的经济精度和经济表面粗糙度

加工过程中，影响精度的因素有很多。每种加工方法在不同的工作条件下，所能达到的精度会有所不同。例如，精细操作，选择较低的切削用量，能得到较高的精度。但是，这样会降低生产率，增加成本。反之，如增加切削用量而提高了生产率，虽然成本能降低，但会增加加工误差而使精度下降。

有统计资料表明，各种加工方法的加工误差和加工成本之间的关系呈负指数函数曲线形状。图3-32所示为加工误差（加工精度）和加工成本之间的关系。

图3-32中横坐标是加工误差 Δ，沿横坐标的反方向即加工精度，纵坐标是成本 Q。如图3-32所示，如每种加工方法欲获得较高的精度（即加工误差小），则成本增大；反之，则成本减小。但是，上述关系只是在一定范围内，即曲线的 AB 段才比较明显。在 A 点左侧，精度不易提高，且有一极限值 Δ_j；在 B 点的右侧，成本不易提高，也有一极限值 Q_j。曲线 AB 段的精度区间属经济精度范围。

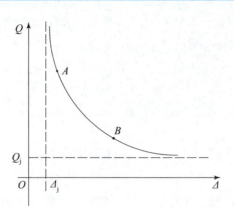

图 3-32 加工误差（加工精度）和加工成本的关系

加工经济精度是指在正常加工条件下（采用符合质量标准的设备、工艺装备和标准技术等级的人员，不延长加工时间）所能保证的加工精度。若延长加工时间，就会增加成本，虽然精度能提高，但不经济。经济表面粗糙度的概念类同于经济精度的概念。

各种加工方法所能达到的经济精度和经济表面粗糙度等级，以及各种典型表面的加工方法均已制成表格，在机械加工的各种加工手册中都能找到。表 3-11、表 3-12、表 3-13 和表 3-14 分别摘录了外圆、孔和平面等典型表面加工方案及其经济精度和经济表面粗糙度（经济精度以公差等级表示）。

还须指出，经济精度的数值不是一成不变的，随着科学技术的发展、工艺的改进和设备及工艺装备的更新，各种加工方法的经济精度会逐步提高。

2. 表面加工方法的选择考虑因素

表面加工方法的选择，就是为零件上每一个有质量要求的表面选择一套合理的加工方法。在选择时，一般先根据表面精度和表面粗糙度要求选择最终加工方法，然后再确定精加工前期工序的加工方法。选择加工方法，既要保证零件的表面质量，又要争取高生产率，同时还应考虑以下因素。

（1）应根据每个加工表面的技术要求，确定加工方法和加工次数。

（2）应选择能获得经济精度和经济表面粗糙度的加工方法。加工时，不要盲目采用高的加工精度和小的表面粗糙度的加工方法，以免增加生产成本，浪费设备资源。

（3）应考虑工件材料的性质。例如，淬火钢精加工应采用磨床加工，但有色金属精加工为避免磨削时堵塞砂轮，应采用金刚镗或高速精细车削等。

（4）要考虑工件的结构和尺寸。例如，对于加工 IT7 级精度的孔，采用镗、铰、拉和磨削等都可达到要求。但加工箱体上的孔一般不宜采用拉或磨削，加工大孔时宜选择镗削，加工小孔时宜选择铰孔。

（5）要根据生产类型选择加工方法。大批大量生产时，应采用生产率高、质量稳定的专用设备和专用工艺装备加工。单件小批生产时，宜采用通用设备和一般工艺装备加工。

（6）充分利用企业的现有设备和工艺手段，节约资源，发挥员工的创造性，挖掘企业潜力；同时应重视新技术、新工艺，设法提高企业的工艺水平。

(7) 其他特殊要求。例如，工件表面纹路要求、表面力学性能要求等。

表 3-11 外圆柱面加工方案

序号	加工方案	经济精度	经济表面粗糙度 Ra/μm	适用范围
1	粗车	IT11~IT13 级	12.5~50	适用于淬火钢以外的各种金属
2	粗车—半精车	IT8~IT10 级	3.2~6.3	
3	粗车—半精车—精车	IT7~IT8 级	0.8~1.6	
4	粗车—半精车—精车—滚压（或抛光）	IT7~IT8 级	0.025~0.2	
5	粗车—半精车—磨削	IT7~IT8 级	0.4~0.8	主要用于淬火钢，也可用于未淬火钢，但不宜加工有色金属
6	粗车—半精车—粗磨—精磨	IT6~IT7 级	0.1~0.4	
7	粗车—半精车—粗磨—精磨—超精加工（或轮式超精磨）	IT5 级	0.012~0.1（或 Rz 0.1）	
8	粗车—半精车—精车—精细车（金刚车）	IT6~IT7 级	0.025~0.4	主要用于要求较高的有色金属加工
9	粗车—半精车—粗磨—精磨—超精磨或镜面磨	IT5 级以上	0.006~0.025（或 Rz 0.05）	适用于极高精度的外圆加工
10	粗车—半精车—粗磨—精磨—研磨	IT5 级以上	0.006~0.1（或 Rz 0.05）	

表 3-12 孔加工方案

序号	加工方案	经济精度	经济表面粗糙度 Ra/μm	适用范围
1	钻	IT11~IT13 级	12.5~50	适用于加工未淬火钢及铸铁的实心毛坯，也可用于加工有色金属（但表面粗糙度稍大，且孔径小于 15~20 mm）
2	钻—铰	IT8~IT10 级	1.6~6.3	
3	钻—粗铰—精铰	IT7~IT8 级	0.8~1.6	
4	钻—扩	IT10~IT11 级	6.3~12.5	适用于加工未淬火钢及铸铁的实心毛坯，也可用于加工有色金属，但孔径大于 15~20 mm
5	钻—扩—铰	IT8~IT9 级	1.6~3.2	
6	钻—扩—粗铰—精铰	IT7 级	0.8~1.6	
7	钻—扩—机铰—手铰	IT6~IT7 级	0.2~0.4	

续表

序号	加工方案	经济精度	经济表面粗糙度 Ra/μm	适用范围
8	钻—扩—拉	IT7～IT9 级	0.1～1.6	适用于大批大量生产（精度由拉刀的精度而定）
9	粗镗（或扩孔）	IT11～IT13 级	6.3～12.5	适用于除淬火钢外各种材料，且毛坯有铸出孔或锻出孔
10	粗镗（粗扩）—半精镗（精扩）	IT9～IT10 级	1.6～3.2	
11	粗镗（扩）—半精镗（精扩）—精镗（铰）	IT7～IT8 级	0.8～1.6	
12	粗镗（扩）—半精镗（精扩）—精镗—浮动镗刀精镗	IT6～IT7 级	0.4～0.8	
13	粗镗（扩）—半精镗—磨孔	IT7～IT8 级	0.2～0.8	主要用于淬火钢，也可用于未淬火钢，但不宜用于有色金属
14	粗镗（扩）—半精镗—粗磨—精磨	IT6～IT7 级	0.1～0.2	
15	粗镗—半精镗—精镗—精细镗（金刚镗）	IT6～IT7 级	0.05～0.4	主要用于精度要求高的有色金属加工
16	钻—（扩）—粗铰—精铰—珩磨；钻—（扩）—拉—珩磨；粗镗—半精镗—精镗—珩磨	IT6～IT7 级	0.025～0.2	适用于加工精度要求很高的孔
17	以研磨代替上述方案中的珩磨	IT5～IT6 级	0.006～0.1	

表 3－13　平面加工方案

序号	加工方案	经济精度	经济表面粗糙度 Ra/μm	适用范围
1	粗车	IT11～IT13 级	12.5～50	适用于加工端面
2	粗车—半精车	IT8～IT10 级	3.2～6.3	
3	粗车—半精车—精车	IT7～IT8 级	0.8～1.6	
4	粗车—半精车—磨削	IT6～IT8 级	0.2～0.8	

续表

序号	加工方案	经济精度	经济表面粗糙度 $Ra/\mu m$	适用范围
5	粗刨（或粗铣）	IT11～IT13级	6.3～25	一般用于不淬硬平面（端铣表面粗糙度较低）
6	粗刨（或粗铣）—精刨（或精铣）	IT8～IT10级	1.6～6.3	
7	粗刨（或粗铣）—精刨（或精铣）—刮研	IT6～IT7级	0.1～0.8	适用于精度要求较高的不淬硬平面；生产批量较大时宜采用宽刃精刨方案
8	以宽刃刨削代替上述方案中的刮研	IT7级	0.2～0.8	
9	粗刨（或粗铣）—精刨（或精铣）—磨削	IT7级	0.2～0.8	适用于精度要求高的淬硬平面或不淬硬平面
10	粗刨（或粗铣）—精刨（或精铣）—粗磨—精磨	IT6～IT7级	0.025～0.4	
11	粗铣—拉	IT7～IT9级	0.2～0.8	适用于大量生产中的较小平面（精度视拉刀精度而定）
12	粗铣—精铣—磨削—研磨	IT5级以上	0.006～0.1（或 Rz 0.05）	适用于高精度平面

表3-14 各种加工方法的经济精度和经济表面粗糙度（中批生产）

被加工表面	加工方法	经济精度	经济表面粗糙度 $Ra/\mu m$
外圆和端面	粗车	IT11～IT13级	12.5～50
	半精车	IT8～IT11级	3.2～6.3
	精车	IT7～IT9级	1.6～3.2
	粗磨	IT8～IT11级	0.8～3.2
	精磨	IT6～IT8级	0.2～0.8
	研磨	IT5级	0.012～0.2
	超精加工	IT5级	0.012～0.2
	精细车（金刚车）	IT5～IT6级	0.05～0.8

续表

被加工表面	加工方法	经济精度	经济表面粗糙度 $Ra/\mu m$
孔	钻孔	IT11~IT13 级	6.3~50
	铸锻孔的粗扩（镗）	IT11~IT13 级	12.5~50
	精扩	IT9~IT11 级	3.2~6.3
	粗铰	IT8~IT9 级	1.6~6.3
	精铰	IT6~IT7 级	0.8~3.2
	半精镗	IT9~IT11 级	3.2~6.3
	精镗（浮动镗）	IT7~IT9 级	0.8~3.2
	精细镗（金刚镗）	IT6~IT7 级	0.1~0.8
	粗磨	IT9~IT11 级	3.2~6.3
	精磨	IT7~IT9 级	0.4~1.6
	研磨	IT6 级	0.012~0.2
	珩磨	IT6~IT7 级	0.1~0.4
	拉孔	IT7~IT9 级	0.8~1.6
平面	粗刨、粗铣	IT11~IT13 级	12.5~50
	半精刨、半精铣	IT8~IT11 级	3.2~6.3
	精刨、精铣	IT6~IT8 级	0.8~3.2
	拉削	IT7~IT8 级	0.8~1.6
	粗磨	IT8~IT11 级	1.6~6.3
	精磨	IT6~IT8 级	0.2~0.8
	研磨	IT5~IT6 级	0.012~0.2

二、加工阶段的划分

1. 加工阶段

对于那些加工质量要求较高或较复杂的零件，通常将整个工艺路线划分为以下几个阶段。

（1）粗加工阶段——主要任务是切除各被加工表面上的大部分余量，其关键问题是如何提高生产率。

（2）半精加工阶段——完成次要表面的加工，并为主要表面的精加工做准备。

（3）精加工阶段——保证各主要表面达到图样要求，其主要问题是如何保证加工质量。

（4）光整加工阶段——对于表面粗糙度和尺寸精度要求很高的表面，还需要进行光整加工。这个阶段的主要目的是提高表面质量，一般不能用于提高形状精度和位置精度。常用的加工方法有金刚车（镗）、研磨、珩磨、超精加工、镜面磨、抛光及无屑加工等。

(5) 超精密加工阶段是按照超稳定、超微量切除等原则，实现加工尺寸误差和形状误差在 0.1 μm 以下的加工技术。

2. 划分加工阶段的原因

(1) 保证加工质量。

粗加工时，由于加工余量大，因此被加工工件所受的切削力、夹紧力也大，将产生较大的变形，如果不划分阶段连续进行粗、精加工，上述变形来不及恢复，将影响加工精度。所以，需要划分加工阶段，使粗加工产生的误差和变形，通过半精加工和精加工予以纠正，并逐步提高零件的精度和表面质量。

(2) 合理使用设备。

粗加工要求采用刚性好、效率高且精度较低的机床，精加工则要求机床精度高。划分加工阶段后，可避免以精干粗，充分发挥机床的性能，延长机床使用寿命。

(3) 便于安排热处理工序，使冷、热加工工序搭配合理。

粗加工后，一般要安排去应力的时效处理，以消除内应力。精加工前要安排淬火等最终热处理，其变形可以通过精加工予以消除。

(4) 有利于及早发现毛坯缺陷（如铸件的砂眼气孔等）。粗加工时去除了加工表面的大部分余量，若发现毛坯缺陷，则可及时予以报废，避免继续加工造成工时的浪费。

应当指出：加工阶段的划分不是绝对的，必须根据工件的加工精度要求和刚性来决定。一般说来，工件加工精度要求越高、刚性越差，划分的阶段就应越细；当工件生产批量小、精度要求不太高、工件刚性较好时也可以不分或少分加工阶段；重型零件由于输送及装夹困难，一般在一次装夹后就完成粗、精加工，为了弥补不分加工阶段带来的弊端，常常在粗加工工序后松开工件，然后以较小的夹紧力重新夹紧，再继续进行精加工工序。

三、加工顺序的安排

复杂工件的机械加工工艺路线要经过切削加工工序、热处理工序和辅助工序。因此，在拟订工艺路线时，工艺人员要全面考虑切削加工、热处理和辅助工序。现对三者分别阐述如下。

1. 切削加工工序的安排原则

切削加工工序安排的总原则是前期工序必须为后续工序创造条件，做好基准准备。具体原则如下。

(1) 基准先行。零件加工总是以加工精基准开始，然后用精基准定位加工其他表面。例如，对于箱体零件，一般是以主要孔为粗基准加工平面，再以平面为精基准加工孔系；对于轴类零件，一般是以外圆为粗基准加工中心孔，再以中心孔为精基准加工外圆、端面等其他表面。如果有几个精基准，则应该按照基准转换的顺序和逐步提高加工精度的原则来安排基面和主要表面的加工。

(2) 先主后次。零件的主要表面一般是加工精度或表面质量要求比较高的表面，它们的加工质量好坏对整个零件的质量影响很大，其加工工序往往也比较多，因此应先安排主要表面的加工，再将其他表面的加工适当安排在它们中间穿插进行。通常将装配基面、工作表面等视为主要表面，而将键槽、紧固用的光孔和螺孔等视为次要表面。

（3）先粗后精。一个零件通常由多个表面组成，各表面的加工一般都需要分阶段进行。在安排加工顺序时，应先集中安排各表面的粗加工，中间根据需要依次安排半精加工，最后安排精加工和光整加工。对于精度要求较高的工件，为了减小因粗加工引起的变形对精加工的影响，通常粗、精加工不应连续进行，而应分阶段、间隔适当时间进行。

（4）先面后孔。对于箱体、支架和连杆等工件，应先加工平面，后加工孔。因为平面的轮廓平整、面积大，先加工平面再以平面定位加工孔，既能保证加工时孔有稳定可靠的定位基准，又有利于达到孔与平面间的位置精度要求。

2. 热处理工序的安排

热处理可以提高材料的力学性能，改善金属的切削性能以及消除内应力。在拟订工艺路线时，应根据零件的技术要求和材料性质，合理地安排热处理工序。

（1）退火与正火。退火或正火的目的是消除组织缺陷，改善组织使成分均匀，细化晶粒，改善金属的加工性能。对高碳钢零件用退火降低其硬度，对低碳钢零件用正火提高其硬度，以获得适中、较好的可切削性，同时还能消除毛坯制造中的应力。退火与正火一般安排在机械加工之前进行。

（2）时效处理。为了消除内（残余）应力，减少工件变形，在工艺过程中需安排时效处理。对于一般铸件，常在粗加工前或粗加工后安排一次时效处理；对于要求较高的零件，半精加工后也需再安排一次时效处理；对于一些刚性较差、精度要求特别高的重要零件（如精密丝杠、主轴等），常常在每个加工阶段之间都安排一次时效处理。时效处理分自然时效、人工时效和冰冷处理三大类。

（3）调质处理。调质处理是指对零件淬火后再高温回火，可消除内应力、改善加工性能，并能获得较好的综合力学性能，一般安排在粗加工之后进行。对一些性能要求不高的零件，调质处理也常作为最终热处理。

（4）淬火、渗碳淬火和渗氮处理。它们的主要目的是提高零件的硬度和耐磨性，常安排在粗加工、半精加工之后，精加工的前后。变形较大的热处理，如渗碳淬火、调质处理等，应安排在精加工前进行，以便在精加工时纠正热处理的变形；变形较小的热处理，如渗氮处理等，可安排在精加工之后进行。

（5）表面处理。为了表面防腐或表面装饰，有时需要对表面进行涂镀或发蓝等处理。涂镀处理是指在金属、非金属基体上沉积一层所需的金属或合金的过程。发蓝处理是一种钢铁的氧化处理，是指将钢件放入一定温度的碱性溶液中，使零件表面生成 $0.6 \sim 0.8\ \mu m$ 的致密而牢固的 Fe_3O_4 氧化膜的过程。依处理条件的不同，该氧化膜呈现亮蓝色直至亮黑色。这种表面处理通常安排在工艺过程的最后。

3. 辅助工序的安排

辅助工序包括工件的检验、去毛刺、清洗、去磁和防锈等。辅助工序也是机械加工的必要工序，安排不当或遗漏，会给后续工序和装配带来困难，影响产品质量甚至机器的使用性能。例如，未去毛刺的零件装配到产品中会影响装配精度或危及工人安全，机器运行一段时间后，毛刺变成碎屑混入润滑油中，将影响机器的使用寿命；用磁力夹紧过的零件如果不安排去磁，则可能将微细切屑带入产品中，严重影响机器的使用寿命，甚至还可能造成不必要的事故。因此，必须十分重视辅助工序的安排。

检验是最主要的辅助工序，它对保证产品质量有重要的作用。检验工序应安排在以下位置。

(1) 粗加工结束后。

(2) 重要工序前后或加工工时较长的工序前后。

(3) 换车间的前后，特别是进入热处理工序的前后。

(4) 特种性能检验，如磁力探伤、密封性检验等之前。

(5) 全部加工工序结束之后。

四、工序的集中与分散

经过上述三类工序的安排后，零件加工的工步顺序已经排定，如何将这些工步组成工序，就需要考虑采用工序集中还是工序分散的原则。

（一）工序集中与工序分散的概念

工序集中就是将工件的加工集中在少数几道工序内完成，每道工序的加工内容较多。工序集中又可分为采用技术措施集中的机械集中，如采用多刀、多刃、多轴或数控机床加工等；采用人为组织措施集中的组织集中，如普通车床的顺序加工。

工序分散则是将工件的加工分散在较多的工序内完成，每道工序的加工内容很少，有时甚至每道工序只有一个工步。

（二）工序集中与工序分散的特点

1. 工序集中的特点

(1) 采用高效率的专用设备和工艺装备，生产率高。

(2) 减少了装夹次数，易于保证各表面间的相互位置精度，还能缩短辅助工序的时间。

(3) 工序数目少，机床数量、加工人员数量和生产占地面积都可减少，节省人力、物力，还可简化生产计划和组织工作。

(4) 工序集中通常需要采用专用设备和工艺装备，因此投资大，设备和工艺装备的调整、维修较为困难，生产准备工作量大，转换新产品较麻烦。

2. 工艺分散的特点

(1) 设备和工艺装备简单、调整方便、加工人员便于掌握，生产准备工作量少，容易适应产品的变换。

(2) 可以采用最合理的切削用量，减少基本时间。

(3) 对加工人员的技术水平要求较低。

(4) 设备和工艺装备数量多、加工人员多、生产占地面积大。

工序集中与工序分散各有特点,应根据生产类型、零件的结构和技术要求、现有生产条件等综合分析后选用。生产批量小时,为简化生产计划,多将工序适当集中,使各通用机床完成更多表面的加工,以减少工序数目;而生产批量较大时就可采用多刀、多轴等高效机床将工序集中。由于工序集中的优点较多,因此现代生产的发展多趋向于工序集中。

(三) 工序集中与工序分散的选择

工序集中与工序分散各有利弊,如何选择,应根据企业的生产规模、产品的生产类型、现有的生产条件、零件的结构特点和技术要求、各工序的生产节拍,进行综合分析后选定。

一般说来,单件小批生产采用组织集中,以便简化生产组织工作;大批大量生产可采用较复杂的机械集中;对于结构简单的产品,可采用工序分散的原则;成批及大量生产应尽可能采用高效机床,使工序适当集中。对于重型零件,为了减少装卸运输工作量,工序应适当集中;而对于刚性较差且精度高的精密工件,工序则应适当分散。随着科学技术的进步,先进制造技术目前的发展趋势是倾向于工序集中。

五、设备与工艺装备的选择

1. 设备的选择

确定了工序集中或工序分散的原则后,设备的类型也就基本上确定了。若采用工序集中原则,则宜选用高效自动加工设备,如多刀、多轴机床;若采用工序分散原则,则选用的加工设备可较简单。此外,选择设备时还应考虑以下几点。

(1) 机床精度与工件精度相适应。

(2) 机床规格与工件的外形尺寸相适应。

(3) 选择的机床应与现有加工条件相适应,如设备负荷的平衡状况等。

(4) 如果没有现成设备供选用,那么经过方案的技术经济分析后,也可提出专用设备的设计任务书或改装旧设备。

2. 工艺装备的选择

工艺装备选择的合理与否,将直接影响工件的加工精度、生产率和经济效益,因此应根据生产类型、具体加工条件、工件结构特点和技术要求等选择工艺装备。

(1) 夹具的选择。单件小批生产应首先采用各种通用夹具和机床附件,如卡盘、平口虎钳、分度头等;对于大批大量生产,为提高生产率应采用专用高效夹具;多品种中小批生产可采用可调夹具或成组夹具。

(2) 刀具的选择。一般优先采用标准刀具。若采用机械集中,则可采用各种高效的专用刀具、复合刀具和多刃刀具等。刀具的类型、规格和精度等级应符合加工要求。

(3) 量具的选择。单件小批生产应广泛采用通用量具,如游标卡尺、百分表和千分尺等;大批大量生产应采用极限量块和高效的专用检验夹具和量仪等。量具的精度必须与加工精度相适应。

【任务实施】

对图 3-21 所示的车床进刀轴架进行工艺路线分析,并填写表 3-15。

> 小贴士
>
> (1) 通过小组协作、角色扮演,培养学生自主学习和团队协作的意识。
>
> (2) 通过生产实训,将车床进刀轴架零件作为生产性实训载体,完成零件的工艺编制与加工制作,让学生切实接触企业产品,体验企业员工的工作过程,培养其热爱劳动的职业素养,实现产学深度融合。
>
> (3) 通过计时竞赛、方案分析、尺寸保证,培养学生精益求精的工匠精神。

表 3-15　车床进刀轴架拟订工艺路线任务工单

拟订工艺路线分析	原则或要求
加工方法的选择	
加工阶段的划分	
加工顺序的安排	
工序的集中与分散	

【任务评价】

对【任务实施】进行评价,并填写表 3-16。

表 3-16　任务评价表

考核内容	考核方式	考核要点		分值	评分
知识与技能 (70 分)	教师评价 (50%) + 互评 (50%)	加工方法的选择		20 分	
		加工阶段的划分		20 分	
		加工顺序的安排		20 分	
		工序的集中与分散		10 分	
学习态度与 团队意识 (15 分)	教师评价 (50%) + 互评 (50%)	学习积极性高,有自主学习的能力		3 分	
		有分析解决问题的能力		3 分	
		有团队协作精神,能顾全大局		3 分	

续表

考核内容	考核方式	考核要点	分值	评分
学习态度与团队意识（15分）	教师评价（50%）+互评（50%）	有组织协调的能力	3分	
		有合作精神，乐于助人	3分	
工作与职业操守（15分）	教师评价（50%）+互评（50%）	有安全操作、文明生产的职业意识	3分	
		遵守纪律，规范操作	3分	
		诚实守信，实事求是，有创新意识	3分	
		能够自我反思，不断优化完善	3分	
		有节能环保意识、质量意识	3分	

任务六　零件加工工序设计

【任务描述】

图 3-33 所示为某企业生产的 CA6140 车床拨叉零件简图，材料为 45 钢，年产 450 件，为中批生产，试制订其机械加工工艺规程。

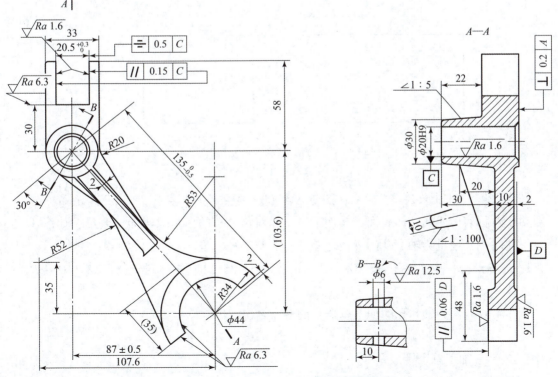

图 3-33　CA6140 车床拨叉零件简图

【知识链接】

工艺路线拟订后要进行工序设计,确定各工序的具体内容。在确定工序尺寸及公差时,首先分析保证质量要求的设计计算,即正确确定各工序加工应达到的尺寸——工序尺寸及其公差。由于工序尺寸的确定除与工件设计尺寸有关外,还与各工序的加工余量有密切关系,因此,本任务首先介绍加工余量的有关概念,然后分析基准重合时工序尺寸及其公差的确定方法。

一、加工余量的确定

(一) 工序余量和加工总余量

加工余量是指加工过程中所切去的金属层厚度。余量有加工总余量和工序余量之分。由毛坯转变为零件的过程中,在某加工表面上切除金属层的总厚度,称为该表面的加工总余量(又称毛坯余量);一般情况下,加工总余量并非一次切除,而是分在各工序中逐渐切除,故每道工序所切除的金属层厚度称为该工序的加工余量(简称工序余量)。工序余量是相邻两工序的工序尺寸之差,加工总余量是毛坯尺寸与零件图的设计尺寸之差。

1. 工序余量

相邻两工序的工序尺寸之差,是被加工表面在一道工序切除的金属层厚度。单边加工余量如图3-34所示。

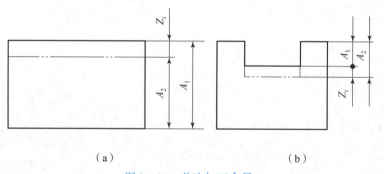

(a)　　　　　　　　(b)

图3-34　单边加工余量

图3-34(a)中:$Z_i = A_1 - A_2$;图3-34(b)中:$Z_i = A_2 - A_1$。

对于对称表面或回转体表面,其加工余量是对称分布的,是双边加工余量,如图3-35所示。此时加工余量为轴、孔的直径之差,而非其半径之差。

图3-35(a)中,对于轴:$2Z_i = d_1 - d_2$;图3-35(b)中,对于孔:$2Z_i = D_1 - D_2$。

2. 加工总余量

图3-36所示为轴和孔的加工总余量的分布情况,即

$$Z_总 = Z_1 + Z_2 + \cdots + Z_n$$

式中　$Z_总$——加工总余量;

$Z_1, Z_2, \cdots, Z_n$——各道工序余量。

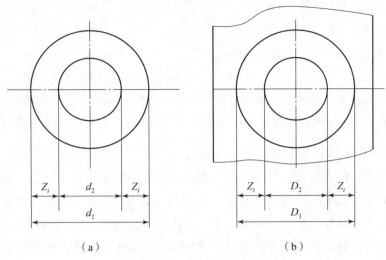

图 3-35 双边加工余量

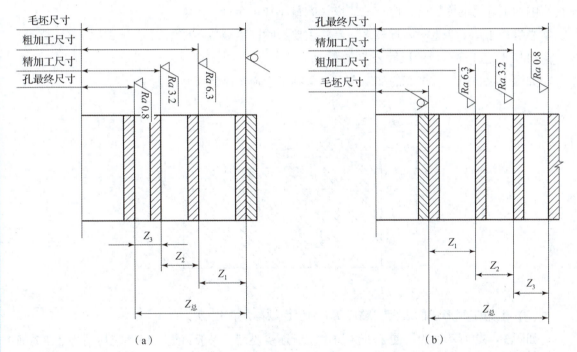

图 3-36 轴和孔的加工总余量的分布情况
(a) 轴；(b) 孔

3. 工序余量和工序尺寸及其公差

如图 3-36 所示，工序加工余量的变动范围（最大加工余量与最小加工余量之差）等于上道工序与本道工序的工序尺寸公差之和。工序余量和工序尺寸公差的计算式为

$$Z = Z_{\min} + T_a \tag{3-1}$$

$$Z_{\max} = Z + T_b = Z_{\min} + T_a + T_b \tag{3-2}$$

式中　$Z_{\min}$——最小工序余量，mm；

Z_{max}——最大工序余量，mm；

T_a——上道工序尺寸的公差，mm；

T_b——本道工序尺寸的公差，mm。

为了便于加工，工序尺寸的上下偏差一般规定按"入体原则"标注。对于被包容面（轴），基本尺寸为最大工序尺寸，即被包容面工序尺寸的上偏差为零；对于包容面（孔），基本尺寸为最小工序尺寸，即包容面工序尺寸的下偏差为零；毛坯尺寸则按双向布置上下偏差。

（二）影响加工余量的因素

在确定工序的具体内容时，其工作之一就是合理地确定工序加工余量。加工余量的大小对零件的加工质量和制造的经济性均有较大的影响。加工余量过大，必然增加机械加工的劳动量、降低生产率；增加原材料、设备、工具及电力等的消耗；加工余量过小，又不能确保切除上道工序形成的各种误差和表面缺陷，影响零件的质量，甚至产生废品。因此，应当合理地确定加工余量。确定加工余量的基本原则是，在保证加工余量的前提下越小越好。在讨论影响加工余量的因素时，应首先研究影响最小加工余量的因素。

影响最小加工余量的因素较多，现将主要影响因素分单项介绍如下。

(1) 上道工序形成的尺寸公差 T_a。

如图3-37所示，工序的加工余量中包括了上道工序的尺寸公差 T_a。

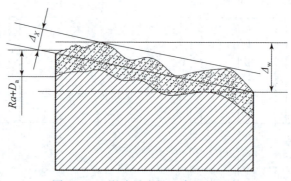

图3-37 影响最小加工余量的因素

(2) 上道工序形成的表面粗糙度 Ra 和表面缺陷层深度 D_a。

如图3-37所示，为了使工件的加工质量逐步提高，一般每道工序都应切到待加工表面以下的正常金属组织，将上道工序形成的表面粗糙度和缺陷层切掉。

(3) 上道工序形成的形状误差和位置误差 ρ_a。

当形状公差、位置公差和尺寸公差之间的关系独立时，尺寸公差不控制形位公差，此时，最小加工余量应保证将上道工序形成的形状误差和位置误差切掉。以上影响因素中的误差及缺陷，有时会重叠在一起，如图3-37所示，其中 Δ_X 为平面度误差，也可能有平行度误差 Δ_w，但为了保证加工质量，可对各项进行简单叠加，以便彻底切除。

(4) 本道工序的装夹误差 ε_b。

上述各项误差和缺陷都是上道工序形成的，为能将其全部切除，还要考虑本道工序的装

夹误差 ε_b 的影响。

综上所述，影响工序加工余量的因素可归纳为下列几点。

(1) 上道工序的工序尺寸公差 T_a。

(2) 上道工序的表面质量，包括表面粗糙度 Ra 和表面缺陷层深度 D_a。

(3) 上道工序的位置误差 ρ_a。

(4) 本道工序的装夹误差 ε_b。

(5) 本道工序的加工余量必须满足：

用于双边余量　　　　　$Z \geq 2(Ra + D_a) + T_a + 2|\rho_a + \varepsilon_b|$　　　　　(3 – 3)

单边余量　　　　　　　$Z \geq Ra + D_a + T_a + |\rho_a + \varepsilon_b|$　　　　　　　(3 – 4)

(三) 确定加工余量的方法

加工余量的大小对工件的加工质量、生产率和生产成本均有较大影响。实际工作中，确定加工余量的方法有以下三种。

1. 查表法

查表法是指根据有关手册提供的加工余量数据，结合本工厂实际生产情况加以修正后确定加工余量。这是各工厂广泛采用的方法。

2. 经验估计法

经验估计法是指根据工艺人员本身积累的经验确定加工余量。一般为了防止加工余量过小而产生废品，因此所估计的加工余量总是偏大。此方法常用于单件小批生产。

3. 分析计算法

分析计算法是指根据理论公式和一定的试验资料，对影响加工余量的各因素进行分析、计算来确定加工余量。这种方法较合理，但需要全面可靠的试验资料，计算也较复杂。一般只在材料十分贵重或少数大批大量生产的工厂中采用。

在确定加工余量时，要分别确定加工总余量（毛坯余量）和工序余量。加工总余量的大小与所选择的毛坯制造精度有关。用查表法确定工序余量时，粗加工工序余量不能用查表法得到，而应由加工总余量减去其他工序余量得到。

二、工序尺寸及其公差的确定

工件上的设计尺寸一般都要经过几道工序的加工才能得到，每道工序应保证的尺寸称为工序尺寸。制订工艺规程的一个重要工作就是要确定每道工序的工序尺寸及其公差。在确定工序尺寸及其公差时，存在工艺基准与设计基准重合和不重合两种情况。

1. 基准重合时工序尺寸及其公差的计算

当工序基准、定位基准或测量基准与设计基准重合，且表面多次加工时，工序尺寸及其公差的计算相对来说比较简单。其计算顺序是首先确定各工序的加工方法，其次确定该加工方法所要求的加工余量及其所能达到的精度，然后由最后一道工序逐个向前推算，即由零件图上的设计尺寸开始，一直推算到毛坯图上的尺寸。工序尺寸的公差都按各工序的经济精度确定,并按"入体原则"确定上、下偏差。

例1 某主轴箱主轴孔的设计要求为 $\phi100H7$,$Ra = 0.8\ \mu m$。其工艺路线为毛坯—粗镗—半精镗—精镗—浮动镗。试确定各工序尺寸及其公差。

解 从机械工艺手册查得各工序的加工余量和所能达到的精度,具体数值如表3 – 17 所示的第二、第三列,计算结果如表3 – 17 所示的第四、第五列。

表 3 – 17 主轴孔工序尺寸及其公差的计算

工序名称	工序余量/mm	工序的经济精度/mm	工序基本尺寸/mm	工序尺寸及其公差
浮动镗	0.1	$\phi 30.5_{-0.084}^{\ 0}$	100	$\phi 100_{\ 0}^{+0.035}$ mm,$Ra = 0.8\ \mu m$
精镗	0.5	$+0.40,\ -0.75$	$100 - 0.1 = 99.9$	$\phi 34_{-0.75}^{\ 0.40}$ mm,$Ra = 1.6\ \mu m$
半精镗	2.4	H11 $\left(_{\ 0}^{+0.22}\right)$	$99.9 - 0.5 = 99.4$	$\phi 99.4_{\ 0}^{+0.22}$ mm,$Ra = 6.3\ \mu m$
粗镗	5	H13 $\left(_{\ 0}^{+0.54}\right)$	$99.4 - 2.4 = 97$	$\phi 97_{\ 0}^{+0.54}$ mm,$Ra = 12.5\ \mu m$
毛坯孔	8	±1.2	$97 - 5 = 92$	$\phi 92 \pm 1.2$ mm

例2 某法兰盘零件上有一个孔,孔径为 $\phi 60_{\ 0}^{+0.03}$ mm,表面粗糙度 Ra 为 $0.8\ \mu m$,需淬硬,工艺上考虑进行粗镗、半精镗和磨削加工,各工序的加工余量如下:磨削加工余量 0.4 mm,半精镗余量 1.6 mm,粗镗余量 7 mm。

解 按规定各工序尺寸的公差应取"入体"方向,则各工序尺寸及其公差如图 3 – 38 所示。

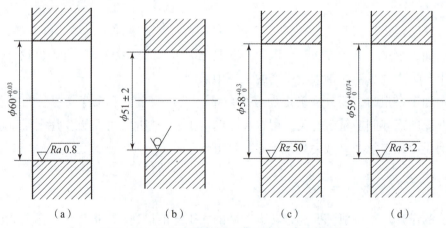

图 3 – 38 法兰盘零件图和各工序尺寸及其公差
(a) 法兰盘零件图;(b) 粗镗前;(c) 半精镗前;(d) 磨削加工前

2. 基准不重合时工序尺寸及其公差的确定

工序基准或定位基准与设计基准不重合时,工序尺寸及其公差的计算比较复杂,需用工艺尺寸链来进行分析计算。

三、工艺尺寸链

加工过程中,工件的尺寸在不断变化,由毛坯尺寸到工序尺寸,最后达到设计要求的尺寸。这些尺寸之间存在一定的联系，应用尺寸链理论揭示它们之间的关系，掌握它们之间的规律是合理确定工序尺寸及其公差和计算各种工艺尺寸的基础，同时，也为装配尺寸链的分析打好基础。

（一）尺寸链的基本概念

在零件的加工、检测及装配过程中，由相互联系的尺寸形成封闭的形式，称为尺寸链。如图3-39所示，零件其他表面已加工，本道工序加工表面3，设计尺寸为A_0，若以表面1定位加工表面3，则工序尺寸为A_2，$A_1—A_2—A_0$连接形成一组封闭的尺寸，构成尺寸链。

在机械加工中，同一个零件的有关工艺尺寸所组成的尺寸链，称为工艺尺寸链。

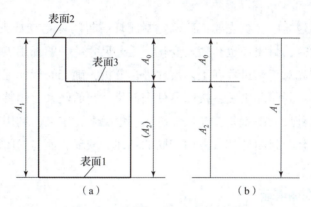

图3-39 零件加工过程中的尺寸链
(a) 台阶零件；(b) 工艺尺寸链图

（二）工艺尺寸链的形成原因

工艺尺寸链只有在设计基准与工艺基准不重合时才会形成。

1. 设计基准与定位基准不重合

如图3-39所示，若图纸设计尺寸为A_1，A_0，本道工序加工表面3，表面3的设计基准为表面2，加工时的定位基准为表面1，则设计基准与定位基准不重合。本道工序的工序尺寸（从定位面到表面3的尺寸，设计图上未标该尺寸）为A_2，该尺寸设计时没有，而加工中又需要，因此，需通过尺寸链的计算来求出该尺寸。若本道工序加工时以表面2定位，设计基准与定位基准相重合，可直接加工得到尺寸A_0，则不存在尺寸链的问题。

2. 设计基准与测量基准不重合

工艺尺寸链主要用于求解工艺尺寸，如加工时的工序尺寸、检测时的测量尺寸及装配尺寸。这些工艺尺寸在图纸设计时没有，而在加工或检测时又需要，所以要通过工艺尺寸链获取。工艺尺寸链常在利用调整法（以定位基准调整刀具，不用试切法）进行成批生产、基准不重合时使用。设计基准与工艺基准重合不会形成尺寸链。

（三）工艺尺寸链的组成

把组成工艺尺寸链的各个尺寸称为尺寸链的环。这些环可分为封闭环和组成环。

1. 封闭环

封闭环是指尺寸链中在加工过程或装配过程最后（自然或间接）形成的环。每个尺寸链中必有一个，且只有一个封闭环。封闭环以 A_0 表示。

2. 组成环

除封闭环以外的其他环都称为组成环。组成环又分为增环和减环。

（1）增环（A_i）。若其他组成环不变，某组成环的变动会引起封闭环随之同向变动，则该组成环称为增环。

（2）减环（A_j）。若其他组成环不变，某组成环的变动会引起封闭环随之异向变动，则该组成环称为减环。

在工艺尺寸链的建立中，首先要正确确定封闭环。封闭环是在加工过程中间接得到的，当工艺方案发生变化时，封闭环也会随之变化。工艺尺寸链一般都用工艺尺寸链图表示。建立工艺尺寸链时，应先对工艺过程和工艺尺寸进行分析，确定间接保证精度的尺寸，并将其定为封闭环，然后再从封闭环出发，按照零件表面尺寸间的联系，用首尾相接的单向箭头顺序表示各组成环，这种尺寸图就是工艺尺寸链图。根据上述定义，利用工艺尺寸链图可迅速判断组成环的性质，凡与封闭环箭头方向相同的环即为减环，而与封闭环箭头方向相反的环即为增环。

（四）工艺尺寸链的特征

通过上述分析可知，工艺尺寸链的主要特性是封闭性和关联性。

所谓封闭性是指尺寸链中各尺寸的排列呈封闭形式。没有封闭的不能称为尺寸链。

所谓关联性是指由于尺寸链具有封闭性，因此尺寸链中的各环都相互关联。任何一个直接获得的尺寸及其精度的变化，都将影响间接获得或间接保证的那些尺寸及其精度的变化。

（五）尺寸链形式

（1）尺寸链按环的几何特征分为长度尺寸链和角度尺寸链两种。

（2）尺寸链按应用场合分为装配尺寸链（全部组成环为不同零件的设计尺寸）、工艺尺寸链（全部组成环为同一零件的工艺尺寸）和零件尺寸链（全部组成环为同一零件的设计尺寸）。设计尺寸是指零件图上标注的尺寸，工艺尺寸是指工序尺寸、测量尺寸和定位尺寸等。必须注意：零件图上的尺寸不能标注成封闭的。

（3）尺寸链按各环空间位置划分为直线尺寸链、平面尺寸链和空间尺寸链。

（六）工艺尺寸链的计算公式

工艺尺寸链的计算方法有两种，即极值法和概率法，这里仅介绍生产中常用的极值法。

（1）封闭环的基本尺寸。封闭环的基本尺寸等于所有增环尺寸的代数和减去所有减环尺寸的代数和之差，即

$$A_0 = \sum_{i=1}^{m} A_i - \sum_{j=m+1}^{n-1} A_j \tag{3-5}$$

式中　A_0——封闭环的基本尺寸；

A_i——增环的基本尺寸；

A_j——减环的基本尺寸；

m——增环的环数；

n——包括封闭环在内的尺寸链的总环数。

(2) 封闭环的极限尺寸。封闭环的最大极限尺寸等于所有增环的最大极限尺寸之和减去所有减环的最小极限尺寸之和；封闭环的最小极限尺寸等于所有增环的最小极限尺寸之和减去所有减环的最大极限尺寸之和。故极值法又称极大极小法，即

$$A_{0\max} = \sum_{i=1}^{m} A_{i\max} - \sum_{j=m+1}^{n-1} A_{j\min} \qquad (3-6)$$

$$A_{0\min} = \sum_{i=1}^{m} A_{i\min} - \sum_{j=m+1}^{n-1} A_{j\max} \qquad (3-7)$$

(3) 封闭环的上偏差 $E_s(A_0)$ 与下偏差 $E_i(A_0)$。

封闭环的上偏差等于所有增环的上偏差之和减去所有减环的下偏差之和，即

$$E_s(A_0) = \sum_{i=1}^{m} E_s(A_i) - \sum_{j=m+1}^{n-1} E_i(A_j) \qquad (3-8)$$

封闭环的下偏差等于所有增环的下偏差之和减去所有减环的上偏差之和，即

$$E_i(A_0) = \sum_{i=1}^{m} E_i(A_i) - \sum_{j=m+1}^{n-1} E_s(A_j) \qquad (3-9)$$

(4) 封闭环的公差 $T(A_0)$。封闭环的公差等于所有组成环公差之和，即

$$T(A_0) = \sum_{i=1}^{m} T(A_i) + \sum_{j=m+1}^{n-1} T(A_j) \qquad (3-10)$$

(七) 工艺尺寸链的计算形式

1. 正计算形式

已知各组成环的基本尺寸、公差及极限偏差，求封闭环的基本尺寸、公差及极限偏差。其计算结果是唯一的，产品设计的校验常用这种计算形式。

2. 反计算形式

已知封闭环的基本尺寸、公差及极限偏差，求各组成环的基本尺寸、公差及极限偏差。由于组成环通常有若干个，因此反计算形式需将封闭环的公差值按照尺寸大小和精度要求合理地分配给各组成环。产品设计常用这种计算形式。

3. 中间计算形式

已知封闭环尺寸和部分组成环的基本尺寸、公差及极限偏差，求某一组成环的基本尺寸、公差及极限偏差。该方法应用最广，常用于加工过程中基准不重合时计算工序尺寸。尺寸链多采用这种计算形式。

(八) 实例分析

1. 定位基准与设计基准不重合

例3 加工图 3-40 所示的零件。面 A, B, C 在镗孔前已经过加工，镗孔时，为方便工

件装夹，选择面 A 为定位基准来进行加工，而孔的设计基准为面 C。显然，这属于定位基准与设计基准不重合。加工时镗刀需按定位面 A 来进行调整，故应先计算出工序尺寸 A_3。

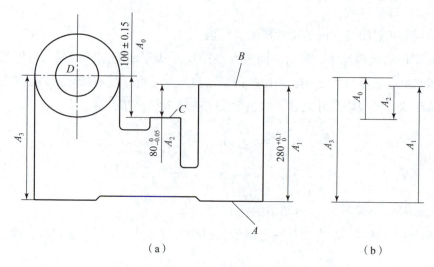

图 3-40 工艺尺寸链的应用

(a) 镗孔图；(b) 工艺尺寸链图

> **小贴士**
>
> （1）通过小组协作、角色扮演，培养学生自主学习和团队协作的意识。
>
> （2）通过生产实训，将镗孔加工作为生产性实训载体，完成零件的加工制作分析，让学生切实接触企业产品，体验企业员工的工作过程，培养其热爱劳动的职业素养，实现产学深度融合。
>
> （3）通过计时竞赛、方案分析、尺寸保证，培养学生精益求精的工匠精神。

解 据题意作出工艺尺寸链图，如图 3-40（b）所示。由于面 A，B，C 在镗孔前已加工，故 A_1，A_2 在本道工序前就已保证精度，A_3 为本道工序直接保证精度的尺寸，因此三者均为组成环，而 A_0 为本道工序加工后才得到的尺寸，故 A_0 为封闭环。由工艺尺寸链图可知，组成环 A_2 和 A_3 是增环，A_1 是减环。为使计算方便，可将各尺寸都换算成平均尺寸计算。本例是要求在镗孔工序中，设计基准（面 C）与定位基准（面 A）不重合时，工序尺寸 A_3 及其偏差。

计算求解如下。

（1）求 A_3 的基本尺寸。

由封闭环基本尺寸 = 增环基本尺寸 - 减环基本尺寸，有 100 mm = (80 mm + A_3) - 280 mm，即 A_3 = 300 mm。

（2）求 A_3 上偏差。

由封闭环上偏差 = 增环上偏差 - 减环下偏差，有 +0.15 mm = (0 + A_3 上偏差) - 0 mm，即 A_3 上偏差 = +0.15 mm。

(3) 求 A_3 下偏差。

由封闭环下偏差 = 增环下偏差 − 减环上偏差,有 −0.15 mm = (−0.05 mm + A_3 下偏差) − (+0.1 mm), A_3 下偏差 = 0 mm,即得到 $A_3 = 300_{\ 0}^{+0.15}$ mm。

(4) 由封闭环的公差 = 增环的公差 + 减环的公差,有 0.3 mm = (0.1 + 0.05 + 0.15) mm,成立。

2. 测量基准与设计基准不重合时的测量尺寸的换算

例 4 图 3 − 41(a)所示为套筒零件,其设计图样上根据装配要求标注尺寸 $60_{-0.17}^{\ \ 0}$ mm 和 $16_{-0.36}^{\ \ 0}$ mm,大孔深度尺寸未注。

> **小贴士**
> (1) 通过小组协作、角色扮演,培养学生自主学习和团队协作的意识。
> (2) 通过生产实训,将孔的测量过程作为生产性实训载体,完成零件的测量及精度保证,让学生切实接触企业产品,体验企业员工的工作过程,培养其热爱劳动的职业素养,实现产学深度融合。
> (3) 通过计时竞赛、方案分析、尺寸保证,培养学生精益求精的工匠精神。

解 零件上设计尺寸 A_1($60_{-0.17}^{\ \ 0}$ mm),A_2($16_{-0.36}^{\ \ 0}$ mm)和大孔的深度尺寸形成零件尺寸链,如图 3 − 41(b)所示。大孔深度尺寸 A_0 是最后形成的封闭环。根据计算式可得:$A_0 = 44_{-0.17}^{+0.36}$ mm。加工时,由于尺寸 $16_{-0.36}^{\ \ 0}$ mm 测量比较困难,改用游标深度尺测量打孔深度,因而 $16_{-0.36}^{\ \ 0}$ mm 就可以改为图 3 − 41(c)所示工艺尺寸链的封闭环 A_0',组成环 $A_1' = 60_{-0.17}^{\ \ 0}$ mm 和 A_2'。根据计算式可得:$A_2' = 44_{\ 0}^{+0.19}$ mm。

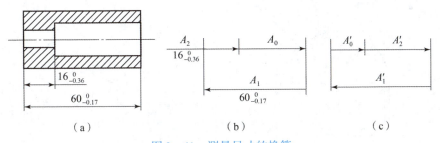

图 3 − 41 测量尺寸的换算
(a) 套筒零件;(b) 零件尺寸链;(c) 工艺尺寸链

比较大孔深度的测量尺寸 $A_2' = 44_{\ 0}^{+0.19}$ mm 和原设计要求 $A_0 = 44_{-0.17}^{+0.36}$ mm 可知,由于测量基准与设计基准不重合,因此需要进行尺寸换算。换算的结果明显地提高了对测量尺寸的精度要求,其公差值减少了 2 × 0.17 mm,此值恰是另一组成环 $A_1(= A_1')$ 公差的 2 倍。

工序检验时,有时会出现假废品的情况。

对零件进行测量,当 A_2' 的实际尺寸在 $44_{\ 0}^{+0.19}$ mm 之间、A_1' 的实际尺寸在 $60_{-0.17}^{\ \ 0}$ 之间时,A_0' 必在 $16_{-0.36}^{\ \ 0}$ mm 之间,零件为合格品。

若 A_2' 的实际尺寸超出 $44_{\ 0}^{+0.19}$ mm 范围,但仍在原设计要求 $44_{-0.17}^{+0.36}$ mm 之内,工序检验时

也会认为该零件为不合格品。此时，检验人员将会逐个测量另一组成环 A_1'，再由 A_1' 和 A_2' 的具体值计算出 A_0' 值，并判断零件是否合格。

假如 A_2' 的实际尺寸比换算后允许的最小值（$A_{2\min}' = 44$ mm）还小 0.17 mm，即 $A_2' = (44 - 0.17)$ mm $= 43.83$ mm，如果 A_1' 刚巧也做到最小，即 $A_{1\min}' = (60 - 0.17)$ mm $= 59.83$ mm，则此时 A_0' 的实际尺寸为

$$A_0' = A_{1\min}' - A_{2\min}' = (59.83 - 43.83)\text{mm} = 16\text{ mm}$$

零件合格。同样，当 A_2' 的实际尺寸比换算后允许的最大值（$A_{2\max}' = 44.19$ mm）还大 0.17 mm，即 $A_2' = (44.19 + 0.17)$ mm $= 44.36$ mm，如果 A_1' 刚巧也做到最大，$A_{1\max}' = 60$ mm，则此时 A_0' 的实际尺寸为

$$A_0' = A_{1\max}' - A_{2\max}' = (60 - 44.36)\text{mm} = 15.64\text{ mm}$$

零件仍为合格品。

由此可见，在实际加工中，由于测量基准与设计基准不重合，因此，要换算测量尺寸。如果零件换算后的测量尺寸超差，只要它的超差量小于或等于另一组成环的公差，则该零件有可能是假废品，应对该零件进行复检，逐个测量并计算出零件的实际尺寸，由零件的实际尺寸来判断合格与否。

3. 待加工的设计基准（一般为基面）标注工序尺寸

因为待加工的设计基准与设计基准两者差一个加工余量，所以该问题仍然可以作为设计基准与定位基准不重合的问题进行计算。

例5 图 3-42（a）为齿轮内孔简图。该齿轮的内孔尺寸为 $\phi 85^{+0.035}_{0}$ mm，键槽的深度尺寸为 $90.4^{+0.20}_{0}$ mm，内孔及键槽的加工顺序如下。

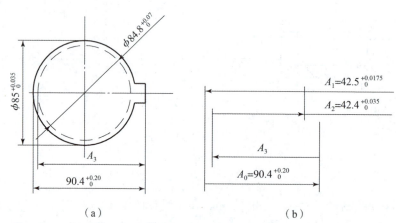

图 3-42 内孔与键槽加工的工艺尺寸链
(a) 齿轮内孔简图；(b) 工艺尺寸链图

（1）精镗孔至 $\phi 84.8^{+0.07}_{0}$ mm。

（2）插键槽深至尺寸 A_3（通过尺寸链换算求得）。

（3）热处理。

（4）磨内孔至尺寸 $\phi 85^{+0.035}_{0}$ mm，同时保证键槽深度尺寸 $90.4^{+0.20}_{0}$ mm。

解 根据以上加工顺序，可以看出，磨孔后必须保证内孔尺寸，同时还必须保证键槽的深度。为此必须计算镗孔后加工的键槽深度的工序尺寸 A_3。图 3-42（b）所示为工艺尺寸链图，其精镗后的半径 $A_2 = 42.4^{+0.035}_{0}$ mm、磨孔后的半径 $A_1 = 42.5^{+0.0175}_{0}$ mm 以及键槽深度 A_3 都是直接保证的，为组成环。磨孔后所得的键槽深度尺寸 $A_0 = 90.4^{+0.20}_{0}$ mm 是间接得到的，是封闭环。

判断增减环：用回路法判断，增环为 A_1、A_3，减环为 A_2。

计算求解如下。

由封闭环基本尺寸 = 增环基本尺寸 - 减环基本尺寸，可得

$$A_0 = A_3 + A_1 - A_2$$

$$A_3 = A_0 + A_2 - A_1 = (90.4 + 42.4 - 42.5)\text{mm} = 90.3\text{ mm}$$

由封闭环上偏差 = 增环上偏差 - 减环下偏差，可得

$$A_{0上} = A_{3上} + A_{1上} - A_{2下}$$

$$A_{3上} = A_{0上} + A_{2下} - A_{1上} = (0.20 + 0 - 0.0175)\text{ mm} = +0.1825\text{ mm}$$

由封闭环下偏差 = 增环下偏差 - 减环上偏差，可得

$$A_{0下} = A_{3下} + A_{1下} - A_{2上}$$

$$A_{3下} = A_{0下} + A_{2上} - A_{1下} = (0 + 0.035 - 0)\text{ mm} = +0.035\text{ mm}$$

所以 $A_3 = 90.3^{+0.1825}_{+0.0350}$ mm。

4. 保证渗碳或渗氮层深度时工序尺寸及其公差的换算

零件渗碳或渗氮后，表面一般要经磨削来保证尺寸精度，同时要求磨削后能保留规定的渗层深度。这就要求进行渗碳或渗氮热处理时要按一定渗层深度及公差进行（用控制热处理时间来保证），并对这一合理渗层深度的工序尺寸及其公差进行换算。

例6 图 3-43 所示为一批圆轴工件，其加工过程：(1) 车外圆至 $\phi 20.6^{0}_{-0.04}$ mm；(2) 渗碳淬火；(3) 磨外圆至 $\phi 20^{0}_{-0.02}$ mm。试计算保证磨后渗碳层深度为 0.7~1.0 mm 时，渗碳工序的工序尺寸及其公差。

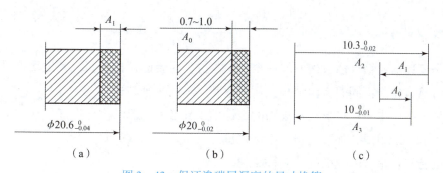

图 3-43 保证渗碳层深度的尺寸换算

解 分析题意可知，$A_0 = 0.7^{+0.3}_{0}$ mm 是间接获得的，为封闭环。判断增减环：用回路法判断，增环为 A_1、A_3，减环为 A_2。

计算求解如下。

由封闭环基本尺寸 = 增环基本尺寸 − 减环基本尺寸，可得

$$A_0 = A_3 + A_1 - A_2$$

$$A_1 = A_0 + A_2 - A_3 = (0.7 + 10.3 - 10)\,\text{mm} = 1.0\,\text{mm}$$

由封闭环上偏差 = 增环上偏差 − 减环下偏差，可得

$$A_{0\text{上}} = A_{3\text{上}} + A_{1\text{上}} - A_{2\text{下}}$$

$$A_{1\text{上}} = A_{0\text{上}} + A_{2\text{下}} - A_{3\text{上}} = (0.3 - 0.02 - 0)\,\text{mm} = +0.28\,\text{mm}$$

由封闭环下偏差 = 增环下偏差 − 减环上偏差，可得

$$A_{0\text{下}} = A_{3\text{下}} + A_{1\text{下}} - A_{2\text{上}}$$

$$A_{1\text{下}} = A_{0\text{下}} + A_{2\text{上}} - A_{3\text{下}} = (0 + 0 - (-0.01))\,\text{mm} = +0.01\,\text{mm}$$

所以渗碳工序的工序尺寸及其公差 $A_1 = 1.0^{+0.28}_{+0.01}\,\text{mm}$。

【任务实施】

工序设计任务实例

图 3-33 所示为某企业生产的 CA6140 车床拨叉零件简图，材料为 45 钢，年产 450 件，为中批生产，制订其机械加工工艺规程过程如表 3-18 ~ 表 3-25 所示。

> **小贴士**
> （1）通过小组协作、角色扮演，培养学生自主学习和团队协作的意识。
> （2）通过生产实训，将拨叉零件作为生产性实训载体，完成零件的工艺编制与加工制作，让学生切实接触企业产品，体验企业员工的工作过程，培养其热爱劳动的职业素养，实现产学深度融合。
> （3）通过计时竞赛、方案分析、尺寸保证，培养学生精益求精的工匠精神。

【任务分析】

一、拨叉的功用与结构分析

拨叉是车床变速箱换挡机构中的一个主要零件，主要起换挡作用，其拨动可以使车床变速箱中的滑移齿轮与不同的齿轮啮合，从而达到要求的主轴转速。

异形件：生产中一般将形状不规则的零件划入异形件的范畴。异形零件在各类机器中一般作为传力构件的组成，外形复杂，不易定位。

拨叉的特点：呈很不规则的非对称结构。

二、拨叉的材料和毛坯

若在工作中不承受冲击载荷，则可以选用铸钢或灰铸铁的铸件毛坯。如果要承受冲击载荷则可选用碳素结构钢 35 钢或 45 钢等，毛坯可选用锻件。拨叉零件由于外形比较复杂，自

由锻还达不到其所需形状要求，因此常选用模锻件。

三、拨叉任务分解

1. 分析零件图

对拨叉零件图进行分析，可得拨叉有 7 个加工表面：平面加工包括拨叉底面、大头孔上平面；孔系加工包括大、小头孔、$\phi 6$ mm 小孔；小头孔端的槽加工及大头孔的铣断加工。

（1）以平面加工为主的包括拨叉底面的粗、精铣加工，其表面粗糙度要求 $Ra = 1.6\ \mu m$；大头孔端面的粗、精铣加工，其表面粗糙度要求 $Ra = 1.6\ \mu m$。

（2）孔加工包括 $\phi 44$ mm 的大头孔粗、精镗加工，其表面粗糙度要求 $Ra = 6.3\ \mu m$；$\phi 20H9$ 的小头孔钻、扩、铰加工，其表面粗糙度要求 $Ra = 1.6\ \mu m$，$\phi 6$ mm 的小孔钻削加工，其表面粗糙度要求 $Ra = 12.5\ \mu m$。

（3）小头孔端 $20.5_{\ 0}^{+0.3}$ mm 槽的加工，其表面粗糙度要求两侧面 $Ra = 1.6\ \mu m$，槽底 $Ra = 6.3\ \mu m$。

（4）大头孔铣断加工，要求断口的表面粗糙度 $Ra = 6.3\ \mu m$。

2. 确定生产类型

拨叉零件年产 450 件，属于中批生产。

3. 确定毛坯类型

拨叉的毛坯选择模锻件，单边加工余量一般为 1~3 mm，结构细密，能承受较大的压力，且生产率较高，占用生产面积小。

4. 制订机械加工工艺路线

机械加工工艺路线：锻造毛坯—热处理—铣底面和端面—钻、扩、铰小头孔—镗大头孔—铣槽—钻油孔—铣断—检验。表 3-18 所示为拨叉的工艺过程。

表 3-18 拨叉的工艺过程

工序号	工序名称	工序内容	机床设备
10	备料	毛坯锻造	模锻孔：$\phi 41$ mm
20	热处理	退火	消除锻造应力
30	铣削	粗、精铣底面	铣床
40	铣削	粗、精铣大头孔端面	铣床
50	钻、扩、铰	$\phi 20H9$ 孔钻到直径 $\phi 17$ mm，再将 $\phi 17$ mm 扩孔到 $\phi 19.5$ mm，最后进行铰孔加工到要求尺寸	摇臂钻床
60	镗削	粗、精镗 $\phi 44$ mm 孔	立式镗铣床
70	铣削	粗、精铣 $20.5_{\ 0}^{+0.3}$ mm 槽	铣床
80	钻削	钻 $\phi 6$ mm 孔到要求尺寸	摇臂钻床

续表

工序号	工序名称	工序内容	机床设备
90	铣削	将 φ44 mm 大头孔铣断	铣床
100	检验	检验各处尺寸	
110	入库	清洗、涂防锈油	

5. 编制拨叉零件工艺规程

制订工序 30~90 的机械加工工序卡,如表 3-19 ~ 表 3-25 所示。完善表 3-19、表 3-20 中的工序简图。

表 3-19 拨叉粗、精铣底面 D 机械加工工序卡任务工单

机械加工工序卡			零件名称	拨叉	共7页	第1页
			工序号	工序名称	毛坯种类	材料牌号
			30	粗、精铣底面 D	锻件	45
			毛坯外形尺寸/(mm×mm×mm)		每毛坯可制件数	
			195.6×68×45.2		1	
			设备名称	设备型号	专用夹具名称	
			铣床	X3016	铣面 D 夹具	
工步号	工步内容	工艺装备	主轴转速/(r·min^{-1})	切削速度/(m·min^{-1})	进给量/mm	背吃刀量/mm	进给次数
1	粗铣底面 D	专用铣夹具	475	149.4	0.9	2.2	1
2	精铣底面 D		600	188.4	1.2	1.0	1

表 3-20 拨叉粗、精铣面 F 机械加工工序卡任务工单

机械加工工序卡			零件名称	拨叉	共7页	第2页
			工序号	工序名称	毛坯种类	材料牌号
			40	粗、精铣面 F (大头孔端面)	锻件	45
			毛坯外形尺寸/(mm×mm×mm)		每毛坯可制件数	
			195.6×68×45.2		1	
			设备名称	设备型号	专用夹具名称	
			铣床	X3016	铣面 F 夹具	
工步号	工步内容	工艺装备	主轴转速/(r·min^{-1})	切削速度/(m·min^{-1})	进给量/mm	背吃刀量/mm	进给次数
1	粗铣面 F	专用铣夹具	475	149.4	0.9	2.2	1
2	精铣面 F		600	188.4	1.2	1.0	1

表 3-21 拨叉钻、扩、铰 ϕ20H9 孔机械加工工序卡

机械加工工序卡			零件名称	拨叉	共 7 页	第 3 页
			工序号	工序名称	毛坯种类	材料牌号
			50	钻、扩、铰 ϕ20H9 孔	锻件	45
			设备名称	设备型号	专用夹具名称	
			摇臂钻床	Z3050	钻、扩、铰 ϕ20H9 孔夹具	
工步号	工步内容	工艺装备	主轴转速/ (r·min^{-1})	切削速度/ (m·min^{-1})	进给量/ mm	背吃刀量/ mm	进给次数
1	钻至 ϕ17 mm 孔	专用钻夹具	630	33.6	0.33	8.5	1
2	扩 ϕ17 mm 孔至 ϕ19.7 mm		500	31.2	0.6	1.35	1
3	铰 19.7 mm 孔至 ϕ20H9 孔		315	37.8	2.0	0.15	1

表 3-22 拨叉粗、精镗 ϕ44 mm 孔机械加工工序卡

机械加工工序卡			零件名称	拨叉	共 7 页	第 4 页
			工序号	工序名称	毛坯种类	材料牌号
			60	粗、精镗 ϕ44 mm 孔	锻件	45
			毛坯外形尺寸/(mm×mm×mm)		每毛坯可制件数	
			195.6×68×45.2		1	
			设备名称	设备型号	专用夹具名称	
			立式镗铣床	X5032	镗孔夹具	
工步号	工步内容	工艺装备	主轴转速/ (r·min^{-1})	切削速度/ (m·min^{-1})	进给量/ mm	背吃刀量/ mm	进给次数
1	粗镗至 ϕ43.2 mm 孔	专用镗夹具	1 000	140.4	0.2	1.1	1
2	精镗 ϕ43.2 mm 孔至要求尺寸		1 450	158	0.15	0.4	1

表 3-23 拨叉粗、精铣 $20.5_{\ 0}^{+0.3}$ mm 槽机械加工工序卡

机械加工工序卡			零件名称	拨叉	共7页	第5页
			工序号	工序名称	毛坯种类	材料牌号
			70	粗、精铣 $20.5_{\ 0}^{+0.3}$ mm 槽	锻件	45
			毛坯外形尺寸/(mm×mm×mm)		每毛坯可制件数	
			195.6×68×45.2		1	
			设备名称	设备型号	专用夹具名称	
			铣床	X52	铣槽夹具	
工步号	工步内容	工艺装备	主轴转速/(r·min⁻¹)	切削速度/(m·min⁻¹)	进给量/mm	背吃刀量/mm	进给次数
1	粗铣至 18 mm 槽	铣槽夹具	75	30	1.08	18	1
2	精铣 18 mm 槽至要求尺寸		47.5	24	1.76	2.5	1

表 3-24 拨叉钻 φ6 mm 孔机械加工工序卡

机械加工工序卡			零件名称	拨叉	共7页	第6页
			工序号	工序名称	毛坯种类	材料牌号
			80	钻 φ6 mm 孔	锻件	45
			毛坯外形尺寸/(mm×mm×mm)		每毛坯可制件数	
			195.6×68×45.2		1	
			设备名称	设备型号	专用夹具名称	
			摇臂钻床	Z3050	钻孔夹具	
工步号	工步内容	工艺装备	主轴转速/(r·min⁻¹)	切削速度/(m·min⁻¹)	进给量/mm	背吃刀量/mm	进给次数
1	钻 φ6 mm 孔	专用钻孔夹具	1 600	30	0.22	3	1

表 3-25 拨叉铣断 φ40 mm 孔机械加工工序卡

机械加工工序卡			零件名称	拨叉	共 7 页	第 7 页
			工序号	工序名称	毛坯种类	材料牌号
			90	铣断 φ40 mm 孔	锻件	45
			毛坯外形尺寸/(mm×mm×mm)		每毛坯可制件数	
			195.6×68×45.2		1	
			设备名称	设备型号	专用夹具名称	
			铣床	X52	铣断夹具	
工步号	工步内容	工艺装备	主轴转速/(r·min⁻¹)	切削速度/(m·min⁻¹)	进给量/mm	背吃刀量/mm	进给次数
1	铣断 φ44 mm 孔	专用铣夹具	150	58.8	0.03	4	1

(注：工序卡上方附有拨叉工序简图，标注 Ra 1.6，尺寸 4)

【任务评价】

一、任务评价表

对【任务实施】进行评价，并填写表 3-26。

表 3-26 任务评价表

考核内容	考核方式	考核要点	分值	评分
知识与技能（76 分）	教师评价（50%）+互评（50%）	拨叉的工艺过程	16 分	
		拨叉粗、精铣底面 D 机械加工工序简图	20 分	
		拨叉粗、精铣面 F 机械加工工序简图	20 分	
		拨叉钻、扩、铰 φ20H9 孔机械加工工序	20 分	
学习态度与团队意识（12 分）	教师评价（50%）+互评（50%）	学习积极性高，有自主学习的能力	3 分	
		有分析解决问题的能力	3 分	
		有团队协作精神，能顾全大局	3 分	
		有合作精神，乐于助人	3 分	
工作与职业操守（12 分）	教师评价（50%）+互评（50%）	有安全操作、文明生产的职业意识	3 分	
		遵守纪律，规范操作	3 分	
		诚实守信，实事求是，有创新意识	3 分	
		能够自我反思，不断优化完善	3 分	

二、完成生产现场认知

（1）参观生产现场：注重 6S 管理[①]核心理念落地，注重工具爱护，注重工艺流程、技艺与技巧的传承和学生创新及成本意识的培养。

（2）参观管理现场：对生产零件的图样及其结构工艺性进行分析，熟悉机械加工工艺规程的格式及内容。了解机械产品的一般生产过程，掌握工艺过程中工序、工步、走刀及安装、工位等概念，能划分简单的工序、工步。

（3）考察管理现场：合理选择零件的毛坯类型，确定毛坯的制造形式。

三、综合自测

（一）选择题

1. 在机械加工中直接改变原材料或毛坯的形状、尺寸和表面质量，使之成为所需零件的过程称为（ ）。

   A. 生产过程　　　B. 加工过程　　　C. 工艺规程　　　D. 工艺过程

2. 一个（或一组）加工人员，在一台机床（或其他设备及工作地）上，对一个（或同时对几个）工件所连续完成的那部分工艺过程，称为一个（ ）。

   A. 工步　　　　　B. 工序　　　　　C. 工位　　　　　D. 走刀

3. 机械加工工序卡主要用于（ ）。

   A. 具体指导加工人员操作　　　B. 编制作业计划
   C. 生产组织管理　　　　　　　D. 生产技术准备

4. 工件一次装夹后，相对于机床或刀具所占据的每一个加工位置称为（ ）。

   A. 工步　　　　　B. 工序　　　　　C. 工位　　　　　D. 走刀

5. 工步是指在（ ）不变的情况下所完成的工序。

   A. 刀具角度　　　　　　　　　B. 加工表面
   C. 加工夹具　　　　　　　　　D. 切削速度和进给量

（二）判断题

1. 工序是组成工艺过程的基本单元。（ ）

2. 在单件小批生产中一般采用机械加工工艺过程卡指导生产。（ ）

3. 任何人在生产中都不可随意改变工艺规程所规定的工艺流程及加工方法。（ ）

4. 为了加工时工件安装稳定，有些铸件毛坯需要铸出工艺搭子，并在零件加工后切除。（ ）

5. 在一次安装中完成多个表面的加工，比较容易保证各表面间的位置精度。（ ）

[①] 6S 管理包括整理、整顿、清扫、清洁、素养、安全 6 个项目。

（三）分析题

1. 有一小轴，毛坯为热轧棒料，大量生产的工艺路线为粗车—半精车—淬火—粗磨—精磨，外圆设计尺寸为 $\phi 30_{-0.013}^{0}$ mm，已知各工序的加工余量和经济精度，试确定各工序尺寸及偏差、毛坯尺寸和粗车余量，并填入表 3-27 中。

表 3-27 工序的加工余量和经济精度

工序名称	工序余量/mm	经济精度/mm	工序尺寸及其偏差/mm
精磨	0.1	0.013，h6	
粗磨		0.033，h8	$\phi 30.1_{-0.033}^{0}$
精车	1.1	0.084，h10	$\phi 30.5_{-0.084}^{0}$
粗车		0.21，h12	
毛坯尺寸	4（加工总余量）	$_{-0.75}^{+0.40}$	$\phi 34_{-0.75}^{+0.40}$

2. 考虑零件结构工艺性，图 3-44 所示的哪个方案较好？请说明理由。

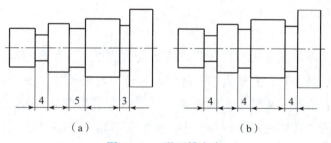

图 3-44 退刀槽方案

(a) 退刀槽方案一；(b) 退刀槽方案二

3. 图 3-45（a）所示为一轴套零件，尺寸 $38_{-0.1}^{0}$ mm 和 $8_{-0.05}^{0}$ mm 已加工好，图 3-45（b）、图 3-45（c）、图 3-45（d）为钻孔加工时三种定位方案的简图。试计算三种定位方案的工序尺寸 A_1，A_2 和 A_3。

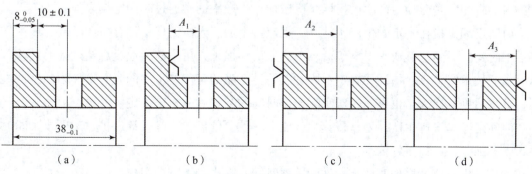

图 3-45 钻孔加工定位方案

(a) 轴套零件；(b) 定位方案一；(c) 定位方案二；(d) 定位方案三

4. 测量尺寸换算。图 3-46 所示为套筒零件,其设计图样上根据装配要求标注尺寸 $50_{-0.17}^{0}$ mm 和 $10_{-0.36}^{0}$ mm,试求大孔的深度尺寸。

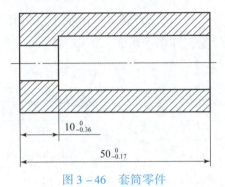

图 3-46 套筒零件

任务七 机械加工生产率和技术经济分析(拓展学习)

【任务描述】

制订工艺规程的根本任务为,在保证产品质量的前提下,提高劳动生产率和降低成本,即做到高产、优质、低消耗。要达到这一目的,制订工艺规程时,还必须对工艺过程进行认真的技术经济分析,有效地采取提高机械加工生产率的工艺措施。例如,在图 3-1 所示端盖零件图的工艺规程中需填写时间定额,本任务需要确定其时间定额。

【知识链接】

一、时间定额

机械加工生产率指工人在单位时间内生产的合格产品的数量,或者指制造单件产品所消耗的劳动时间,是劳动生产率的指标。机械加工生产率通常通过时间定额来衡量。

时间定额是指在一定的生产条件下,规定每个加工人员完成单件合格产品或某项工作所必需的时间。时间定额通常由定额员、工艺人员和加工人员一起,通过总结过去的经验,参考有关的技术资料直接估计并确定;或者以同类产品的工件或工序的时间定额为依据,进行对比分析后推算出来,也可通过对实际操作时间的测定和分析来确定。

时间定额是安排生产计划、核算生产成本的重要依据,也是设计、扩建工厂或车间时计算设备和加工人员数量的依据。

完成零件一道工序的时间定额称为单件时间,它由如下部分组成。

(1) 基本时间 T_b:是指直接改变生产对象的尺寸、形状、相对位置与表面质量或材料性质等工艺过程所消耗的时间。对机械加工而言,就是切除金属所耗费的时间(包括刀具切入、切出的时间）。时间定额中的基本时间可以根据切削用量和行程长度来计算。

（2）辅助时间 T_a：是指为实现工艺过程所必须进行的各种辅助动作消耗时间。它包括装卸工件，开、停机床，改变切削用量，试切和测量工件，进刀和退刀等所需的时间。

辅助时间的确定方法随生产类型而异。大批大量生产时，为使辅助时间规定得合理，需将辅助动作分解，再分别确定各分解动作的时间，最后予以综合；中批生产时，可根据以往的统计资料来确定；单件小批生产时，常用基本时间的百分比进行估算。

基本时间与辅助时间之和称为操作时间 T_B。它是直接用于制造产品或零部件所消耗的时间。

（3）布置工作场地时间 T_{sw}：是指为使加工正常进行，加工人员管理工作场地和调整机床等（如更换、调整刀具，润滑机床，清理切屑，收拾工具等）所需的时间。T_{sw} 不是消耗在每一个工件上的，而是消耗在一个工作班内的时间，需要折算到每一个工件上。一般按操作时间的 2%~7%（以百分率 α 表示）计算。

（4）休息和生理需要时间 T_r：是指加工人员在工作班内为恢复体力和满足生理需要等消耗的时间。T_r 也是在一个工作班内的时间，需要折算到每一个工件上。一般按操作时间的 2%~4%（以百分率 β 表示）计算。

以上四部分时间的总和称为单件时间 T_p，即

$$T_p = T_b + T_a + T_{sw} + T_r = T_B + T_{sw} + T_r = (1 + \alpha + \beta)T_B$$

（5）准备与终结时间 T_e：简称准终时间，是指加工人员在加工一批产品、零件时，进行准备和结束工作所消耗的时间。加工开始前，通常都要熟悉工艺文件、领取毛坯、材料、工艺装备，调整机床，安装工刀具和夹具，选定切削用量等；加工结束后，需送交产品，拆下、归还工艺装备等。准终时间对一批工件来说只消耗一次，零件批量越大，分摊到每个工件上的准终时间 T_e/n 就越小，其中 n 为生产量。因此，单件或成批生产的单件计算时间 T_c 应为

$$T_c = T_p + T_e/n = T_b + T_a + T_{sw} + T_r + T_e/n$$

大批大量生产中，由于 n 的数值很大，因此 $T_e/n \approx 0$，可忽略不计，所以大批大量生产的单件计算时间 T_c 应为

$$T_c = T_p = T_b + T_a + T_{sw} + T_r$$

二、提高机械加工生产率的工艺措施

劳动生产率是一个综合技术经济指标，与产品设计、生产组织、生产管理和工艺设计都有密切关系。接下来讨论提高机械加工生产率的问题，主要从工艺技术的角度，研究如何通过减少时间定额，寻求提高生产率的工艺途径。

1. 缩短基本时间

（1）提高切削用量。增大切削速度、进给量和背吃刀量都可以缩短基本时间，这是机械加工中广泛采用的提高生产率的有效方法。近年来，国外出现了聚晶金刚石和聚晶立方氮化硼等新型刀具材料，切削普通钢材的速度可达 1 200 m/min；加工硬度为 60 HRC 以上的

淬火钢、高镍合金钢，在 980 ℃ 时仍能保持其红硬性，切削速度可在 90 m/min 以上。高速滚齿机的切削速度可达 65～75 m/min，目前最高滚切速度已超过 300 m/min。磨削方面，近年的发展趋势是在不影响加工精度的条件下，尽量采用强力磨削，提高金属切除率，磨削速度已超过 60 m/s；而高速磨削速度已达到 180 m/s 以上。

（2）减少或重合切削行程长度。如图 3-47 所示，利用几把刀具或复合刀具对工件的同一表面或几个表面同时进行加工，或者利用宽刃刀具、成形刀具的横向进给同时加工多个表面，实现复合工步，都能减少每把刀的切削行程长度或使切削行程长度部分或全部重合，减少基本时间。

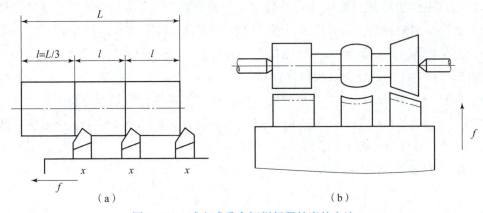

图 3-47　减少或重合切削行程长度的方法

（3）采用多件加工。多件加工可分顺序多件加工、平行多件加工和平行顺序多件加工三种形式，如图 3-48 所示。

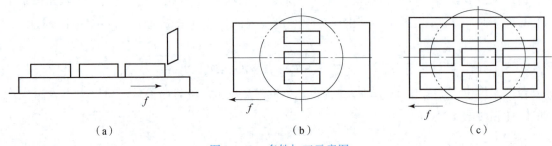

图 3-48　多件加工示意图

顺序多件加工是指工件按进给方向一个接一个地顺序装夹，如图 3-48（a）所示，减少了刀具的切入、切出时间，即减少了基本时间。这种形式的加工常见于滚齿、插齿、龙门刨、平面磨和铣削加工中。

平行多件加工是指工件平行排列，如图 3-48（b）所示，一次进给可同时加工 n 个工件，加工所需基本时间和加工一个工件相同，所以分摊到每个工件的基本时间就减少到原来的 $1/n$，其中 n 为同时加工的工件数。这种方式常见于铣削和平面磨削中。

平行顺序多件加工是上述两种形式的综合，如图 3-48（c）所示，常用于工件较小、生产批量较大的情况，如立轴平面磨削和立轴铣削加工。

2. 缩短辅助时间

如图 3-49 所示,缩短辅助时间的方法通常是使辅助操作实现机械化和自动化,或使辅助时间与基本时间重合。具体措施有以下几点。

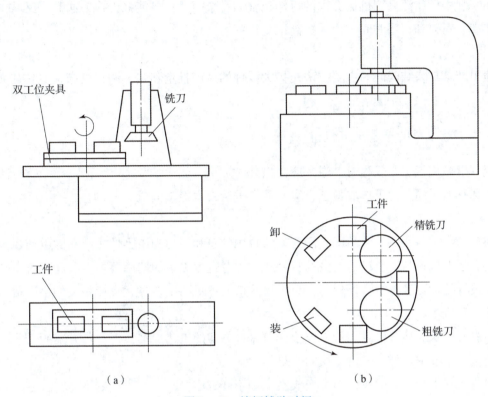

图 3-49 缩短辅助时间

(1) 采用先进高效的机床夹具(见图 3-49 (a))。这不仅可以保证加工质量,而且大大减少了装卸和找正工件的时间。

(2) 采用多工位连续加工(见图 3-49 (b))。在批量和大量生产中,采用回转工作台和转位夹具,在不影响切削加工的情况下装卸工件,使辅助时间与基本时间重合。该方法在铣削平面和磨削平面中得到广泛应用,可显著地提高生产率。

(3) 采用主动测量或数字显示自动测量装置。零件在加工中需多次停机测量,尤其精密零件或重型零件更是如此。这样不仅降低了生产率,不易保证加工精度,还增加了加工人员的劳动强度。而主动测量的自动测量装置能在加工中测量工件的实际尺寸,并用测量的结果控制机床进行自动补偿调整。该方法已在内、外圆磨床上采用,取得了显著的效果。

(4) 采用两个相同夹具交替工作的方法。当一个夹具安装好工件进行加工时,另一个夹具同时进行工件装卸,这样也可以使辅助时间与基本时间重合。该方法常用于成批生产中。

3. 缩短布置工作场地时间

布置工作场地时间,主要消耗在更换刀具和调整刀具的工作上。因此,缩短布置工作场地时间主要是减少换刀次数、换刀时间和调整刀具的时间。减少换刀次数就是要提高刀具或砂轮的耐用度，减少换刀和调刀时间是通过改进刀具的装夹和调整方法，采用对刀辅具来实现的，如各种机外对刀的快换刀夹具、专用对刀样板或样件以及自动换刀装置等。目前，在车削和铣削中已广泛采用机械夹固的可转位硬质合金刀片，既能减少换刀次数，又减少了刀具的装卸、对刀和刃磨时间，大大提高了生产率。

4. 缩短准备与终结时间

缩短准备与终结时间的主要方法是扩大零件的生产批量和减少调整机床、刀具和夹具的时间。

三、工艺过程的技术经济分析

制订机械加工工艺规程时，通常应提出几种方案。这些方案都能满足零件的设计要求，但成本会有所不同。为了选取最佳方案，需要进行技术经济分析。

1. 生产成本和工艺成本

制造一个零件或一件产品所必需的一切费用的总和，称为该零件或产品的生产成本。生产成本实际上包括与工艺过程有关的费用和与工艺过程无关的费用两类。因此，对不同的工艺方案进行技术经济分析和评价时，只需要分析、评价与工艺过程直接相关的生产费用，即所谓的工艺成本。

在进行技术经济分析时，首先应统计出每一方案的工艺成本，再对各方案的工艺成本进行比较，其中成本最低、见效最快的为最佳方案。

工艺成本由两部分构成，即可变成本 V 和不变成本 S。

可变成本是指与年产量 N 直接有关，并随年产量呈正比例变化的费用。它包括工件材料（或毛坯）费用、操作人员的工资、机床电费、通用机床的折旧费和维修费、通用工艺装备的折旧费和维修费等。

不变成本是指与年产量 N 无直接关系，不随年产量的变化而变化的费用。它包括调整人员的工资、专用机床的折旧费和维修费、专用工艺装备的折旧费和维修费等。

零件加工的全年工艺成本 E 为

$$E = VN + S \tag{3-11}$$

由式（3-11）可以看出，E 与 N 呈线性关系，即全年工艺成本与年产量成正比。

单件工艺成本 E_d 可由式（3-11）变换得到，即

$$E_d = V + S/N \tag{3-12}$$

2. 不同工艺方案的经济性比较

在进行不同工艺方案的技术经济分析时，常对零件或产品的全年工艺成本进行比较，这是因为全年工艺成本与年产量呈线性关系，容易比较。设两种不同方案分别为 Ⅰ 和 Ⅱ，它们的全年工艺成本如下。

方案 Ⅰ

$$E_1 = V_1 N + S_1 \tag{3-13}$$

方案 Ⅱ $\qquad E_2 = V_2 N + S_2 \qquad$ (3-14)

两种方案相比较，往往当一种方案的可变费用较大时，另一种方案的不变费用就会较大。如果某方案的可变费用和不变费用均较大，那么该方案在经济上是不可取的。

现在同一坐标图上分别画出方案 Ⅰ 和 Ⅱ 全年的工艺成本与年产量的关系，如图 3-50 所示。由图 3-50 可知，两条直线相交于 $N = N_K$ 处，N_K 称为临界产量，在此年产量时，两种工艺路线的全年工艺成本相等。由 $V_1 N_K + S_1 = V_2 N_K + S_2$ 可得

$$N_K = (S_1 - S_2)/(V_2 - V_1) \qquad (3-15)$$

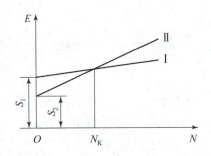

图 3-50　工艺成本与年产量的关系

当 $N < N_K$ 时，宜采用方案 Ⅱ，即年产量小时，宜采用不变费用较少的方案；当 $N > N_K$ 时，宜采用方案 Ⅰ，即年产量大时，宜采用可变费用较少的方案。

如果需要比较的工艺方案中基本投资差额较大，还应考虑不同方案的基本投资差额的回收期。投资回收期必须满足以下要求。

(1) 小于采用设备和工艺装备的使用年限。

(2) 小于该产品由于结构性能或市场需求等因素所决定的生产年限。

(3) 小于国家规定的标准回收期，即新设备的回收期应小于 4 年，新夹具的回收期应小于 2 年。

【任务实施】

分析并计算图 3-1 所示端盖零件图的机械加工工艺过程卡时间定额组成，填写表 3-28。

表 3-28　端盖零件图机械加工工艺过程卡时间定额组成及计算任务工单

时间定额组成	时间构成	计算

【任务评价】

对【任务实施】进行评价，并填写表3-29。

表3-29 任务评价表

考核内容	考核方式	考核要点	分值	评分
知识与技能（70分）	教师评价（50%）+互评（50%）	时间定额	20分	
		基本时间	20分	
		辅助时间	20分	
		提高机械加工生产率的工艺措施	10分	
学习态度与团队意识（15分）	教师评价（50%）+互评（50%）	学习积极性高，有自主学习能力	3分	
		有分析解决问题的能力	3分	
		有团队协作精神，能顾全大局	3分	
		有组织协调能力	3分	
		有合作精神，乐于助人	3分	
工作与职业操守（15分）	教师评价（50%）+互评（50%）	有安全操作、文明生产的职业意识	3分	
		遵守纪律，规范操作	3分	
		诚实守信，实事求是，有创新意识	3分	
		能够自我反思，不断优化完善	3分	
		有节能环保意识、质量意识	3分	

模块四 机床主轴箱工艺

模块简介

本模块对主轴箱（包括主轴、箱体、圆柱齿轮等零件）的结构特点、技术要求、工艺过程分析、加工方法等方面将进行较详细的介绍；结合生产实际，列举一些企业使用的典型生产工艺；还将介绍反映近年来国内外机械制造技术的新成就和新工艺。学习时，要理论与实践相结合，分析典型零件加工方法、加工过程，重点掌握各类零件的精、粗基准选择原则，它是加工过程的核心内容和思维方法。具体的加工方法应深入实际，具体了解，增加感性认识。

【知识图谱】

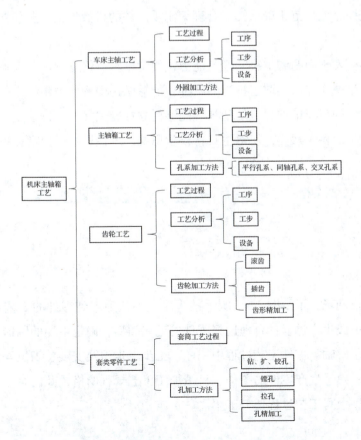

机械加工工艺设计

【学习目标】

1. 知识目标

（1）轴类结构、材料、毛坯的选择；轴类加工工艺过程与工艺分析设计（加工方法的确定、工序顺序的安排、工艺卡片的填写）；轴类加工方法认知。

（2）箱体类结构、材料、毛坯的选择；箱体类加工工艺过程与工艺分析设计（加工方法的确定、工序顺序的安排、工艺卡片的填写）；箱体类加工方法认知。

（3）齿轮结构、材料、毛坯的选择；齿轮加工工艺过程与工艺分析设计（加工方法的确定、工序顺序的安排、工艺卡片的填写）；齿轮类加工方法认知。

2. 技能目标

（1）具有进行产品结构工艺性分析、选择典型零件各表面加工方法等能力。

（2）具有正确选用加工切削用量和常规刀具的能力。

（3）具有常用工艺装备的选择、使用与设计的能力。

（4）具有典型零件机械加工工艺编制与调试能力；能够按照企业规范正确填写工艺文件。

（5）具有切削加工及运行监控能力。

（6）能够按照企业规范正确认知，合理编制零部件的机械加工工艺任务。

3. 素质目标

（1）培养学生发现问题和解决问题的能力，使学生具有终身学习与专业发展能力。

（2）培养学生诚实守信、敢于担当的精神，能够弘扬中华优秀传统文化。

（3）培养学生的工匠精神、劳动精神，能够树立社会主义核心价值观。

（4）培养学生的科学素养，使学生具备科学思维、理性思维以及辩证思维。

任务一　车床主轴工艺设计与实践

【任务描述】

通过参观生产现场，了解图 4-1 所示某车床主轴从毛坯到零件的工艺过程；认知轴类零件机械产品的一般生产过程；合理选择零件的毛坯类型，确定毛坯的制造形式，进行轴的加工方法选择；了解轴类零件工艺过程中工序、工步、走刀及安装、工位等概念，能划分简单的工序、工步；熟悉生产零件的图样、机械加工工艺规程的格式及内容，并对阶梯轴进行工艺过程的编制，填写工艺过程任务工单。

模块四 机床主轴箱工艺

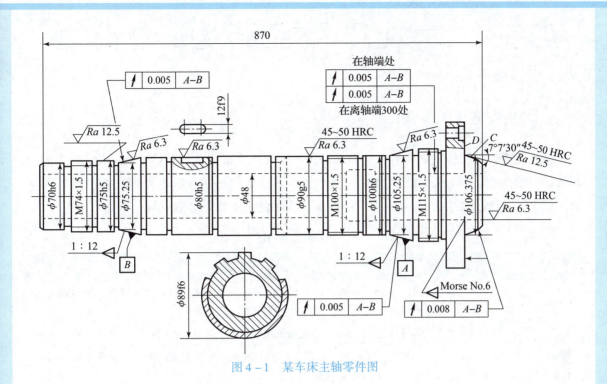

图 4-1 某车床主轴零件图

【知识链接】

一、概述

（一）轴类零件的功用与结构特点

轴类零件是机器中的主要零件之一，它的主要功能是支承传动件（齿轮、带轮、离合器等）和传递转矩。常见轴的种类如图 4-2 所示。

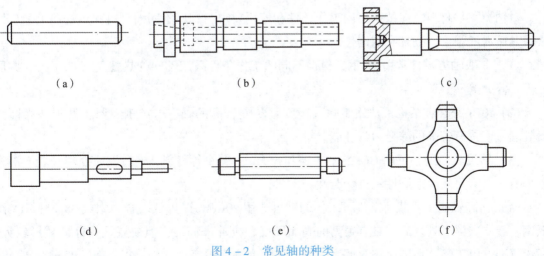

图 4-2 常见轴的种类

(a) 光轴；(b) 空芯轴；(c) 半轴；(d) 阶梯轴；(e) 花键轴；(f) 十字轴

109

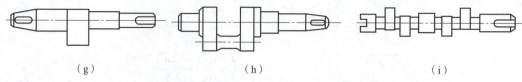

图 4-2 常见轴的种类（续）
(g) 偏芯轴；(h) 曲轴；(i) 凸轮轴

从轴类零件的结构特征来看，它们都是长度 L 大于直径 d 的旋转体零件，$L/d \leq 12$ 的轴通常称为刚性轴，而 $L/d > 12$ 的轴称为挠性轴，其加工表面主要有内外圆柱面、内外圆锥面、螺纹、花键、沟槽等。图 4-1 所示某车床主轴的技术要求如表 4-1 所示。

表 4-1 某车床主轴的技术要求

分类		一般技术要求
加工精度	尺寸精度	（1）支承轴颈一般与轴承配合，用来确定轴的位置并支承轴，影响轴的旋转精度与工作状态，尺寸精度要求较高，通常为 IT5~IT7 级； （2）与各类传动件配合的轴颈，即配合轴颈，其尺寸精度要求可低一些，常为 IT6~IT9 级
	形状精度	主要指轴颈的圆度、圆柱度，一般应将其控制在尺寸公差范围内；对于精度要求高的轴，应在零件图上标注其形状公差
	位置精度	保证配合轴颈相对支承轴颈的同轴度或跳动量，是轴类零件位置精度的基本要求，它会影响传动件（齿轮等）的传动精度。普通精度轴的配合轴颈对支承轴颈的径向圆跳动，一般规定为 0.01~0.03 mm，高精度轴则要求达到 0.001~0.005 mm
表面粗糙度		与传动件相配合的轴颈表面粗糙度 Ra 一般在 0.63~2.5 μm 之间，与轴承相配合的支承轴颈表面粗糙度 Ra 一般在 0.16~0.63 μm 之间

（二）轴类零件的材料、毛坯及热处理

1. 轴类零件的材料

对轴类零件材料，应根据不同工作条件和使用要求，选用不同的材料和热处理工艺，以获得其所需的强度、韧性和耐磨性。

（1）一般轴类零件常用 45 钢，根据不同的工作条件采用不同的热处理（如正火、调质处理、淬火等）。

（2）40Cr 等合金结构钢适用于中等精度且转速较高的轴，这类钢经调质处理和表面淬火处理后，具有较高的综合力学性能。

（3）精度较高的轴可用 GCr15 轴承钢和 65Mn 弹簧钢等材料，经过调质处理和表面淬火处理后，具有更高的耐磨性和抗疲劳性。

（4）在高转速、重载荷条件下工作的轴可选用 20CrMnTi 等低碳合金钢或 38CrMoAlA 渗氮钢，经渗碳淬火处理后，具有很高的表面硬度、抗冲击韧性，但缺点是热处理变形较大。而渗氮钢，由于渗氮温度比淬火低，经调质处理和表面渗氮后，变形很小而硬度却很高，具有很好的耐磨性和抗疲劳性。

2. 轴类零件的毛坯

轴类零件最常用的毛坯是圆棒料和锻件，只有某些大型或结构复杂的轴（如曲轴），在性能允许时才采用铸件。由于毛坯经过加热锻造后，能使金属内部纤维组织沿表面均匀分布，可获得较高的抗拉、抗弯及抗扭强度，因此除光轴、直径相差不大的阶梯轴使用热轧棒料或冷拉棒料外，一般比较重要的轴大多采用锻件。这样既能改善力学性能，又能节约材料、减少机械加工量。

3. 轴类零件的热处理

轴的质量除与所选钢材种类有关外，还与热处理有关。轴的锻造毛坯在机械加工前，均需进行正火或退火处理（碳的质量分数大于 0.7% 的碳钢和合金钢），使钢材的晶粒细化（或球化），以消除锻造的内应力、降低毛坯硬度，从而提高切削性能。凡要求局部表面淬火以提高耐磨性的轴，须在淬火前安排调质处理（有的采用正火处理）。当毛坯加工余量较大时，调质处理放在粗车之后、半精车之前，以便消除粗加工产生的内应力；当毛坯加工余量较小时，调质处理可安排在粗车之前进行。表面淬火一般放在精加工之前，可保证淬火引起的局部变形在精加工中得到纠正。

精度要求较高的轴，在局部淬火和粗磨之后，还需安排低温时效处理，以消除淬火及磨削中产生的内应力和残余奥氏体，控制尺寸稳定；整体淬火的精密主轴，在淬火粗磨后，要经过较长时间的低温时效处理；精度更高的主轴，在淬火之后，还要进行定性处理。定性处理一般采用冰冷处理方法，以进一步消除加工中产生的内应力，保持主轴精度。

二、轴类零件工艺过程与工艺分析

轴类零件的工艺过程随结构形状、技术要求、材料种类、生产批量等因素的不同而有所差异。日常工艺工作中遇到的大量工作是一般轴的工艺过程编制，本任务将以图 4-1 所示某车床主轴的工艺过程为例进行分析。

（一）主轴的技术条件分析

如图 4-1 所示，支承轴颈 A，B 的轴线是主轴部件的设计基准，其制造精度直接影响主轴部件的回转精度，所以 A，B 两段轴颈的轴线要满足很高的加工精度要求。主轴莫氏锥孔是用来安装顶尖或工具锥柄的，其锥孔轴线必须与支承轴颈 A，B 的基准轴线严格同轴，否则会使加工工件产生位置等方面的误差。主轴前端圆锥面 C 和端面 D 是安装夹具（卡盘）的重要定位面，圆锥面的轴线必须与支承轴颈基准轴线同轴，端面必须与基准轴线垂直，否则将产生夹具安装误差。

主轴上的螺纹是用来固定零件或调整轴承间隙的。螺纹与支承轴颈轴线的歪斜，会造成主轴部件上锁紧螺母的端面与轴线不垂直，导致拧紧螺母时被压紧的轴承环出现倾斜，严重时还会引起主轴弯曲变形，因此这些次要表面也应有相应的加工精度要求。上述各位置精度要求如图 4-1 所示。

（二）卧式车床主轴工艺过程任务实例

表 4-2 所示为某车床主轴大批大量生产时的工艺过程。

表4-2 某车床主轴大批大量生产时的工艺过程

工序号	工序名称	工序内容	工序简图	定位基准	设备
1	备料				
2	锻造	精锻			立式精锻机
3	热处理	正火			
4	锯头				
5	铣端面打中心孔			设计的毛坯外圆和一端面	铣端面打中心孔机床
6	粗车外圆			顶尖孔	多刀半自动车床
7	热处理	调质：220~240 HBW			
8	车大端各部	车大端外圆、短锥面、端面及台阶		顶尖孔	卧式车床

续表

工序号	工序名称	工序内容	工序简图	定位基准	设备
9	车小端各部	车小端各部外圆		顶尖孔	数控车床
10	钻深孔	钻 $\phi48$ mm 通孔		两中心架支承轴颈	专用深孔钻床
11	车小端锥孔	车小端锥孔（配1:20锥堵，涂色法检查接触率≥50%）		两端支承轴颈	卧式车床

续表

工序号	工序名称	工序内容	工序简图	定位基准	设备
12	车大端锥孔	车大端锥孔（配莫氏6号锥堵，涂色法检查接触率≥30%），外锥面及端面		两端支承轴颈	数控车床
13	钻孔	钻大头端面各孔		大端内锥孔	钻模、钻床

续表

工序号	工序名称	工序内容	工序简图	定位基准	设备
14	热处理	局部高频淬火（$\phi 90g5$外圆、短锥面及莫氏6号锥孔）			高频淬火设备
15	精车外圆	精车各外圆并切槽、倒角	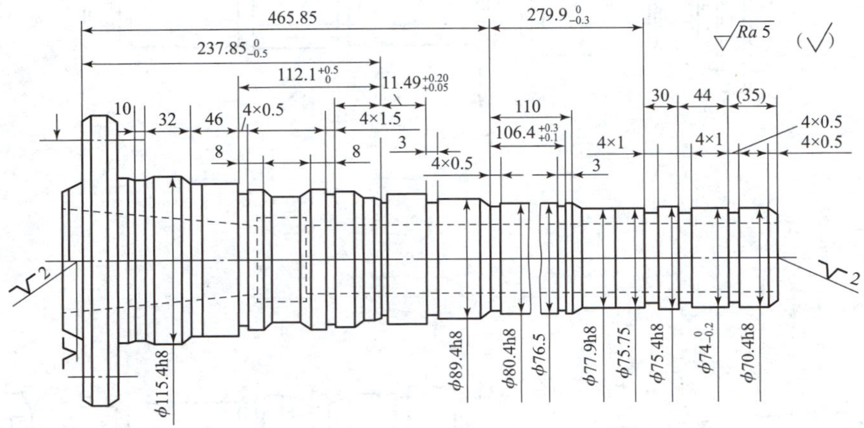	锥堵顶尖孔	数控车床
16	粗磨外圆	粗磨$\phi 75h5$、$\phi 90g5$外圆	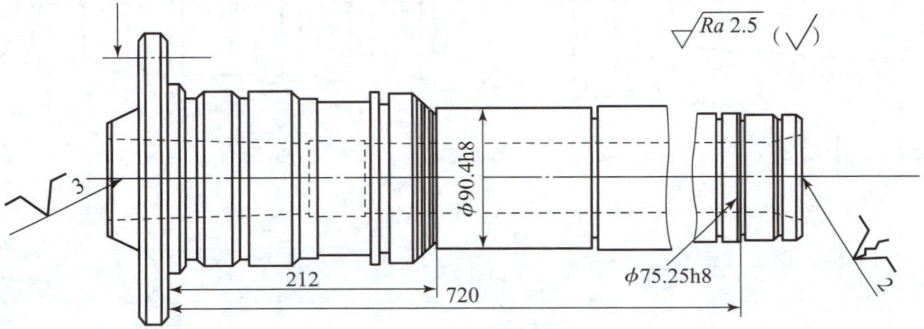	锥堵顶尖孔	组合外圆磨床

115

续表

工序号	工序名称	工序内容	工序简图	定位基准	设备
17	粗磨大端莫氏6号锥孔	粗磨大端内锥孔（重配莫氏6号锥堵，涂色法检查接触率>40%）	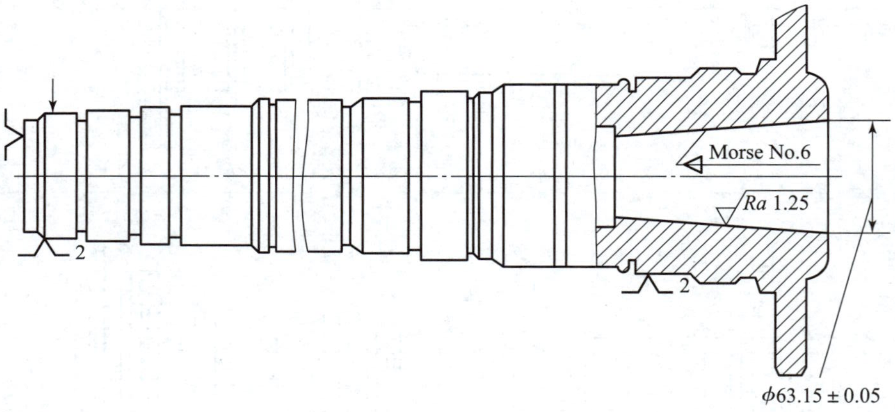	前支承轴颈及φ75h5外圆	内圆磨床
18	铣花键	铣φ89f6花键	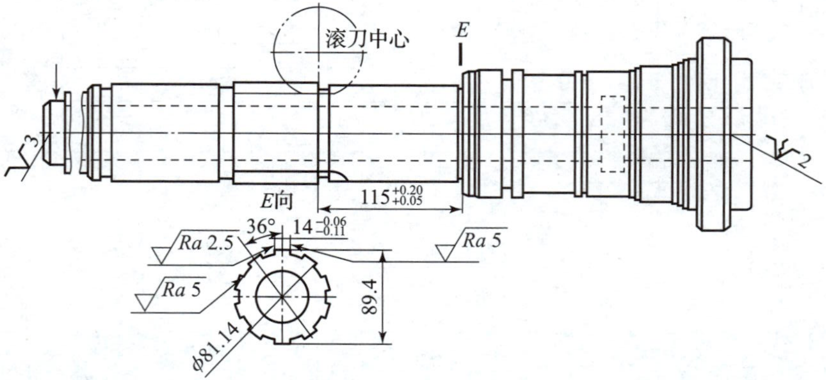	锥堵顶尖孔	花键铣床

116

续表

工序号	工序名称	工序内容	定位基准	设备
19	铣键槽	铣12f9键槽	φ80h5及M115×1.5外圆	铣床
20	车螺纹	车三处螺纹（与螺母配车）	锥堵顶尖孔	卧式车床

续表

工序号	工序名称	工序内容	工序简图	定位基准	设备
21	精磨外圆	精磨各外圆及两端面	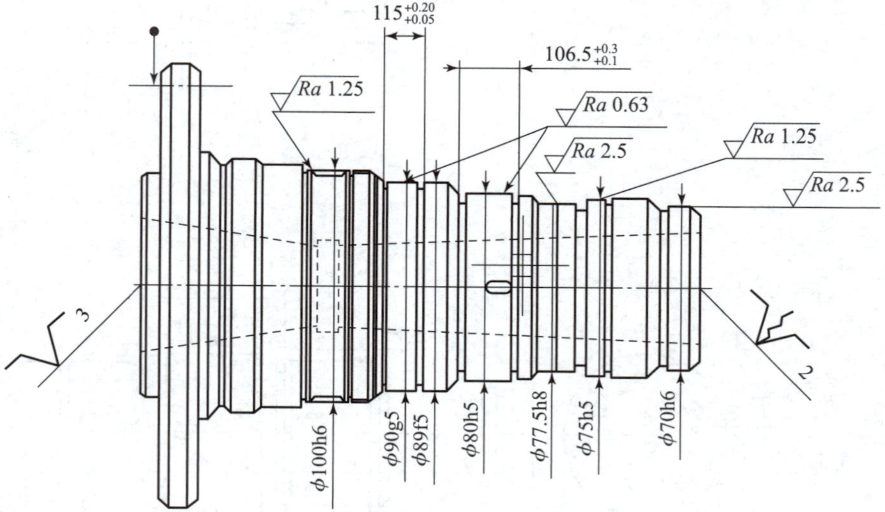 (见图)	锥堵顶尖孔	外圆磨床

工序简图中标注：
- $\phi 70h6$，$Ra\ 1.25$
- $\phi 75h5$，$Ra\ 2.5$
- $\phi 77.5h8$
- $\phi 80h5$，$Ra\ 0.63$
- $\phi 89f5$
- $\phi 90h5$
- $\phi 100h6$，$Ra\ 1.25$
- $106.5^{+0.3}_{+0.1}$
- $115^{+0.20}_{+0.05}$
- 两端面 $Ra\ 2.5$，其余 2、3

续表

工序号	工序名称	工序内容	工序简图	定位基准	设备
22	粗磨外锥面	粗磨两处 1∶12 外锥面		锥堵顶尖孔	专用组合磨床
23	精磨外锥面、端面 D 及短锥面	精磨两处 1∶12 外锥面、端面 D 及短锥面		锥堵顶尖孔	专用组合磨床

续表

工序号	工序名称	工序内容	工序简图	定位基准	设备
24	精磨大端锥孔	精磨大端莫氏6号内锥孔（卸锥堵，涂色法检查接触率≥70%）		$\phi100h6$ 及 $\phi80h5$ 外圆	专用主轴锥孔磨床
25	钳工	端面孔去锐边、倒角，去毛刺			
26	检验	按图样要求项目检查		前支承轴颈及 $\phi80h5$ 外圆	专用检具

小贴士

（1）通过小组协作、角色扮演，培养学生自主学习和团队协作的意识。

（2）通过生产实训，将轴类零件作为生产性实训载体，完成零件的工艺编制与加工制作，让学生切实接触企业产品，体验企业员工的工作过程，培养其热爱劳动的职业素养，实现产学深度融合。

（3）通过计时竞赛、方案分析、尺寸保证，培养学生精益求精的工匠精神。

做一做

（1）通孔—外圆表面粗加工—锥孔粗加工—外圆表面精加工—锥孔精加工。

（2）外圆表面粗加工—钻深孔—外圆表面精加工—锥孔粗加工—锥孔精加工。

（3）外圆表面粗加工—钻深孔—锥孔粗加工—锥孔精加工—外圆表面精加工。

（4）外圆表面粗加工—钻深孔—锥孔粗加工—外圆表面精加工—锥孔精加工。

试分析比较上述各方案的特点，指出哪一个为最佳方案，更能保证锥孔精度。

想一想

卧式车床主轴工艺过程的加工阶段是如何划分的？

（三）卧式车床主轴加工工艺过程分析

1. 定位基准的选择与转换

轴类零件的定位基准中最常用的是两中心孔，它是辅助基准，工作时不起作用。采用两中心孔作为统一的定位基准来加工各外圆表面，不但能在一次装夹中加工出多处外圆和端面，而且可确保各外圆轴线间的同轴度及端面与轴线的垂直度要求，符合基准统一原则。因此，轴类零件加工，应尽量采用中心孔定位。

为了使空心主轴零件在通孔加工之后还能使用中心孔定位，一般都采用带有中心孔的锥堵或锥套芯轴，如图 4-3 所示。锥堵应具有较高的精度，锥堵的中心孔既是锥堵本身制造的定位基准，又是磨削主轴的精基准，所以必须保证锥堵上的锥面与中心孔轴线有较高的同轴度。在使用锥堵时，应尽量减少锥堵的装拆次数，减少安装误差。

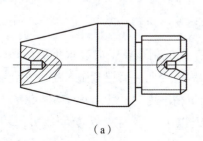
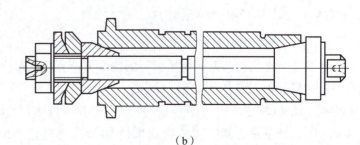

(a)   (b)

图 4-3 锥堵与锥套芯轴

(a) 锥堵；(b) 锥套芯轴

2. 工序顺序的安排

（1）加工阶段划分。由于主轴是多阶梯带通孔的零件，在切除大量的金属后会因内应力重新分布而产生变形，因此在安排工序时，应将粗、精加工分开，先完成各表面的粗加工，再完成各表面的半精加工与精加工，主要表面的精加工放在最后进行。对车床主轴加工阶段的划分大体如下。

正火后进行粗加工，包括铣端面、钻中心孔、粗车外圆。

调质处理后进行半精加工，包括半精车外圆、端面、锥孔。

表面淬火后的精加工阶段进行主要表面的精加工，包括粗、精磨各级外圆，精磨支承轴颈、锥孔。各阶段的划分大致以热处理为界。整个主轴加工的工艺过程，就是以主要表面（特别是支承轴颈）的粗加工、半精加工和精加工为主线，穿插其他表面的加工工序。

（2）加工外圆表面时应首先加工大直径外圆，然后加工小直径外圆，以免一开始就降低了工件的刚度。

（3）次要表面加工顺序安排。主轴上的花键、键槽、螺纹、横向小孔等次要表面的加工，通常安排在外圆精车、粗磨之后或精磨外圆之前进行。这是因为如果在精车前就铣出键槽，精车时会因断续切削而产生振动，既影响加工质量，又会损坏刀具，而且也难以控制键槽的深度尺寸。但是这些加工也不宜放在主要表面精磨之后，以免破坏主要表面已获得的精度。主轴的螺纹有较高的同轴度要求，应安排在最终热处理之后，以克服淬火产生的变形；同时还应注意，车螺纹使用的定位基准与精磨外圆使用的基准应当相同，否则也达不到精度要求。

（4）深孔加工工序的安排。该工序安排时应注意两点，一是钻深孔应安排在调质处理后进行，因为调质处理变形较大，深孔会产生弯曲变形。若先钻深孔，后进行调质处理，则孔的弯曲得不到纠正，不仅影响使用时棒料通过主轴孔，而且还会带来因主轴高速转动不平衡引起的振动。二是钻深孔应安排在外圆粗车或半精车之后，以便有一个较精确的轴颈作为定位基准（搭中心架用），保证孔与外圆轴线的同轴度，使主轴壁厚均匀。

三、外圆表面的精加工和光整加工

外圆表面磨削是轴类零件精加工的主要方法，工序应尽量安排在最后。当外圆表面有很高要求时，还可增加光整加工工序。

（一）外圆表面的磨削加工方法

外圆表面磨削是轴类零件精加工的主要方法。磨削加工在机械制造业中占有很重要的地位，磨削既能加工淬火的黑色金属零件，也可以加工不淬火的黑色金属、高温合金及超硬非金属零件（如玻璃、陶瓷、半导体材料）等。磨削可以达到的加工精度为IT6级，表面粗糙度Ra在$0.32 \sim 1.25$ μm之间；高精度磨削的加工精度可达IT5级以上，表面粗糙度可达$Ra = 0.01$ μm。

1. 常见的外圆磨削方法

常见的外圆磨削方法有中心磨削法和无心磨削法。

外圆磨削可以在普通外圆磨床、万能外圆磨床或无心磨床上进行。常用的中心磨削法有纵向磨削法、横向磨削法、阶段磨削法。磨削对象主要是各种圆柱体、圆锥体、带肩台阶轴、环形工件及旋转曲面。经外圆磨削后的工件表面粗糙度 Ra 一般能达到 $0.2 \sim 0.8$ μm，尺寸精度可达 IT6~IT7 级。

（1）中心磨削法。

① 纵向磨削法。

使用纵向磨削法时，工件在主轴带动下做旋转运动，并随工作台一起做纵向移动，当一次纵向行程或往复行程结束时，砂轮需按要求的磨削深度再做一次横向进给，这样就能使工件上的磨削余量被不断切除，如图 4-4 所示。

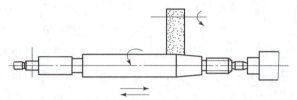

图 4-4　纵向磨削法

纵向磨削法的特点是精度高、表面粗糙度值小、生产率低，适用于单件小批生产及零件的精磨。

② 横向磨削法（切入磨削法）。

使用横向磨削法时，工件只需与砂轮同向转动（圆周进给），而砂轮除高速旋转外，还需根据工件加工余量进行缓慢连续的横向切入，直到加工余量全部被切除为止。

横向磨削法的特点是磨削效率高，磨削长度较短，磨削较困难，如图 4-5 所示。横向磨削法适用于批量生产，磨削刚性好的较短外圆表面工件。

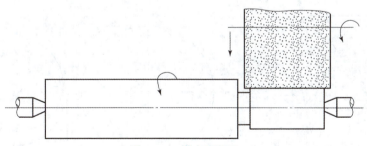

图 4-5　横向磨削法

③ 阶段磨削法（综合磨削法）。

阶段磨削法是横向磨削法和纵向磨削法的综合应用，即先用横向磨削法将工件分段粗磨，相邻两段间有一定量的重叠，各段留精磨余量，然后用纵向磨削法进行精磨，如图 4-6 所示。这种磨削方法既保证了精度和表面粗糙度，又提高了磨削效率。

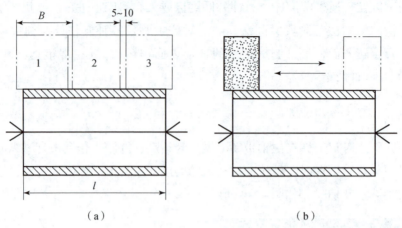

图4-6 阶段磨削法

(2) 无心磨削法。

无心磨削法是在无心外圆磨床上进行的一种外圆磨削。起磨削作用的砂轮称为磨削轮，起传动作用的砂轮称为导轮，如图4-7所示。导轮由橡胶结合剂制成，其轴线在垂直方向上与磨削轮呈 θ 角，带动工件旋转并做纵向进给运动。无心磨削后工件的精度可达IT6～IT7级，表面粗糙度 Ra 可达 $0.2 \sim 0.8 \ \mu m$。

① 贯穿磨削法。

用贯穿磨削法磨削时，工件一面旋转一面纵向进给，穿过磨削区域，其加工余量需要在几次贯穿中切除。此种方法可用来磨削无台阶的外圆表面，如图4-8所示。

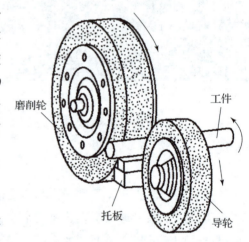

图4-7 无心磨削法

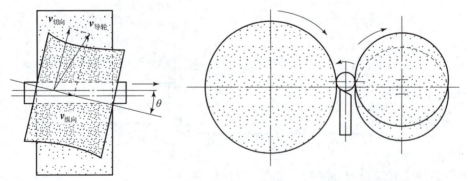

图4-8 贯穿磨削法

② 切入磨削法。

用切入磨削法磨削时，工件不做纵向进给运动，导轮架通常回转较小的倾斜角，使工件在磨削过程中有一微小轴向力,紧靠挡销,因而能获得理想的加工质量。切入磨削法适合用来加工带肩台的圆柱形零件或锥销、锥形滚柱等成形旋转体零件,如图 4-9 所示。

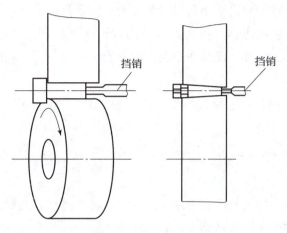

图 4-9 切入磨削法

无心磨削法中工件轴心处于自由状态,工件以被磨削的外圆表面定位,属于自为基准定位,所以无心磨削法一般只能提高被磨削工件的尺寸精度和圆度,其位置精度主要取决于上道工序的加工精度。

2. 提高磨削精度和生产率的方法

随着精密锻造、精密铸造、挤压成形等制造技术的广泛应用,毛坯的加工余量普遍减少,磨削加工在机械加工中所占的比例逐渐增大,因此需要提高磨削精度和生产率。提高磨削生产率大致有两条途径:一是缩短辅助时间,如自动装夹工件、自动测量、砂轮自动修整及补偿,采用新的磨料,提高砂轮使用寿命,减少修整次数等;二是改变磨削用量及增大磨削面积,如高精度磨削、高速磨削、深切缓进给磨削、高效深磨等。

(1) 使工件的表面粗糙度 Ra 在 0.16 μm 以下的磨削方法,称为高精度磨削。

高精度磨削又分为精密磨削(Ra 在 0.06~0.16 μm 之间)、超精密磨削(Ra 在 0.02~0.04 μm 之间)和镜面磨削(Ra 可达 0.01 μm)。高精度磨削与一般磨削方法相同,但需要特别软的砂轮和较少的磨削用量。例如,采用树脂或橡胶作为砂轮结合剂,并加入一定量的石墨作填料。

高精度磨削的原理:砂轮表面每一颗磨粒就是一个切削刃(简称微刃),能磨削出表面粗糙度值小的表面,并能产生摩擦抛光作用,使工件表面的表面粗糙度值更低。

高精度磨削的特点:能够修正上道工序留下的形状误差和位置误差,生产率高,可配备自动测量仪,但对机床本身精度要求高。

(2) 高速磨削是指砂轮线速度高于 50 m/s 的磨削加工。其特点有以下几点。

①生产率高,一般可提高 30%~300%。因为砂轮线速度提高后,单位时间进入磨削区的磨粒数成比例增加,如果还保持每粒磨粒切去的切屑厚度与普通磨削的相同,则进给量可以成比例加大,磨削时间相应缩短。

②能提高砂轮使用寿命，一般可提高75%～150%。其原因是砂轮线速度提高后，若进给量仍与普通磨削相同，则每颗磨粒切去的切屑厚度减小，每颗磨粒承受的负荷也下降，磨粒切削能力相对提高，砂轮每次修整后可以磨去更多的余量。

③能减小工件表面粗糙度值。因为高速磨削时每颗磨粒切削厚度减小，表面切痕深度浅，表面粗糙度值减小。另外，此时作用在工件上的法向磨削力也相应减小，所以又可提高加工精度。

（3）深切缓进给磨削是指以很大的背吃刀量（可达2～12 mm）和缓慢的进给速度进行磨削，又称蠕动磨削或深磨。

（4）高效深磨可看成缓进给磨削和超高速磨削的结合。

（二）外圆表面的光整加工方法

现代制造业对产品的加工精度和表面粗糙度要求越来越高。例如，对于精密磨床的砂轮主轴，要求其支承轴颈尺寸精度达到1 μm，表面粗糙度 Ra 达到0.01～0.02 μm。这就需要采用一些特殊的加工方法。外圆表面光整加工是提高表面质量的重要手段，其方法有研磨、珩磨、滚压、抛光和超精加工等。

1. 研磨

研磨是一种古老、简便可靠的表面光整加工方法，属于自由磨粒加工，其中参与切除工件材料的磨粒处于自由游离状态。研磨后的表面，尺寸和几何形状精度可达1～3 μm，表面粗糙度 Ra 在0.01～0.16 μm之间。若研具精度足够高，其尺寸和几何形状精度可达0.1～0.3 μm，表面粗糙度 Ra 可在0.01～0.04 μm之间。

（1）研磨的原理及特点。

外圆研磨如图4-10所示。研磨是通过研具在一定压力下与加工表面做复杂的相对运动而完成的。研具和工件之间的磨粒与研磨剂在相对运动中，分别起机械切削作用和挤压、化学作用，使磨粒能从工件表面上切去极薄的一层材料，从而得到极高的尺寸精度和极小的表面粗糙度。

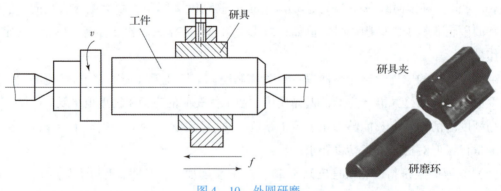

图4-10 外圆研磨

研磨时，大量磨粒在工件表面浮动，它们在一定的压力下滚动、刮擦和挤压，起切除细微材料层的作用。磨粒在研磨塑性材料时，受到压力的作用，使工件加工表面产生裂纹。随

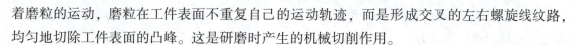

着磨粒的运动,磨粒在工件表面不重复自己的运动轨迹,而是形成交叉的左右螺旋线纹路,均匀地切除工件表面的凸峰。这是研磨时产生的机械切削作用。

研磨时磨粒与工件接触点的局部压力非常大,因此瞬时产生高温,产生挤压作用,使工件表面平滑,表面粗糙度 Ra 值下降。这是研磨时产生的物理作用。

研磨时研磨液中加入了硬脂酸或油酸,可以与覆盖在工件表面的氧化物薄膜产生化学反应,使被研磨表面软化,加速研磨效果。这是研磨时产生的化学反应。

研具的主要作用是作为工件成形的"模型",在一定程度上把自身的几何形状复制给工件,同时它也是研磨剂的载体,用以涂覆或镶嵌磨料,故研具必须有良好的嵌砂性能。

研磨一般都在低速下进行,研磨过程塑性变形小,切削热少,表面变形层薄,运动复杂,可获得较小的表面粗糙度值(Ra 在 $0.01 \sim 0.16\ \mu m$ 之间);研磨可提高工件的表面形状精度与尺寸精度,但是一般不能提高表面位置精度;研磨方法简单、可靠,可手工研磨,也可机械研磨,而且研磨对加工设备要求的精度不高;研磨适用范围广,不仅可以加工金属,也可以加工非金属,如光学玻璃、陶瓷、半导体、塑料等。

(2) 研磨方法。

①手工研磨。

研磨外圆时,工件夹持在车床卡盘上或用顶尖支承,做低速回转,研具套在工件上,在研具与工件之间加入研磨剂,用手推动研具做往复运动。往复运动的速度常选用 $20 \sim 70\ m/min$。

②机器研磨。

机器研磨效率高,可以单面研磨,也可以双面研磨。机器研磨不仅可以研磨外圆柱面、内圆柱面,还适用于平面、球面、半球面的表面研磨。

(3) 研磨剂。

研磨剂包含磨料、研磨液和辅助材料。

磨料应具有高硬度,高耐磨性;磨粒要有适当的锐利性,在加工中破碎后仍能保持一定的锋刃;磨粒的尺寸要大致相近,使加工中尽可能有均匀的工作磨粒。

研磨液使磨粒在研具表面上均匀分布,承受一部分研磨压力,以减少磨粒的破碎,并兼有冷却、润滑作用。常用的研磨液有煤油、汽油、机油、动物油脂等。

辅助材料能使工件表面氧化物薄膜被破坏,提高研磨效率。

2. 珩磨

珩磨主要用于内孔的光整加工,现在也多用于外圆表面的光整加工。

图 4-11 (a) 所示为双轮珩磨,珩磨轮相对工件轴线倾斜 $27° \sim 35°$,并以一定的压力从相对的方向压向工件表面,工件(或珩磨轮)做轴向往复运动。工件转动时,由摩擦力带动珩磨轮旋转,并产生相对滑动,起到微量切削作用,它是类似于超精加工的方法。

图 4-11 (b) 所示为无心珩磨,这是在无心磨削法基础上发展起来的一种新型珩磨方式。对置的珩磨轮和导轮,与工件的轴线倾斜一个角度,起两个作用——工件的进给和珩磨。由于径向和轴向切削分力相互平衡,因此可保证工件以均匀的进给速度 v_f 平稳移动,

提高已加工表面的精度。这种无心珩磨的生产率相当于外圆磨削,表面质量相当于研磨,是接近于超精研磨的加工方法。

图 4-11 (c) 所示为在两顶尖上高速珩磨,当工件表面线速度 v_w 提高到珩磨轮线速度 v_t 时,若两者逆向回转,则切削速度 v_c 将是珩磨轮速度 v_t 的 2 倍。这种珩磨方式可降低单位能耗和发热量,提高珩磨轮使用寿命。

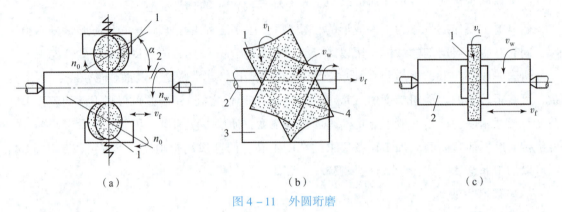

图 4-11 外圆珩磨

(a) 双轮珩磨;(b) 无心珩磨;(c) 在两顶尖上高速珩磨

1—珩磨轮;2—工件;3—托架;4—导轮

珩磨的特点:表面粗糙度 Ra 可达 $0.01 \sim 0.04 \mu m$,不适用于带肩轴类零件和锥形表面;不能纠正上道工序留下来的形状误差和位置误差;设备要求简单,珩磨轮可采用细粒度磨料自制,使用寿命长;生产率较高,工作可靠,质量稳定。

3. 滚压加工

滚压加工如图 4-12 所示。该加工方法采用硬度比工件高的滚轮(见图 4-12 (a))或滚珠(见图 4-12 (b)),对半精加工后的零件表面加压,使受压点产生塑性变形,工件表面上原有的波峰被填充到相邻的波谷中去(见图 4-12 (c)),其结果不但能减小表面粗糙度值,还能使表面的金属结构和性能发生变化,晶粒变细并沿着变形最大的方向延伸,有时呈纤维状,表面留下残余压应力。另外,该方法使零件的表面层强度极限和屈服强度增大,显微硬度提高 20%~40%,从而使零件抗疲劳强度、耐磨和耐蚀性都有显著的改善。

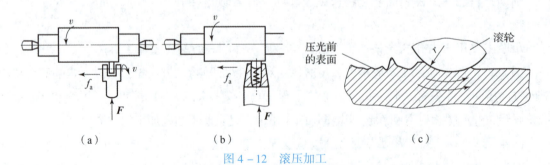

图 4-12 滚压加工

(a) 滚轮滚压;(b) 滚珠滚压;(c) 压光时表面的形成

4. 抛光

抛光与研磨方法类似，是用手工或在抛光机、砂带磨床上进行的一种光整加工方法。与研磨不同的是，抛光工具是用软质材料（如毛毡、橡胶、皮革、布或压制纸板等）制成的。加工时，将抛光膏涂在高速旋转（30~40 m/s）的软弹性抛光轮或砂带上，抛光轮或砂带向工件加工表面施加一定压力，由于它们之间的剧烈摩擦产生高温，加工表面上就会形成极薄的熔流层，熔流层将表面上的凹凸微观不平处填平；同时，抛光膏中的硬油酸与工件表面的氧化物薄膜产生化学反应，使被抛光表面软化，加速抛光作用。被抛光表面在这种弹性抛压和物理、化学作用下，能获得很小的表面粗糙度值（$0.01\ \mu m < Ra < 0.1\ \mu m$）。

抛光加工主要用来减小加工表面的表面粗糙度值，使表面光亮、美观，并提高疲劳强度和耐蚀性。抛光的设备和加工方法简单，生产率高，成本低；抛光轮有弹性，能与曲面相吻合，抛光的零件表面形状不限，可加工外圆、孔、平面及各种成形面。但由于抛光轮与工件之间没有刚性的运动联系，不能保证从工件表面均匀地切除材料，只能去除上道工序留下的加工痕迹，得到光亮的表面，因此不能提高工件的尺寸和形状精度。手工抛光质量的好坏取决于操作人员的技术水平。

5. 超精加工

超精加工是指在超精机上用磨头进行的加工方法。超精加工原理如图 4-13 所示。它是把细粒度的磨石以一定的压力压在工件表面，加工时工件低速转动，磨头轴向进给，磨石高速往复振动，此三种运动使磨粒在工件表面形成复杂的运动轨迹，从而完成对工件表面的切削作用，其实质就是低速微量磨削。

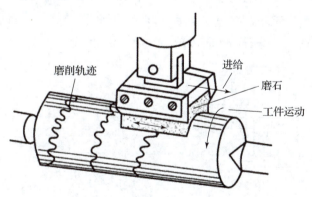

图 4-13 超精加工原理

（1）超精加工切削过程分为四个阶段。

①强烈切削阶段。开始时因为工件表面粗糙，只有少数凸峰与磨石接触，单位面积压力很大，磨石易破碎脱落，所以切刃锋利，切削作用强烈，称为强烈切削阶段。

②正常切削阶段。当少数凸峰磨平后，接触面积增大，单位面积压力降低，致使切削作用减弱而进入正常切削阶段。

③微弱切削阶段。随着接触面积逐渐增大，单位面积压力更小，切削作用微弱，细小振动频率 f（10~25 Hz）的切屑嵌入磨石空隙中，磨石产生光滑表面，该阶段起摩擦抛光作用。

④自动停止切削阶段。工件磨平后单位面积上压力很小,工件与磨石之间形成液体摩擦的油膜,不再接触,切削作用停止。

(2)超精加工的特点有以下几条。

①超精加工磨粒运动轨迹复杂,能由切削过程过渡到抛光过程,表面粗糙度 Ra 在 $0.01 \sim 0.04~\mu m$ 之间。

②超精加工只能除掉工件表面凸峰,能加工的余量很小(0.005~0.025 mm),这种加工方法不能纠正工件的圆度与同轴度误差。

③超精加工切削速度低,磨条压力小,工件表面不易发热,不会烧伤表面,也不易使工件表面变形及形成划痕。

④超精加工的表面耐磨性好。超精加工对设备要求简单,可在卧式车床上进行。

四、其他典型表面的加工方法

(一)中心孔的修研方法

要提高外圆加工质量,修研中心孔是主要手段之一。在轴的加工过程中,中心孔会出现磨损、拉毛、热处理后氧化及变形等情况,故需对中心孔进行修研。常用的中心孔修研方法有以下三种。

(1)用磨石或橡胶砂轮修研。将圆柱形状的磨石或橡胶砂轮夹在车床卡盘上,用装在刀架上的金刚石笔将其前端修整成顶尖形状,如图4-14所示。修研时加入少量润滑油,开动车头使磨石转动,手持工件缓慢移动,由于中心孔尺寸较小,因此,尽可能采用高转速。用手把持工件,移动车床尾座,并给予一定压力进行研磨。该方法是目前常用的方法,修研的中心质量较高,其缺点是磨石或橡胶砂轮易磨损、消耗量大。

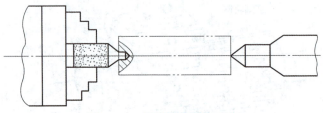

图4-14 用磨石修研中心孔

(2)用铸铁顶尖修研。此方法与上一方法相似,不同的是此方法以铸铁顶尖代替磨石顶尖,顶尖转速略低,研磨时加注研磨剂。为了提高中心孔修研精度,可在磨床上采用自磨的方法,先将铸铁顶尖与磨床顶尖磨成相同的顶角,然后用此铸铁顶尖对中心孔进行修研,使工件中心孔锥角与磨床顶尖锥角一致。

(3)用硬质合金顶尖修研,将硬质合金材料的顶尖圆锥面磨成六角形,并留有 f 在 $0.2 \sim 0.5$ mm 之间的等宽刃带(见图4-15),此刃带具有微量切削作用,既能对中心孔几何形状进行修正,又能起到挤光作用。此方法生产率高(一般只需几秒),但修研质量较上述方法低,常用于粗研工序。

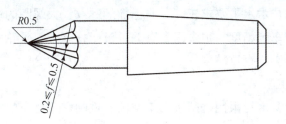

图 4-15 硬质合金顶尖

(二) 锥孔磨削方法

主轴锥孔磨削通常采用专用夹具，如图 4-16 所示。该夹具定位应用基准重合原则（用已加工过的支承轴颈定位）。夹具由底座、支承架及浮动夹头三部分组成，支承架固定在底座上，前后支承架各有一个 V 形块，内镶有硬质合金块（提高耐磨性），工件放在 V 形块上，工件中心与磨头中心等高，否则将产生工件锥孔表面双曲线误差。后端的浮动夹头锥柄装在磨床主轴锥孔内，工件尾部插入弹性套内，用弹簧将浮动夹头外壳连同主轴向左拉，通过钢球压向带有硬质合金的锥柄端面，限制工件轴向窜动。采用这种浮动连接，可以使主轴支承轴颈的定位精度不受内圆磨床主轴回转精度的影响。

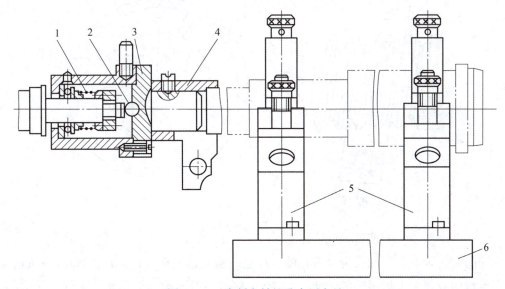

图 4-16 磨削主轴锥孔专用夹具

1—弹簧；2—钢球；3—浮动夹头；4—弹性套；5—支承架；6—底座

(三) 螺纹的加工

1. 螺纹的加工方法

一般的内螺纹可以用丝锥攻丝，具体可以根据零件的加工要求，选择标准的丝锥；一般的外螺纹加工可以选择不同规格的板牙加工。下面介绍螺纹的其他加工方法。

（1）在车床上用车刀加工螺纹。

车削螺纹的方法应用最广。其优点是设备通用性强，能获得精度高的螺纹；其缺点是生产率低,对加工人员的技术水平要求较高。非标准的螺纹、大螺距的螺纹、锁紧螺纹等都可以在车床上加工。螺纹车削精度与很多因素有关,机床精度、刀具轮廓及安装的精度、加工人员技术水平等,都会影响螺纹精度。

(2) 螺纹的铣削加工。

成批及大量生产中,广泛采用铣削法加工螺纹。铣削螺纹比车削螺纹的生产成本高,精度一般为2~3级。铣削时因是断续切削,故表面粗糙度比车削加工高。按所用铣刀的不同,铣削螺纹分为以下三种:用圆盘铣刀加工、用梳状铣刀加工及旋风铣削。

用圆盘铣刀加工大尺寸的梯形螺纹及方牙螺纹时,精度不高,在铣削螺纹时会产生螺牙形状的改变。因此一般是先用圆盘铣刀预铣,然后再用螺纹车刀进行精加工。

加工大直径的细牙螺纹时,常用梳状铣刀加工。其可以用于内、外螺纹的加工,能够加工紧邻轴肩的螺纹,不需要退刀槽;加工精度比圆盘铣刀低。

旋风铣螺纹是一种高速的切削方法,如图4-17所示。

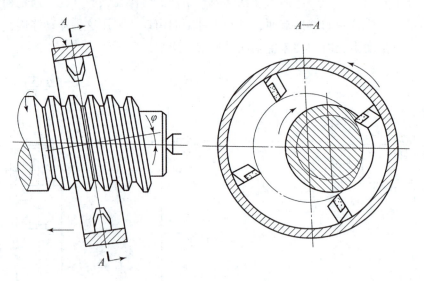

图4-17 旋风铣螺纹简图

在切削时,装有几把硬质合金刀具的刀盘做高速旋转运动(1 000~3 000 r/min),工件安装在卡盘中或顶尖上做缓慢的转动(3~30 r/min)。刀尖运动轨迹是一个圆,其中心与工件旋转中心有一偏心值,高速旋转的刀盘与带动它的电动机固定在车床的刀架溜板上,随刀架溜板平行于工件轴线做纵向进给,工件每转一转,攻进一个螺距。由于刀盘中心与工件中心不重合,刀刃只在其圆弧轨迹上与工件接触,因此是间断切削,刀具可在空气中冷却。工件与刀盘的旋转方向一般是相反的。刀齿的旋转平面与垂直平面形成一角度并等于被切螺纹的升角。旋风铣螺纹的生产率高。

(3) 挤压螺纹。

挤压螺纹是一种无屑加工方法,生产率很高,在成批及大量生产中得到了广泛应用。挤压螺纹时金属内部纤维不致被切断破坏,故提高了螺纹强度。挤压后螺纹能承受的拉伸强度高，疲劳强度比切削加工的螺纹大50倍。挤压螺纹的尺寸范围较宽（0.2~120 mm）。

挤压可分为两大类：用搓板挤压和用滚轮滚压。用搓板挤压的加工精度较低，用滚轮滚压则可得到较高的精度和较低的表面粗糙度。

用滚轮滚压螺纹的方法有用单滚轮滚压、用双滚轮滚压等方式，图4-18所示为用双滚轮滚压螺纹。

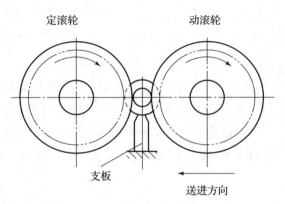

图4-18 用双滚轮滚压螺纹

两个滚轮中，一个是定滚轮，另一个是动滚轮。动滚轮可做径向送进运动，两个滚轮均主动旋转，工件被带动做自由旋转。由于滚轮在热处理后可以磨削，因此可提高工件的加工精度。

(4) 磨削螺纹。

磨削螺纹主要用于热处理后具有较高硬度的螺纹。工件淬火后的硬度高，虽然还可以切削，但会使切削螺纹的刀具耐用度大大降低。另外带螺纹的零件在热处理后将产生螺纹轮廓的变形，因此精密螺纹必须经过磨削加工，来保证精度和表面粗糙度。

磨削螺纹的方法主要有用单线砂轮磨螺纹、用多线砂轮磨螺纹、无心磨削螺纹等，螺纹加工精度可达3~4级，表面粗糙度 Ra 可达0.2~0.8 μm，但螺纹磨床结构复杂、精度高、加工效率低，因而加工费用高。

2. 丝杠的技术要求及工艺特点

丝杠的技术要求及工艺特点，将直接影响到机床的加工精度。

(1) 技术要求和精度等级。

根据用途，丝杠所必须保证的传动精度有以下几个等级：

0级——用于测量仪器，如高精度的坐标机床。

1级——用于坐标机床，如刻线机和高精度的螺纹加工机床。

2级——用于较高精度的普通螺纹加工机床或分度机构。

3级——用于普通车床及铣床。

4级——用于移动部件或手动机构。

各个精度等级对螺距、小径、外径、螺牙，丝杠螺纹与支承轴颈的同轴度，支承轴颈精度，表面粗糙度及耐磨性等项目分别提出不同的要求。具体要求可以查阅相关手册。

(2) 丝杠的工艺特点。

丝杠是较长的柔性工件，外径与长度之比一般较小。因为丝杠细长、刚度不好，容易产生弯曲，所以弯曲和内应力成为丝杠加工时需要解决的重要问题。根据以上工艺特点，精密丝杠在加工和装配过程中不允许用冷校直的方法，而是用各种时效工序，使丝杠在制造过程中的内应力减小；由零件变形所引起的空间偏差，则借增大加工余量的方法，在随后的工序中切除。这样就能获得内应力极小且符合要求的丝杠，即使在长期停放和使用过程中也不再发生变形。

①毛坯材料的选择。

丝杠的材料应具有良好的加工性、耐磨性及稳定性（稳定的金相组织）。具有颗粒的珠光体组织的优质碳素工具钢，基本上能满足上面三个方面的要求。精密机床的丝杠可用 T10A 钢、T12A 钢制造，其他丝杠常用含硫量较高的冷拉易切钢 Y40Mn、Y40，含铅 0.15% ~ 0.5% 的 45 钢。要经最后热处理而获得高硬度的丝杠可用铬锰钢及铝钨锰钢，淬火后硬度可达 50 ~ 56 HRC。

②丝杠的加工特点。

精加工外圆和螺纹可分多次进行，逐步减少切削量，从而逐步减少切削力和内应力，减少加工误差，提高加工精度。

每次时效处理后都要重新打中心孔或修磨中心孔，以修正时效处理时产生的变形，并除去氧化皮等，使加工有可靠而精确的定位基面。

每次加工螺纹前，先加工丝杠外圆（切削量很小），然后以丝杠外圆和两端中心孔作为定位基面加工螺纹，逐步提高螺纹加工精度。

（四）花键的加工方法

花键是轴类零件上的典型表面，它与单键相比，具有定心精度高、导向性能好、传递转矩大、易于互换等优点。轴上花键的加工，通常采用铣削和磨削。

1. 花键的铣削加工

单件小批生产时，可采用卧式铣床、分度头与三面刃铣刀加工花键，如图 4 - 19（a）所示，加工方便，但其加工质量不高，生产率低。如产量较大，质量要求稳定，则可采用花键滚刀在专门的花键铣床上加工，如图 4 - 19（b）所示。为了提高花键轴的加工质量和生产率，还可采用双飞刀高速铣花键，如图 4 - 20 所示，这种方法不仅能保证键侧的精度和表面粗糙度，而且生产率比一般铣削高出数倍。

2. 花键的磨削加工

花键按定心方式可分为大径定心、小径定心和键侧定心。其中，大径定心的花键，其花键轴的大径可以磨削，而花键孔的大径不能磨削，一般采用拉削，因此该方法在定心精度要求不高时应用较多；小径定心的花键，其轴和孔的小径均可在热处理后进行磨削获得较高的定心精度，因此国际上推广使用小径定心方式。

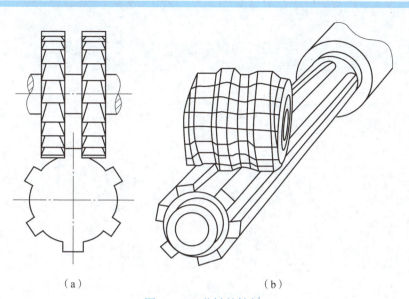

(a)　　　　　　　　　　(b)

图 4-19　花键的铣削

(a) 组合铣刀铣削花键；(b) 花键滚刀铣削花键

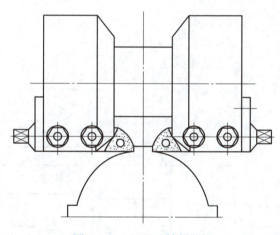

图 4-20　双飞刀铣削花键

【任务实施】

图 4-21 为某企业生产的阶梯轴零件图，年产量为 1 000 件，材料为 45 钢，调质处理 220~250 HBS，试编制该零件的工艺过程，并填写表 4-3。

表 4-3　阶梯轴工艺过程任务工单

工序号	工序名称	工序内容	工艺装备

续表

工序号	工序名称	工序内容	工艺装备

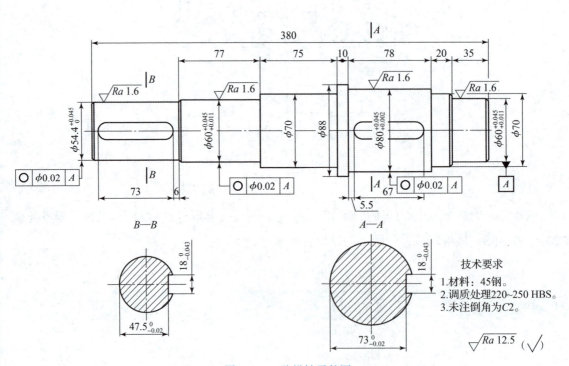

图 4-21 阶梯轴零件图

【任务评价】

对【任务实施】进行评价,并填写表4-4。

表4-4 任务评价表

考核内容	考核方式	考核要点	分值	评分
知识与技能 (70分)	教师评价(50%)+ 互评(50%)	阶梯轴材料、毛坯、热处理方法的选用	14分	
		认知轴加工工艺过程组成	14分	
		加工阶段划分	14分	
		基准选择	14分	
		外圆加工方法	14分	
学习态度与 团队意识 (15分)	教师评价(50%)+ 互评(50%)	学习积极性高,有自主学习能力	3分	
		有分析解决问题的能力	3分	
		有团队协作精神,能顾全大局	3分	
		有组织协调能力	3分	
		有合作精神,乐于助人	3分	
工作与职业操守 (15分)	教师评价(50%)+ 互评(50%)	有安全操作、文明生产的职业意识	3分	
		遵守纪律,规范操作	3分	
		诚实守信,实事求是,有创新意识	3分	
		能够自我反思,不断优化完善	3分	
		有节能环保意识、质量意识	3分	

任务二 主轴箱工艺设计与实践

【任务描述】

通过参观生产现场,了解图4-22所示某车床主轴箱从毛坯到零件的工艺过程,认知箱体类零件机械产品的一般生产过程;合理选择零件的毛坯类型,确定毛坯的制造形式,选择孔系的加工方法;了解箱体类零件工艺过程中工序、工步、走刀及安装、工位等概念,能划分简单的工序、工步;熟悉生产零件的图样、机械加工工艺规程的格式及内容,并对减速箱箱盖的小批生产进行工艺过程的编制,填写工艺过程任务工单。

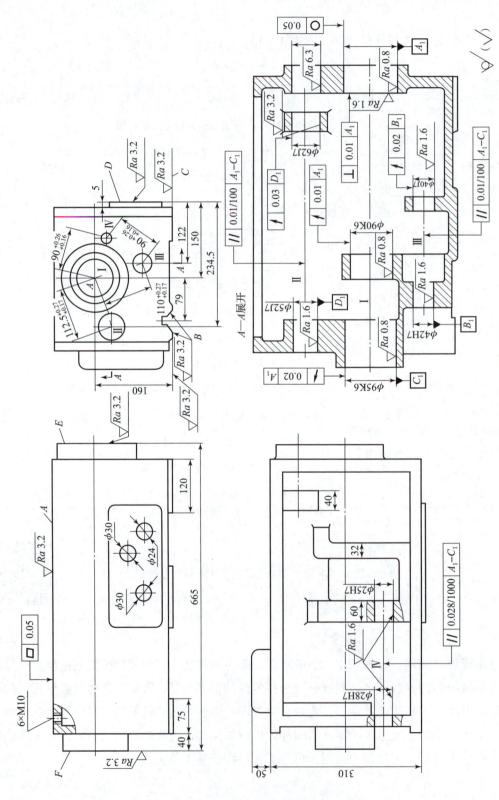

图 4-22 某车床主轴箱零件图

【知识链接】

一、箱体零件的功用与结构特点

箱体零件是机器或箱体部件的基础件。它将机器或箱体部件中的轴、轴承、套和齿轮等零件按一定的相互位置关系装连在一起,以传递转矩或改变转速来完成规定的运动。因此,箱体零件的加工质量,不但直接影响箱体的装配精度和传动精度,而且还会影响机器的工作精度、使用性能和寿命。箱体结构主要特点有以下4点。

(1) 形状复杂。箱体通常作为装配的基础件,在它上面安装的零件或部件越多,箱体的形状就越复杂。其中有安装时的定位面、定位孔,固定用的螺钉孔等;为了支承零部件,需要有足够的刚度,采用较复杂的截面形状和加强筋等;为了储存润滑油,需要具有一定形状的空腔,还要有观察孔、放油孔等;考虑吊装搬运,还必须做出吊钩、凸耳等。

(2) 体积较大。箱体内要安装和容纳有关的零部件,因此必然要求箱体有足够大的体积。

(3) 壁薄容易变形。箱体体积大,形状复杂,又要求减少质量,所以大多设计成腔形薄壁结构。但是在铸造、焊接和切削加工过程中往往会产生较大内应力,引起箱体变形。即使在搬运过程中,若方法不当,也容易引起箱体变形。

(4) 有精度要求较高的孔和平面。这些孔大部分是轴承的支承孔,平面大部分是装配基面,它们在尺寸精度、表面粗糙度、形状精度和位置精度等方面都有较高要求。这些孔和平面的加工精度将直接影响箱体的装配精度及使用性能。

箱体的种类很多,按箱体的功用,可分为主轴箱、变速箱、操纵箱、进给箱等。图4-23所示为几种箱体零件的结构简图。

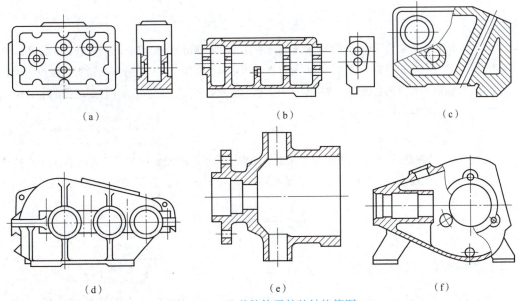

图4-23 几种箱体零件的结构简图
(a) 组合机床主轴箱;(b) 车床进给箱;(c) 磨床尾座壳体;(d) 分离式减速箱;(e) 泵壳;(f) 曲轴箱

二、箱体零件的主要技术要求

图 4-22 所示为某车床主轴箱零件图，现以它为例，可将箱体零件的精度要求归纳为以下 5 项，如表 4-5 所示。

表 4-5　箱体零件的精度要求

分类	一般技术要求
孔径精度	孔径的尺寸误差和几何形状误差会造成轴承与孔的配合不良。孔径过大、配合过松，会使主轴回转轴线不稳定，并降低支承刚度，易产生振动和噪声；孔径过小，会使配合过紧，轴承将因外圈变形而不能正常运转，缩短寿命。装轴承的孔不圆，也会使轴承外圈变形而引起主轴径向圆跳动。因此，对孔的精度要求是较高的。主轴孔的尺寸公差等级为 IT6 级，其余孔为 IT6~IT7 级。孔的几何形状精度未作规定，一般控制在尺寸公差范围内
孔与孔的位置精度	同一轴线上各孔的同轴度误差与孔端面对轴线的垂直度误差，会使轴和轴承装配到箱体内出现歪斜，从而造成主轴径向圆跳动和轴向圆跳动。一般同轴上各孔的同轴度约为最小孔尺寸公差的 1/2；孔系之间的平行度可按齿轮公差查取
孔与平面的位置精度	一般都要规定主要孔和主轴箱装配基面的平行度要求，它们决定了主轴和床身导轨的相互位置关系。这项精度是在总装时通过刮研来达到的。为了减少刮研工作量，一般都要规定主轴轴线对装配基面的平行度公差。在垂直和水平两个方向上，只允许主轴前端向上和向前偏
主要平面精度	装配基面的平面度影响主轴箱与床身连接时的接触刚度，加工过程中作为定位基面则会影响主要孔的加工精度。因此规定底面和导向面必须平直，用涂色法检查接触面积或单位面积上的接触点数来衡量平面度的大小。顶面的平面度要求是为了保证箱盖的密封性，防止工作时润滑油泄漏
表面粗糙度	主轴孔和主要平面的表面粗糙度会影响连接表面的配合性质或接触刚度，一般主轴孔表面粗糙度 Ra 为 0.4 μm，其他各纵向孔为 1.6 μm，装配基面和定位基面为 0.63~3.2 μm

三、箱体零件毛坯的选用

箱体零件毛坯制造方法有两种：一种是铸造，另一种是焊接。金属切削机床的箱体，由于其形状较为复杂，而铸铁具有成形容易、可加工性良好、吸振性佳、成本低等优点，所以一般都采用铸铁毛坯。对于动力机械中的某些箱体及减速器壳体，除要求结构紧凑、形状复杂外，还要求体积小、质量小，所以可采用铝合金压铸毛坯；压铸毛坯因不易产生缩孔和缩松，所以应用十分广泛。对于承受重载和冲击的工程机械、锻压机床的箱体，可采用铸钢件或钢板焊接毛坯。

箱体零件铸铁材料采用最多的是各种牌号的灰铸铁，如 HT200，HT250，HT300 等。对一些要求较高的箱体，如镗床的主轴箱、坐标镗床的箱体，可采用耐磨合金铸铁，以提高箱体各方面质量。

> **想一想**
> 箱体零件的材料一般选用 HT200~HT400，这些类型的材料有什么优点？

四、箱体零件的工艺过程

箱体零件的结构复杂，要加工的部位多，根据生产批量的大小和各企业的实际条件，其加工方法是不同的。表 4-6 所示为图 4-22 所示某车床主轴箱小批生产时的工艺过程；表 4-7 所示为该车床主轴箱大批生产时的工艺过程。

表 4-6 某车床主轴箱小批生产时的工艺过程

序号	工序内容	定位基准
1	铸造	
2	时效	
3	漆底漆	
4	划线：须考虑主轴孔有加工余量，并尽量均匀。划出 A，C 及 D，F，E 加工线	
5	粗、精加工顶面 A	按线找正
6	粗、精加工导轨面 B，C 及前面 D	顶面 A 并校正主轴线
7	粗、精加工两端面 E，F	导轨面 B，C
8	粗、半精加工各纵向孔	导轨面 B，C
9	精加工各纵向孔	导轨面 B，C
10	粗、精加工横向孔	导轨面 B，C
11	加工螺孔及各次要孔	
12	清洗、去毛刺、倒角	
13	检验	

表 4-7 某车床主轴箱大批生产时的工艺过程

序号	工序内容	定位基准
1	铸造	
2	时效	
3	漆底漆	
4	铣顶面 A	Ⅰ孔与Ⅱ孔
5	钻、扩、铰 $2 \times \phi 8H7$ 工艺孔（将 $6 \times M10$ 螺孔先钻至 $\phi 7.8$ mm，铰 $2 \times \phi 8H7$ 工艺孔）	顶面 A 及外形
6	铣两端面 E、F 及前面 D	顶面 A 及两工艺孔
7	铣导轨面 B、C	顶面 A 及两工艺孔
8	磨顶面 A	导轨面 B、C
9	粗镗各纵向孔	顶面 A 及两工艺孔
10	精镗各纵向孔	顶面 A 及两工艺孔
11	精镗主轴孔Ⅰ	顶面 A 及两工艺孔
12	加工横向孔及各面上的次要孔	
13	磨导轨面 B、C 及前面 D	顶面 A 及两工艺孔
14	将 $2 \times \phi 8H7$ 及 $6 \times \phi 7.8$ mm 孔均扩钻至 $\phi 8.5$ mm，攻 $6 \times M10$ 螺纹	
15	清洗、去毛刺、倒角	
16	检验	

五、箱体零件机械加工工艺分析

箱体零件工艺过程的确定有以下几条共性原则。

1. 合理安排加工顺序

加工顺序为基准先行、先面后孔。箱体零件的加工顺序总是先加工基面，再以基面定位去加工其余表面；所选择的基准大都是先加工平面，以加工好的平面定位，再来加工孔。因为箱体孔的精度要求高，加工难度大，所以以孔为粗基准加工平面，再以平面为精基准加工孔。这样既可以为孔的加工提供稳定可靠的精基准，又可以使孔的加工余量较为均匀。另外，由于箱体零件上的孔分布在箱体各平面上，因此先加工好平面再钻孔时，钻头不易引偏，扩孔或铰孔时刀具也不易崩刃。

2. 合理划分加工阶段

加工阶段必须粗、精分开。箱体零件的结构复杂，壁厚不均，刚性不好，而加工精度要求又高，故箱体零件重要表面都要划分粗、精加工两个阶段，这样可以避免粗加工造成的内应力、切削力、夹紧力和切削热对加工精度的影响，有利于保证箱体零件的加工精度。粗、精加工分开也可及时发现毛坯缺陷,避免大的浪费;同时还能根据粗、精加工的不同要求来合理选择设备,有利于提高生产率。

3. 合理安排工序间热处理

箱体零件热处理需要合理安排。由于箱体零件的结构复杂,壁厚也不均匀,因此,在铸造时会产生较大的内应力。为了消除内应力,减少加工后的变形并保证精度的稳定,在铸造之后必须安排人工时效处理。普通精度的箱体零件,一般在铸造之后安排一次人工时效处理即可。对一些高精度或形状特别复杂的箱体零件,在粗加工之后还要再安排一次人工时效处理,以消除粗加工所造成的内应力。对于部分精度要求不高的箱体零件毛坯,有时不安排时效处理,而是利用粗、精加工工序间的停放和运输时间,使之得到自然时效。箱体零件人工时效的方法,除了加热保温法外,也可采用振动时效来达到消除内应力的目的。

4. 合理选择基准

(1)精基准的选择。箱体零件加工精基准的选择与生产批量的大小有关。

①单件小批生产时采用设计基准作定位基准。

图4-22所示的车床主轴箱单件小批加工孔系时,选择箱体底面导轨面B、C作为定位基准。面B、C既是主轴箱的装配基准,又是主轴孔的设计基准,并与箱体的两端面、侧面及各主要纵向轴承孔在位置上有直接联系,故选择面B、C作定位基准,符合基准重合原则。另外,加工各孔时,由于箱体口朝上,更换导向套、安装调整刀具、测量孔径尺寸、观察加工情况等都很方便。

但这种定位方式也有其不足之处。加工箱体中间壁上的孔时,为了提高刀具系统的刚度,应当在箱体内部相应部位设置刀杆的中间导向支承。由于箱体底部是封闭的,中间导向支承只能用图4-24所示的吊架式镗模夹具从箱体顶面的开口处伸入箱体中,每加工一次需装卸一次,吊架与镗模之间虽有定位销定位,但吊架刚性差,经常装卸也容易产生误差,且加工的辅助时间增加。

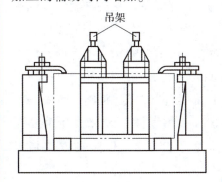
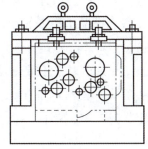
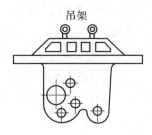

图4-24 吊架式镗模夹具

②大批大量生产时采用一面两孔作定位基准。

大批大量生产的箱体零件常以顶面和两定位销孔为精基准,如图4-25所示。这种定位方式在加工时箱体口朝下,中间导向支架固定在夹具上。由于简化了夹具结构,提高了夹具的刚度,同时工件的装卸也比较方便,因此其提高了孔系的加工质量和劳动生产率。

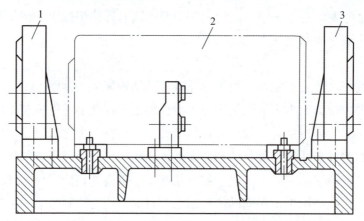

图4-25　大批大量生产时箱体零件以一面两孔定位

1，3—镗模；2—工件

这种定位方式的不足之处在于定位基准与设计基准不重合，产生了基准不重合误差。为了保证箱体零件的加工精度，必须提高作为定位基准的箱体顶面和两定位销孔的加工精度。另外，由于箱体口朝下，加工时不便于观察各表面的加工情况，因此，不能及时发现毛坯是否有砂眼、气孔等缺陷，而且加工中不便于测量和调刀。所以，用箱体顶面和两定位销孔作精基准加工时，必须采用定径刀具（扩孔钻和铰刀等）。

实际生产中，一面两孔的定位方式在各种箱体零件加工中应用十分广泛。因为这种定位方式很简便地限制了工件的6个自由度，定位稳定可靠；在一次安装后，可以加工除定位面以外的所有5个面上的孔或平面，定位面也可以作为从粗加工到精加工的大部分工序的定位基准，实现"基准统一"；此外，这种定位方式夹紧方便，工件的夹紧变形小；易于实现自动定位和自动夹紧。因此，在组合机床与自动线上加工箱体零件时，多采用这种定位方式。

由以上分析可知：图4-22所示车床主轴箱精基准的选择有两种方案：一种是以平面B，C为精基准（主要定位基面为装配基面）；另一种是以一面两孔为精基准。这两种定位方式各有优缺点，其在实际生产中的选用与生产类型有很大的关系。通常中小批生产时，应尽可能使定位基准与设计基准重合，即一般选择设计基准作为统一的定位基准；大批大量生产时，优先考虑的是如何稳定加工质量和提高生产率，不过分地强调基准重合问题，一般多用典型的一面两孔作为统一的定位基准，由此而引起的基准不重合误差，可采用适当的工艺措施去解决。

（2）粗基准的选择。为保证重要表面的加工余量均匀，箱体零件一般都选择重要孔（如主轴孔）为粗基准，但因为生产类型不同，以主轴孔为粗基准的工件装夹方式是不同的。

①中小批生产时，由于毛坯精度较低，一般采用划线找正法。

首先将箱体零件用千斤顶安放在平台上，如图4-26（a）所示，调整千斤顶，使主轴孔Ⅰ和面A与台面基本平行，面D与台面基本垂直，根据毛坯的主轴孔划出主轴孔的水平线Ⅰ—Ⅰ，4个面均要划出，作为第1校正线。划此线时，应根据图样要求，检查所有加工部位在水平方向是否均有加工余量，若有的加工部位无加工余量，则需要重新调整Ⅰ—Ⅰ线的位置，做必要的校正，直到所有的加工部位均有加工余量，才能将Ⅰ—Ⅰ线最终确定下来。Ⅰ—Ⅰ线确定之后，划出面 A 和面 C 的加工线。然后将箱体零件翻转90°，使面 D 一端置于3个千斤顶上，调整千斤顶，使Ⅰ—Ⅰ线与台面垂直（用大角尺在两个方向上校正），根据毛坯的主轴孔并考虑各加工部位在垂直方向的加工余量，按照上述同样的方法划出主轴孔的垂直轴线Ⅱ—Ⅱ作为第2校正线（见图4-26（b）），4个面上均要划出。依据Ⅱ—Ⅱ线划出面 D 加工线。再将箱体翻转90°（见图4-26（c）），将面 E 一端置于3个千斤顶上，使Ⅰ—Ⅰ线和Ⅱ—Ⅱ线与台面垂直。根据凸台高度尺寸，先划出面 F 加工线，然后再划出面 E 加工线。

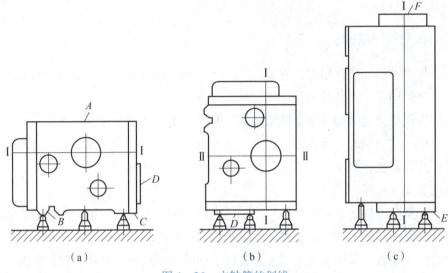

图4-26 主轴箱的划线

② 大批大量生产时，毛坯精度较高，可直接用主轴孔在夹具上定位。

如图4-27所示，先将工件放在支承1，3，5上，并使箱体侧面紧靠支架4，端面紧靠挡销6，进行工件预定位。然后操纵操纵手柄9，将液压控制的两个短轴7伸入主轴孔中。

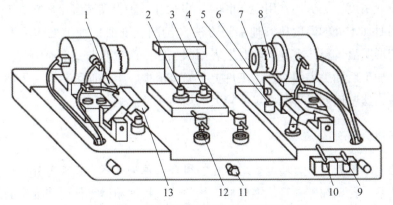

图4-27 以主轴孔为粗基准铣顶面的夹具

1，3，5—支承；2—辅助支承；4—支架；6—挡销；7—短轴；8—活动支柱；
9，10—操纵手柄；11—螺杆；12—可调支承；13—夹紧块

每个短轴上有3个活动支柱8，分别顶住主轴孔的毛面，将工件抬起，离开1、3、5各支承面。这时，主轴孔轴线与两短轴轴线重合，实现了以主轴孔为粗基准的定位。为了限制工件绕两短轴的回转自由度，在工件抬起后，调节两个可调支承12，辅以简单找正，使顶面基本成水平，再用螺杆11调整辅助支承2，使其与箱体底面接触。最后操纵操纵手柄10，将液压控制的两个夹紧块13插入箱体两端相应的孔内夹紧，即可加工。

5. 所用设备依生产批量不同而异

单件小批生产一般都在通用机床上进行；而大批大量生产则广泛采用专用机床、专用夹具，如多轴龙门铣床、组合磨床等，各主要孔的加工采用多工位组合机床、专用镗床等，以提高生产率。

六、箱体零件平面的加工方法

箱体零件平面的加工常用方法有刨、铣、磨三种。刨削和铣削一般用于平面的粗加工和半精加工，磨削用于平面的精加工。

刨削的特点是刀具结构简单，机床调整方便，在龙门刨床上可以利用几个刀架，在一次装夹中同时或依次完成若干个表面的加工，从而能经济地保证这些表面间的相互位置精度。精刨还可以代替刮削，以减少手工工作量，精刨后的表面粗糙度 Ra 在 $0.63 \sim 2.5~\mu m$ 之间，平面度可达 $0.02~mm/m$。

铣削生产率高于刨削，多在中批以上生产中用来加工平面。例如，汽车制造业中的发动机机体和气缸盖的加工，常采用多轴龙门铣床，用几把铣刀同时加工几个平面，这样既能保证平面间的位置精度，又能提高生产率。近年来面铣刀在结构、刀具材料等方面都有很大改进。例如，不重磨面铣刀的切削速度可达到 $300~m/min$，背吃刀量可达数毫米，生产率较普通端铣刀高 $3 \sim 5$ 倍，加工表面的粗糙度也可达 $1.25~\mu m$。国内外制造业普遍提倡以铣代刨。

平面磨削的加工质量比刨削和铣削都高。磨削表面的表面粗糙度 Ra 在 $0.32 \sim 1.25~\mu m$ 之间。生产批量较大时，箱体零件的主要表面常用磨削来进行精加工。为了提高生产率和保证平面间的位置精度，工厂还常用组合磨削（多轴和一轴上安装多个砂轮）来精加工平面。

平面磨削时加工处的温度比其他加工方法（刨削、铣削）加工处的温度高，加工中工艺系统的热变形明显。箱体零件磨削时上表面因热膨胀产生弯曲变形而中凸，加工时将这层中凸层磨平，加工后加工表面冷却、工件上下温差消失，上表面因冷缩而下凹，产生直线度及平面度误差，这些误差对于某些尺寸较大的箱体零件影响很大。

七、箱体孔系的加工方法

箱体零件上一系列有位置精度要求的孔的组合，称为孔系。孔系可分为平行孔系、同轴孔系和交叉孔系。孔系加工是箱体零件加工的关键。根据箱体零件生产批量的不同和孔系精度要求的不同，孔系加工使用的加工方法也不一样，现分述如下。

1. 平行孔系的加工

所谓平行孔系是指轴线既互相平行，又保证孔距精度的一系列孔。下面讨论保证平行孔系孔距精度的一些方法。

(1) 找正法

①划线找正法。

划线找正法是指根据图样要求在毛坯或半成品上划出界线作为加工依据，然后按线找正加工。划线找正误差较大，所以孔距加工精度低，一般为 ±0.3 mm ~ ±0.5 mm。为了提高加工精度，可将划线找正法与试切法相结合，即先镗出一个孔（达到图样要求），然后将机床主轴调整到第2个孔的中心，镗出一段比图样要求直径尺寸小的孔，测量两孔的实际中心距，根据与图样要求中心距的差值调整主轴位置，再试切、调整。经过几次试切达到图样要求孔距后即可将第2个孔镗到规定尺寸。这种方法孔距精度可达 ±0.08 mm ~ ±0.25 mm，虽然比单纯按划线找正加工精确，但孔距尺寸精度仍然很低，且操作费时，生产率低，只适于单件小批生产。

②用芯轴和块规找正。

如图 4 - 28 所示，将精密芯轴插入镗床主轴孔内（或直接利用镗床主轴），然后根据孔和定位基面的距离，用块规、塞尺校正主轴位置，镗第1排孔。镗第2排孔时，分别在第1排孔和主轴中插入芯轴，然后同样用块规、塞尺确定第2排孔的主轴位置。采用这种方法找正，孔距精度可达 ±0.03 mm ~ ±0.05 mm。

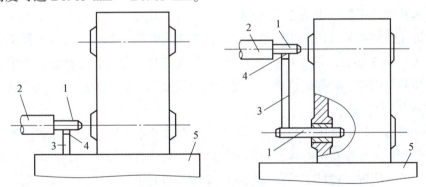

图 4 - 28 芯轴和块规找正
1—芯轴；2—镗床主轴；3—块规；4—塞尺；5—工作台

③用样板找正。

如图 4 - 29 所示，在 10 ~ 20 mm 厚的钢板样板上加工出位置精度很高（±0.01 mm ~ ±0.03 mm）的相应孔系，其孔径比被加工孔径大，以便镗杆通过。样板上的孔有较高的形状精度和较小的表面粗糙度。找正时将样板装在垂直于各孔的端面上（或固定在机床工作台上），并在机床主轴上装一千分表，按样板找正主轴，找正后即可换上镗刀加工。此方法找正方便，工艺装备不太复杂。一般样板的成本仅为镗模成本的 1/9 ~ 1/7，孔距精度可达 ±0.05 mm。在单件小批生产中，使用镗模加工较大箱体零件不经济时常用此法。

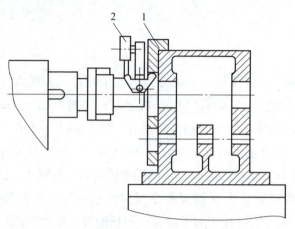

图 4-29 样板找正
1—样板；2—千分表

(2) 坐标法。

坐标法镗孔是在普通卧式镗床、坐标镗床或数控镗铣床等设备上，借助测量装置或数控伺服坐标读数值，调整机床主轴与工件间在水平和垂直方向的相对位置，依靠这些加工设备的坐标移动来保证孔距精度的一种镗孔方法。

坐标法镗孔的孔距精度取决于坐标的位移精度，即取决于机床坐标定位测量装置的精度。这类坐标定位测量装置的形式有很多，包括普通刻度尺与游标卡尺加放大镜定位测量装置（精度为 0.1~0.3 mm），精密刻度尺与光学读数头定位测量装置（读数精度为 0.01 mm），以及感应同步器、磁栅、光栅定位测量装置（精度达 0.002 5~0.01 mm）等。

(3) 镗模法。

图 4-30 所示为镗模法加工孔系，是用镗模板上的孔系保证工件上孔系位置精度的一种加工方法。首先将工件装在带有镗模板的夹具内，然后通过定位与夹紧装置使工件上待加工孔与镗模板上的孔同轴。镗杆支承在镗模板的支架导向套里，这样，镗刀便能通过模板上的孔将工件上相应的孔加工出来。当用两个或两个以上的支架来引导镗杆时，镗杆与机床主轴浮动连接。这时机床精度对加工精度影响很小，因而可以在精度较低的机床上加工出精度较高的孔系。孔距精度主要取决于镗模，一般可达 ±0.05 mm。

镗模法加工可节省调整、找正的辅助时间，并可采用高效的定位、夹紧装置，生产率高，广泛应用于成批及大量生产中。由于镗模自身存在制造误差，导套与镗杆之间存在间隙与磨损，所以孔系的加工精度不会很高，公差等级能达到 IT7 级，同轴度和平行度从一端加工为 0.02~0.03 mm，从两端加工为 0.04~0.05 mm。另外，镗模存在制造周期长，成本较高，镗孔切削速度受到一定限制，加工中观察、测量都不方便等缺点。

2. 同轴孔系的加工

所谓同轴孔系是指同一轴线上有同轴度要求的一组孔。中大批生产中，箱体同轴孔系的同轴度几乎都由镗模保证；而在单件小批生产中，其同轴度可用下面几种方法来保证。

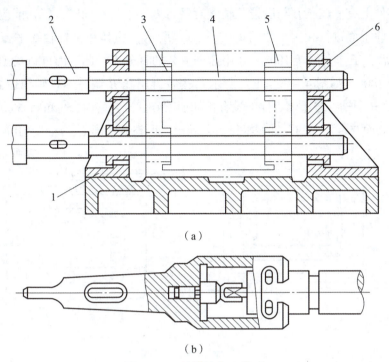

图 4-30 镗模法加工孔系

(a) 镗模；(b) 镗杆活动连接头

1—镗模；2—活动连接头；3—镗刀；4—镗杆；5—工件；6—镗杆导套

(1) 利用已加工孔作支承导向。如图 4-31 所示，当箱体前壁上的孔加工好后，可在孔内装一个导向套，支承和引导镗杆加工后壁上的孔，以保证两孔的同轴度要求，这种方法只适于加工箱壁较近的孔。

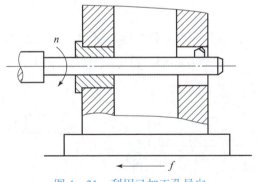

图 4-31 利用已加工孔导向

(2) 利用镗床后立柱上的导向套支承导向。这种方法的镗杆由两端支承，刚性好。但此方法调整麻烦，镗杆长且笨重，因此只适于大型箱体零件的加工。

(3) 采用调头镗。当箱体箱壁相距较远时，加工箱体零件前后有同轴度要求的两孔时可采用调头镗。工件一次装夹，镗完箱体箱壁一端的孔后，将镗床工作台回转180°，调整工作台位置，使已加工孔与镗床主轴同轴，然后镗箱体箱壁另一端孔。

当箱体零件上有一较长并与所镗孔轴线有平行度要求的平面时,镗孔前应先用装在镗杆上的百分表对此平面进行找正,如图4-32(a)所示,使其和镗杆轴线平行,然后加工孔 B;孔 B 加工后,工作台回转180°,并用镗杆上装的百分表沿此平面重新找正,以保证工作台准确地回转180°,如图4-32(b)所示,然后再用孔 B 调好镗杆轴线位置后加工孔 A,就可保证孔 A,B 同轴。若箱体零件上没有长的加工好的工艺基面,也可将直尺置于工作台上,借助直尺使其表面与待加工的孔轴线平行后再固定,调整方法同上,达到两孔同轴的目的。

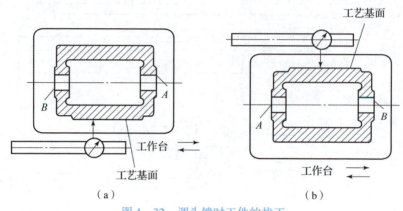

图4-32 调头镗时工件的找正
(a) 第一工位;(b) 第二工位

3. 交叉孔系的加工

所谓交叉孔系是指两个(或两个以上)孔的轴线相互垂直或呈一定角度。交叉孔系的主要技术要求是控制有关孔的垂直度(或规定角度)精度。

在卧式镗铣床上加工相互垂直的孔,主要靠机床工作台上的90°对准装置。该装置是挡铁装置,结构简单,所以对准精度低(T68型镗铣床的出厂精度为0.04 mm/900 mm,相当于8″)。

当有些镗铣床工作台90°自身分度定位精度较低时,可用芯棒与百分表找正来帮助提高其定位精度,即在加工好的孔中插入芯棒,百分表找正后,工作台转位90°,再用百分表找正,如图4-33所示。

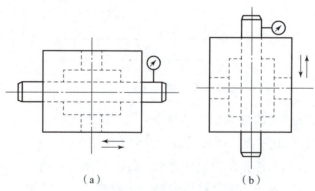

图4-33 找正法加工交叉孔系
(a) 第一工位;(b) 第二工位

八、箱体零件工艺编制实例

1. 任务

现以图4-34、图4-35所示的某减速箱箱体为例进行工艺分析，该零件为小批生产，材料为HT200，毛坯为铸件。

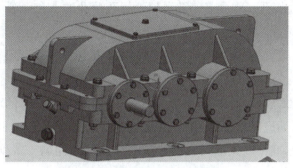

图4-34 减速箱箱体模型图

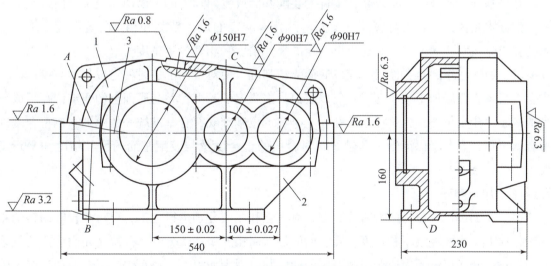

图4-35 减速箱箱体结构图

> **小贴士**
>
> （1）通过小组协作、角色扮演，培养学生自主学习和团队协作的意识。
>
> （2）通过生产实训，将减速箱箱体作为生产性实训载体，完成零件的工艺编制与加工制作，让学生切实接触企业产品，体验企业员工的工作过程，培养其热爱劳动的职业素养，实现产学深度融合。
>
> （3）通过计时竞赛、方案分析、尺寸保证，培养学生精益求精的工匠精神。

2. 分析

（1）零件图分析。

该减速箱箱体是常见的剖分式结构，一般具有壁薄、中空、形状复杂、加工表面多为平面和孔的特点。本箱体具备以下特点。

箱盖的对合面表面粗糙度要求为 $Ra1.6~\mu m$；顶部方孔端面表面粗糙度要求为 $Ra0.8~\mu m$；底座的底面和对合面表面粗糙度要求为 $Ra1.6~\mu m$；轴承孔的端面表面粗糙度要求为 $Ra6.3~\mu m$；主要孔、轴承孔分别为 $\phi 150H7$、$\phi 90H7$，中心距要求分别为（150±0.02）mm、（100±0.027）mm，表面粗糙度要求为 $Ra1.6~\mu m$。

其他加工部分有连接孔、螺孔、销孔、斜油标孔及孔的凸台面等。

（2）定位基准的选择。

在粗基准的选择上，一般箱体零件都用它的重要孔和另一个相距较远的孔作为粗基准，以保证孔加工时余量均匀。剖分式箱体最先加工的是箱盖或底座的对合面，由于剖分式箱体的轴承孔分布在箱盖和底座两个不同部分上，因而在加工箱盖或底座的对合面时，无法以轴承孔的毛坯面作粗基准，而应以凸缘的非加工表面为粗基准，即箱盖以凸缘面 A（见图 4-35），底座以凸缘面 B 为粗基准，以保证对合面加工凸缘的厚薄均匀，减少箱体装合时对合面的变形。

在精基准的选择上，常以箱体零件的装配基面或专门加工的一面两孔定位，使得基准统一。剖分式箱体的对合面与底面（装配基面）有一定的尺寸精度和相互位置精度要求，轴承孔轴线应在对合面上，与底面也有一定的尺寸精度和相互位置精度要求。为了保证以上几项要求，加工底座的对合面时，应以底面为精基准，使对合面加工时的定位基准与设计基准重合。箱体装合后加工轴承孔时，仍以底面为主要定位基准，并与底面上的两定位孔组成典型的一面两孔定位方式，这样轴承孔加工时其定位基准既符合基准统一的原则，也符合基准重合的原则，有利于保证轴承孔轴线与对合面的重合度及与装配基面的尺寸精度和平行度要求。

（3）加工顺序。

整个加工过程可分为两大阶段，即先对箱盖和底座分别进行加工，再对装合好的整个箱体进行加工。为兼顾效率和精度，孔和面的加工需粗、精加工分开，并遵循先面后孔的工艺原则。对剖分式箱体还应遵循组装后镗孔的原则，因为如果不先将箱体的对合面加工好，轴承孔就不能进行加工。另外，镗轴承孔时，必须以底座的底面为定位基准，所以底座的底面也必须先加工好。由于轴承孔及各主要平面都要求与对合面保持较高的位置精度，所以在平面加工方面应先加工对合面，再加工其他平面，体现先主后次原则。此外，箱体类零件在安排加工顺序时，还应考虑箱体加工中的运输和装夹。箱体的体积、质量较大，故应尽量减少工件的运输和装夹次数。为了便于保证各加工表面的位置精度，应在一次装夹中尽量多加工一些表面，工序安排应相对集中。箱体零件上相互位置要求较高的孔系和平面，一般尽量集中在同一工序中加工，以减少装夹次数，从而减少装夹误差的影响，有利于保证其相互位置精度要求。

（4）热处理安排。

一般在毛坯铸造之后安排一次人工时效即可。对一些高精度或形状特别复杂的箱体零件，应在粗加工之后再安排一次人工时效，以消除粗加工产生的内应力，保证箱体零件加工精度的稳定性。

综上分析，可得出该减速箱箱体工艺过程，如表4-8所示。

表4-8 减速箱箱体工艺过程

工序号	工序名称	工序内容	工艺装备
1	铸造		
2	清砂	清除浇口、冒口、飞边、飞刺等	
3	热处理	人工时效处理	
4	涂底漆	非加工表面涂防锈漆	
5	划线	箱盖：根据凸缘面A划对合面加工线，划顶部面C加工线，划轴承孔两端面加工线。 底座：根据凸缘面B划对合面加工线，划底面D加工线，划轴承孔两端面加工线	划线平台
6	刨削	箱盖：粗、精刨对合面，粗、精刨顶部面C； 底座：粗、精刨对合面，粗、精刨底面D	牛头刨床或龙门刨床
7	画线	箱盖：划中心十字线，划各连接孔、销钉孔、螺孔、吊装孔加工线； 底座：划中心十字线，底面各连接孔、油塞孔、油标孔加工线	划线平台
8	钻削	箱盖：按划线钻各连接孔，并锪平，钻各螺孔的底孔、吊装孔； 底座：按划线钻底面上各连接孔、油塞底孔、油标孔，各孔端锪平； 将箱盖与底座合在一起，按箱盖对合面上已钻的孔，钻底座对合面上的连接孔，并锪平	摇臂钻床
9	钳工	对箱盖、底座各螺孔攻螺纹，铲刮箱盖及底座对合面，箱盖与底座合箱，按箱盖上划线配钻，铰二销孔，打入定位销	
10	铣削	粗、精铣轴承孔端面	铣床
11	镗削	粗、精镗轴承孔，切轴承孔内环槽	卧式镗床
12	钳工	去毛刺、清洗、打标记	
13	油漆	对各不加工外表面涂漆	
14	检验	按图样要求检验	

(5) 箱体零件的检验。

表面粗糙度检验除用目测或样板比较法外，还可采用新型智能化测量，如用便携式表面粗糙度仪检验；当表面粗糙度值很小时，可考虑使用光学量仪或粗糙度仪来检验。孔的尺寸精度一般用塞规检验；单件小批生产时，可用内径千分尺或内径千分表检验；若精度要求很高，则可用气动量仪检验。平面的直线度可用平尺和厚薄规或水平仪与桥板检验；平面的平面度可用自准直仪或水平仪与桥板检验，也可用涂色检验。一般工厂常用检验棒检验同轴度。孔间距和孔轴线平行度检验可根据孔距精度的高低，分别使用游标卡尺或千分尺测量，也可用块规测量；三坐标测量机可同时对零件的尺寸、形状和位置等进行高精度的测量。

【任务实施】

编制图4-36所示减速箱箱盖的小批生产工艺过程，并填写表4-9。

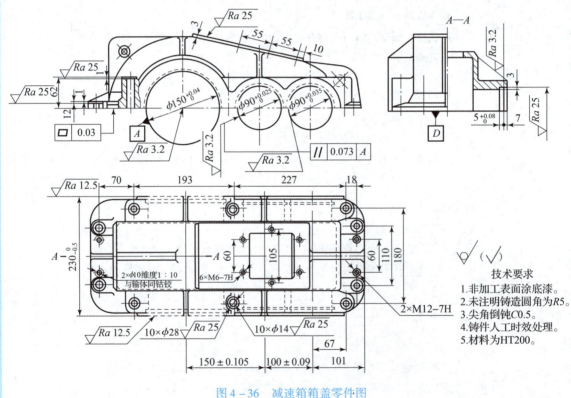

图4-36 减速箱箱盖零件图

表4-9 减速箱箱盖小批生产时的工艺过程任务工单

工序号	工序名称	工序内容	工艺装备

续表

工序号	工序名称	工序内容	工艺装备

【任务评价】

对【任务实施】进行评价，并填写表4-10。

表4-10 任务评价表

考核内容	考核方式	考核要点	分值	评分
知识与技能（70分）	教师评价（50%）+互评（50%）	减速箱箱盖材料、毛坯、热处理方法的选用	14分	
		减速箱箱盖粗基准选择	14分	
		减速箱箱盖精基准选择	14分	
		减速箱箱盖孔系分类	14分	
		孔系加工方法认知	14分	
学习态度与团队意识（15分）	教师评价（50%）+互评（50%）	学习积极性高，有自主学习能力	3分	
		有分析解决问题的能力	3分	
		有团队协作精神，能顾全大局	3分	
		有组织协调能力	3分	
		有合作精神，乐于助人	3分	
工作与职业操守（15分）	教师评价（50%）+互评（50%）	有安全操作、文明生产的职业意识	3分	
		遵守纪律，规范操作	3分	
		诚实守信，实事求是，有创新意识	3分	
		能够自我反思，不断优化完善	3分	
		有节能环保意识、质量意识	3分	

任务三　齿轮工艺设计与实践

【任务描述】

通过参观生产现场，了解图4-37所示高精度齿轮从毛坯到零件的工艺过程，认知齿轮类零件机械产品的一般生产过程；合理选择零件的毛坯类型，确定毛坯的制造形式，选择齿轮的加工方法；了解齿轮零件工艺过程中工序、工步、走刀及安装、工位等概念，能划分简单的工序、工步；熟悉生产零件的图样、机械加工工艺规程的格式及内容，并对双联圆柱齿轮零件的工艺过程进行分析，填写工艺过程任务工单。

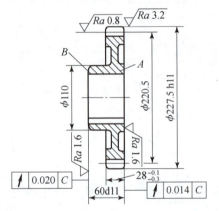 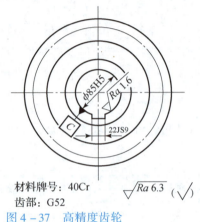

模数	3.5
齿数	63
压力角	20*
精度等级	6-5-5
基节极限偏差	±0.0065
周节累积公差	0.045
公法线平均长度	$80.58_{-0.22}^{-0.14}$
跨齿数	8
齿向公差	0.007
齿形公差	0.007

图4-37　高精度齿轮

【知识链接】

一、齿轮认知

齿轮传动是机械传动中最主要的一类传动，主要用来传递运动和动力，广泛应用于汽车、轮船、飞机、工程机械、机床、仪器仪表等机械产品中。

1. 圆柱齿轮的结构特点

如图4-38所示，在机器中，常见的圆柱齿轮有以下几类：盘类齿轮、套筒齿轮、内齿轮、轴类齿轮、扇形齿轮、齿条（即齿圈半径无限大的圆柱齿轮）。其中，盘类齿轮应用最为广泛。

圆柱齿轮可以有一个或多个齿圈。普通单齿齿轮的工艺性最好。如果齿轮精度要求高，需要剃齿或磨齿时，则通常将多齿圈齿轮做成单齿圈齿轮的组合结构。

2. 圆柱齿轮传动的精度要求

齿轮传动精度的高低，直接影响到整个机器的工作性能、承载能力和使用寿命。根据齿轮的使用条件，对齿轮传动主要提出以下三个方面的精度要求，并规定相应的公差。另有齿侧间隙大小的多种形式供选用。

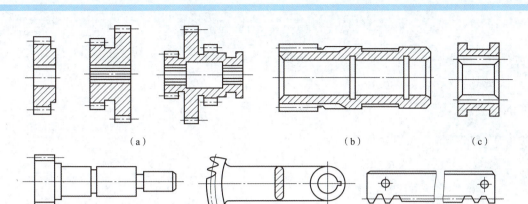

图 4-38 圆柱齿轮的结构形式

(a) 盘类齿轮；(b) 套筒齿轮；(c) 内齿轮；(d) 轴类齿轮；(e) 扇形齿轮；(f) 齿条

（1）传动准确性：要求齿轮在一转范围内，其传动比变化不大，以保证准确传递回转运动或准确分度。

（2）传动平稳性：要求齿轮瞬时传动比变化不大，即齿轮一齿转角的最大误差应在规定范围内，因为瞬时传动比的突变会引起齿轮传动的冲击、振动和噪声。

（3）载荷均匀性：要求齿轮啮合时齿面接触良好，以免引起应力集中，造成齿面局部磨损，影响齿轮使用寿命。

（4）要求齿轮啮合时，非工作齿面间应有一定间隙，用以补偿齿轮传动的热变形及齿轮传动的装置误差和装配误差等，以免卡死；同时间隙又不能过大，否则啮合不到位。

3. 精度等级与适用范围

《圆柱齿轮 ISO 齿面公差分级制 第 1 部分：齿面偏差的定义和允许值》（GB/T 10095.1—2022）规定，齿轮精度由高至低划分为 0~12 级共 13 个精度等级，从 0 级到 12 级顺次降低。其中 0~2 级是有待发展的精度等级，3~5 级为高精度等级，6~8 级为中等精度等级，9 级以下为低精度等级。每个精度等级都有三个公差组，分别规定出各项公差与极限偏差项目，具体如表 4-11 所示。

表 4-11 齿轮各项公差分组

公差组	公差与极限偏差项目	误差特性	对传动性能的主要影响
Ⅰ	F_i', F_P, F_{Pr}, F_i'', F_r, F_w	以齿轮一转为周期的误差	传递运动的准确性
Ⅱ	f_i', f_i'', f_f, $\pm f_{Pt}$, $\pm f_{Pb}$, f_β	在齿轮一周内，多次周期地重复出现的误差	传动的平稳性、噪声、振动
Ⅲ	F_β, F_b, $\pm F_{Px}$	齿向线的误差	载荷分布的均匀性

4. 表面粗糙度

齿轮齿面及齿坯基面的表面粗糙度对齿轮的寿命、传动中的噪声有一定影响，表 4-12 给出了齿轮各表面粗糙度 Ra 的推荐值。

表 4-12　齿轮各表面粗糙度 Ra 推荐值　　　　　　　　　　μm

齿轮精度等级	5 级	6 级	7 级	8 级	9 级
轮齿表面	0.4	0.8	0.8~1.6		3.2~6.3
齿轮基准孔	0.4~0.8	0.8	0.8~1.6		3.2
齿轮轴基准轴颈①	0.2~0.4	0.4	0.8	1.6	3.2
基准端面	0.8~1.6	1.6~3.2		3.2	
齿顶圆	1.6~3.2	3.2			

注：①是指齿轮轴上作为基准的那部分轴。

二、齿轮的材料、热处理与毛坯

1. 材料选择

齿轮应根据使用要求和工作条件选取合适的材料。普通齿轮选用中碳钢和中碳合金钢，如 45 钢、40Cr 钢等；要求高的齿轮可选取 20Cr，20CrMnTi，20Mn2B 等低碳合金钢；对于低速轻载的开式传动可选取 ZG40，ZG45 等铸钢材料或灰口铸铁；非传力齿轮可选取尼龙、夹布胶木或塑料。

2. 齿轮毛坯

毛坯的选择取决于齿轮的材料、形状、尺寸、使用条件、生产批量等因素，常用的齿轮毛坯种类有以下几种。

（1）铸铁件：用于受力小、无冲击、低速的齿轮。

（2）棒料：用于尺寸小、结构简单、受力不大的齿轮。

（3）锻件：用于高速重载齿轮。

（4）铸钢件：用于结构复杂、尺寸较大、不易锻造的齿轮。

3. 齿轮热处理

在齿轮工艺过程中，热处理工序的位置安排十分重要，它直接影响齿轮的力学性能及切削加工的难易程度。一般在齿轮加工中有两道热处理工序。

（1）毛坯的热处理。为了消除锻造和粗加工造成的内应力、改善齿轮材料内部的金相组织和切削加工性能，在齿轮毛坯加工前后通常安排正火或调质处理等预备热处理。

（2）齿面的热处理。齿面热处理是指为了提高齿面硬度、增加齿轮的承载能力和耐磨性而进行的齿面高频淬火、渗碳淬火、氮碳共渗和渗氮等热处理工序。一般安排在滚齿、插齿、剃齿之后，珩齿、磨齿之前。

三、圆柱齿轮的工艺过程及工艺分析

（一）圆柱齿轮的工艺过程

齿轮加工的工艺路线根据齿轮材质和热处理要求、齿轮结构及尺寸大小、精度要求、生产批量和车间设备条件而定,一般可归纳成如下的工艺路线:毛坯制造—齿坯热处理—齿坯加工—齿形加工—齿圈热处理—齿轮定位表面精加工—齿圈精整加工。

(二) 圆柱齿轮的工艺过程分析

1. 定位精基准选择

对齿轮定位基准的选择常因齿轮的结构形状不同而有所差异。带轴齿轮主要采用顶尖定位,孔径大时采用锥堵。顶尖定位的精度高,且能做到基准统一。带孔齿轮在加工齿面时常采用以下两种定位、夹紧方式。

(1) 以内孔和端面定位,即以工件内孔和端面联合定位,来确定齿轮中心和轴向位置,并采用面向定位端面的夹紧方式。这种方式可使定位基准、设计基准、装配基准和测量基准重合,定位精度高,适于成批生产,但对夹具的制造精度要求较高。

(2) 以外圆和端面定位。当工件和夹具芯轴的配合间隙较大时,可用千分表校正外圆以决定中心的位置,并以端面定位,然后从另一端面施以夹紧。这种方式每个工件都要校正,所以生产率低;它对齿坯的内、外圆同轴度要求高,而对夹具精度要求不高,因此适于单件小批生产。

对于小直径带轴齿轮,主要采用两端中心孔定位,轴端有较大孔时可采用锥堵,中心孔定位符合基准统一原则;对于大直径的轴齿轮,通常用轴颈和一个较大的端面组合定位,符合基准重合原则;对于带孔齿轮,以内孔和一个端面组合定位,可使定位基准、设计基准、装配基准和测量基准重合,既满足基准重合原则,又符合基准统一原则。

2. 齿坯加工

齿形加工前的齿轮加工称为齿坯加工。齿坯的外圆、端面或孔径常作为齿形加工、测量和装配的基准,所以齿坯的精度对于整个齿轮的精度有着重要的影响。同时,齿坯加工所占工时比例也较大,因而不论是提高生产率,还是保证齿轮加工质量,都必须重视齿坯加工。

(1) 齿坯精度。齿轮在加工过程中常以齿轮孔和端面作为齿形加工的基面,所以齿坯精度中对齿轮孔的尺寸精度和形状精度、孔和端面的位置精度有较高的要求;当外圆作为测量基准或定位、找正基准时,对齿坯外圆也有较高的要求。具体要求如表4-13和表4-14所示。

表4-13 齿坯尺寸和形状公差

	齿轮精度等级	5	6	7	8	9
孔	尺寸公差和形状公差	IT5级	IT6级	IT7级		IT8级
轴	尺寸公差和形状公差	IT5级	IT6级	IT7级		
	顶圆直径	IT7级			IT8级	

注:1. 当齿轮的精度等级不同时,按最高精度等级确定公差值。
2. 当外圆不作测齿厚的基面时,尺寸公差按IT11级给定,但不大于0.1 mm。
3. 当以外圆作基面时,本表指外圆的径向圆跳动。

表 4-14　齿坯基面径向和端面圆跳动公差　　　　　　　　　μm

分度圆直径	齿轮精度等级		
	5 和 6	7 和 8	9~12
0~125 mm	11	18	28
125~400 mm	14	22	36
400~800 mm	20	32	50

（2）齿坯加工工艺方案的选择。齿坯加工的主要内容包括齿坯孔的加工、端面和中心孔（轴类齿轮）的加工以及齿圈外圆和端面的加工。轴类齿轮和套筒齿轮的齿坯加工过程与一般轴、套筒零件基本相同，下面主要讨论盘类齿轮齿坯的加工工艺方案。

齿坯的加工工艺方案主要取决于齿坯的结构和生产类型。

①大批大量生产的齿坯加工。加工中等尺寸齿轮的齿坯时，多采用钻—拉—多刀车的工艺方案。图 4-39 所示为齿坯拉孔。

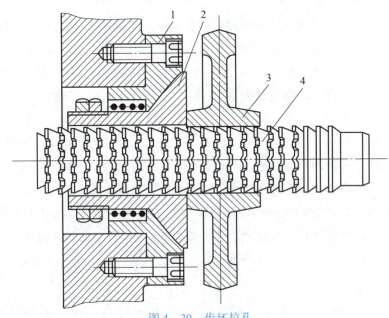

图 4-39　齿坯拉孔
1—固定支承板；2—球面垫板；3—工件；4—拉刀

a. 以毛坯外圆定心夹紧进行钻孔或扩孔。

b. 靠在球面垫板上拉孔（或花键孔）。

c. 以孔和端面定位在多刀半自动车床上粗、精车外圆、端面，并车槽及倒角等。

由于这种工艺方案采用高效机床组成流水线或自动线，因此生产率高，加工质量稳定。

②成批生产的齿坯加工，常采用车—拉—车的工艺方案。

a. 以齿坯外圆或轮毂定位，粗车外圆、端面和内孔。

b. 以端面支承拉孔（或花键孔）。

c. 以孔定位，精车外圆及端面等。

此方案可由卧式车床或转塔车床及拉床实现，它的特点是加工质量稳定，生产率较高。当齿坯孔有台阶或端面有槽时，可以充分利用转塔车床上的转塔刀架来进行多工位加工。

③ 单件小批生产的齿坯加工。一般齿坯的孔、端面及外圆的粗、精加工都在通用车床上经两次装夹完成，但必须注意应将孔和基准端面的精加工在一次装夹内完成，以保证位置精度。

3. 齿形加工

齿形加工是整个齿轮加工的核心。按照加工原理，齿形加工可分为成形法和展成法。成形法有形铣刀铣齿，盘形铣刀铣齿，齿轮拉刀拉内、外齿等；展成法有滚齿、插齿、剃齿、珩齿、挤齿、磨齿等。

齿形加工工艺方案的选择主要取决于齿轮的精度等级、结构形状、生产类型、热处理方法及生产工厂的现有条件。不同精度的齿轮，常用的齿形加工工艺方案如下。

（1）8级以下精度的齿轮。调质处理齿轮用滚齿或插齿就能满足要求。对于淬硬齿轮可采用滚（插）齿—齿端加工—淬火—校正孔的工艺方案。但淬火会产生变形，应使前道齿形加工精度提高1级。

（2）6~7级精度的齿轮。对于淬硬齿面的齿轮可采用滚（插）齿—齿端加工—剃齿—表面淬火—校正基准—磨齿（蜗杆砂轮磨齿）的工艺方案，该方案加工精度稳定；也可采用滚（插）—齿端加工—剃齿（或冷挤）—表面淬火—校正基准—珩齿的工艺方案，这种方案产率高，成本较低。

（3）5级以上精度的齿轮一般采用粗滚齿—精滚齿—齿端加工—淬火—校正基准—粗磨齿—精磨齿的工艺方案。磨齿是目前齿形加工中精度最高的加工方法，但成本较高，生产率较低。选择圆柱齿轮齿形加工工艺方案时可参考表4-15。

表4-15 圆柱齿轮齿形加工工艺方案和加工精度

齿形加工工艺方案	齿轮精度等级	齿面表面粗糙度 $Ra/\mu m$	适用范围
铣齿	9级以下	3.2~6.3	单件修配生产中，加工低精度的外圆柱齿轮、齿条、锥齿轮、蜗轮
拉齿	7级	0.4~1.6	大批大量生产的，精度为7级的内齿轮，外齿轮拉刀制造复杂，因此较少采用
滚齿	7~8级	1.6~3.2	各种成批生产中，加工中等质量的外圆柱齿轮及蜗轮
插齿	7~8级	1.6	各种成批生产中，加工中等质量的内、外圆柱齿轮，多联齿轮及小型齿条
滚（或插）齿—淬火—珩齿		0.4~0.8	用于齿面淬火的齿轮

续表

齿形加工工艺方案	齿轮精度等级	齿面表面粗糙度 $Ra/\mu m$	适用范围
滚齿—剃齿	6~7 级	0.4~0.8	主要用于大批大量生产
滚齿—剃齿—淬火—珩齿		0.2~0.4	
滚（插）齿—淬火—磨齿	3~6 级	0.4~0.2	用于高精度齿轮的齿面加工，生产率低，成本高
滚（插）齿—磨齿	3~6 级		

4. 齿端加工

齿轮的齿端加工有倒圆、倒尖、倒棱和去毛刺等方式，如图 4-40 所示。经倒圆、倒尖、倒棱后的齿轮，在换挡时沿轴向移动容易进入啮合状态，减少撞击。倒棱可除去齿端的尖边和毛刺。齿端倒圆应用最多。图 4-41 所示为用指形铣刀倒圆。倒圆时，铣刀高速旋转，并沿圆弧摆动，加工完一个齿后，工件退离铣刀，经分度后再快速向铣刀靠近加工下一个齿的齿端。

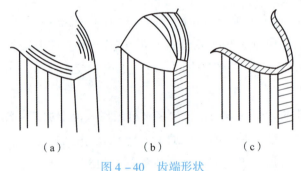

图 4-40 齿端形状

(a) 倒圆；(b) 倒尖；(c) 倒棱

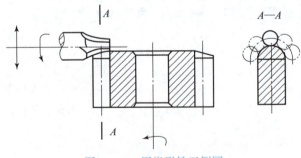

图 4-41 用指形铣刀倒圆

齿端加工必须安排在齿形淬火之前进行，通常安排在滚（插）齿之后、剃齿之前。剃齿能同时去除齿端加工所产生的毛刺，但要注意，大的毛刺会损坏剃齿刀。

5. 精基准的修整

盘形齿轮的孔是齿形加工的定位基准，因为淬火后孔会发生变形，且直径会缩小 0.01~0.05 mm，所以需对基准孔予以修整。对于成批或大量生产的未淬硬、以大径定心的花键孔或圆柱孔齿轮，常采用推孔刀推孔。推孔生产率高，利用加长推刀前导引部分可保证推孔的精度。对于以小径定心的花键孔或已淬硬的齿轮，需磨孔，因磨孔能稳定保证精度，磨孔时应以齿面定位。图 4-42 所示为以齿轮分度圆定心原理，符合互为基准原则。

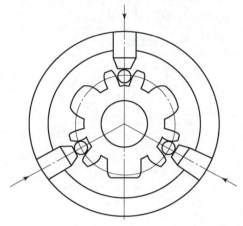

图 4-42　以齿轮分度圆定心原理

> **小贴士**
>
> （1）通过小组协作、角色扮演，培养学生自主学习和团队协作的意识。
>
> （2）通过生产实训，将齿轮零件作为生产性实训载体，完成零件的工艺编制与加工制作，让学生切实接触企业产品，体验企业员工的工作过程，培养其热爱劳动的职业素养，实现产学深度融合。
>
> （3）通过计时竞赛、方案分析、尺寸保证，培养学生精益求精的工匠精神。

实例的分析结果如下。

图 4-37 为高精度齿轮，表 4-16 所示为该齿轮工艺过程。

表 4-16　齿轮工艺过程

工序号	工序名称	工序内容	定位基准	加工设备
10	备坯	锻造毛坯		
20	热处理	正火处理		
30	粗车	粗车各部分，留加工余量 1.5~2 mm	外圆及端面 A	卧式车床
40	精车	精车各部分、内孔车至 ϕ84.8H7，总长留加工余量 0.2 mm，其余至要求尺寸	外圆及端面 A	卧式车床
50	检	检验		
60	滚齿	滚齿（$z=63$）齿厚留磨齿加工余量 0.10~0.15 mm	内孔及端面 A	滚齿机
70	倒角	端面倒 10° 圆角	内孔及端面 A	倒角机

续表

工序号	工序名称	工序内容	定位基准	加工设备
80	钳工	钳工去毛刺		
90	热处理	齿部高频感应加热淬火至 G52		
100	插削	插键槽	内孔及端面 A	插床
110	磨	磨内孔至 $\phi 85H5$	分度圆及端面 A	外圆磨床
120	磨	靠磨端面 A	内孔	外圆磨床
130	磨	平面磨面 B 至总长尺寸	端面 A	平面磨床
140	磨齿	磨齿	内孔及端面 A	磨齿机
150	检	终检		

四、圆柱齿轮的齿形加工方法

（一）滚齿

1. 滚齿原理

滚齿是应用一对螺旋圆柱齿轮的啮合原理进行加工的。滚刀相当于一个齿数很少（单头滚刀齿数 $K=1$）、螺旋角很大的螺旋圆柱齿轮，它的轮齿很长，可以绕轴线很多圈，所以成蜗杆状，因此滚刀可视为蜗杆。为了进行切削，此蜗杆上制造了多条容屑槽，再加工出前角、后角，就形成了滚刀。

实际生产中，由于渐开线蜗杆滚刀制造困难，因此都采用轴向截形为直线的阿基米德蜗杆滚刀或法向截形为直线的法向直廓蜗杆滚刀来代替。当滚刀按给定的切削速度做旋转时，就是切削主运动。同时，滚刀又和工件严格保持一对螺旋圆柱齿轮啮合的展成运动关系，即

$$\frac{n_刀}{n_工} = \frac{z_工}{K}$$

式中　　$n_刀$——滚刀每分钟转数；

$n_工$——被加工齿轮每分钟转数；

$z_工$——被加工齿轮齿数；

K——滚刀齿数。

于是在齿圈上切出齿槽，同时滚刀还需要有沿工件轴向的进给运动 $f_轴$，这三个运动形成了滚齿的基本运动，如图 4-43 所示。

2. 滚齿加工质量分析

（1）影响传动准确性的加工误差分析。

①齿轮的径向误差。

产生原因：齿轮加工中心 O 与齿轮工作中心 O' 不重合。

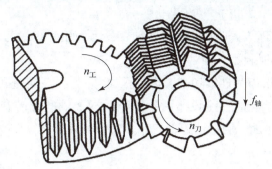

图 4-43 滚齿的基本运动

如图 4-44 所示，齿轮加工中心为 O；齿距 $P_1 = P_2$；齿轮工作中心为 O'；齿距 $P'_1 \neq P'_2$。

减少径向误差的措施：提高齿坯精度（孔径公差和基准端面跳动公差）；提高夹具精度和安装精度。

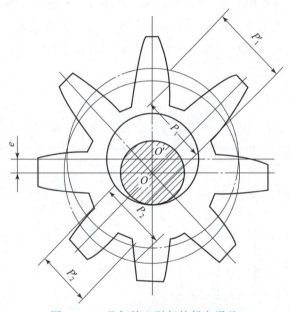

图 4-44 几何偏心引起的径向误差

② 齿轮的切向误差。

产生原因：机床回转传动链制造、安装误差引起齿坯和滚刀之间的相对运动不准确，从而产生分度误差。

减少切向误差的措施：提高机床分度蜗轮制造和安装精度；采取校正装置补偿分度误差。

（2）影响传动平稳性的加工误差分析：主要是滚刀制造误差；安装误差；机床分齿传动链的传动误差。

（3）影响载荷均匀性的加工误差分析：主要是由滚齿机刀架导轨倾斜和齿坯安装倾斜引起的。

3. 滚齿的工艺特点及应用

（1）适应性好。由于滚齿加工是展成法加工，因而用一把滚刀就可以加工与其模数和压力角相同的不同齿数的齿轮。

（2）生产率较高。滚齿为连续切削，无空程损失，多头滚刀还可提高粗滚效率。

（3）分齿精度高。滚齿时，一般都只是滚刀的 2~3 圈的刀齿参加切削，工件上所有的齿槽都是由这些刀齿切出的，因此齿距偏差小。滚齿可以获得较高的传动精度。

4. 滚齿齿形精度较低

由于滚齿的齿面是由滚刀的刀齿包络而成的，参加切削的刀齿数有限，滚齿加工所形成的齿廓包络线很少，因此齿形精度较低，齿面的表面粗糙度也较差，齿形还有加工原理误差。

滚齿是齿形加工中应用最广的一种加工方法，既可加工圆柱齿轮，又可加工蜗轮；既可加工渐开线齿形，又可加工圆弧、摆线等齿形；既可加工小模数、小直径齿轮，又可加工大模数、大直径齿轮。但滚齿不能加工内齿轮和相距很近的多联齿轮。滚齿可直接加工 7~9 级精度的齿轮，也可进行 7 级精度以上齿轮的粗加工和半精加工。

（二）插齿

1. 插齿原理

插齿也是生产中广泛应用的一种切齿方法。插齿过程从原理上分析，插齿刀和工件相当于一对轴线相互平行的圆柱齿轮啮合，插齿刀相当于一个端面磨有前角、齿顶及齿侧磨有后角的变位齿轮。

插齿的主要运动如图 4-45 所示。

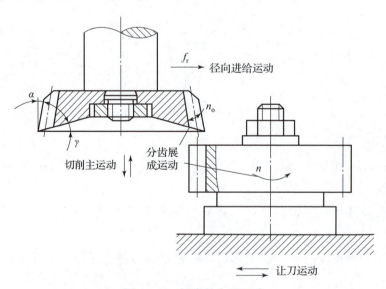

图 4-45 插齿的主要运动

（1）切削主运动，即插齿刀的上下往复运动。

（2）分齿展成运动。插齿刀与工件间必须保持正确的啮合关系，插齿刀转过一个齿，工件也应准确地转过一个齿，插齿刀每往复一次，仅切出工件齿槽很小一部分，工件齿槽的齿面曲线由插齿刀多次切削的包络线所形成。

（3）径向进给运动。插齿时，为逐步切至全齿深，插齿刀应有径向进给运动 f_r。

（4）让刀运动。插齿刀做上下往复运动时，向下是工作行程。为了避免刀具擦伤已加工的齿面并减少刀齿的磨损，在插齿刀向上运动时，工作台带动工件退出切削区一段距离（径向）；在插齿刀向下运动进行工作时，工件恢复原位。

2. 插齿的工艺特点及其应用

与滚齿相比较，插齿有以下特点。

（1）插齿加工的齿轮齿形精度比较好、表面粗糙度值小。这是因为插齿时形成工件齿形的包络线数比滚齿多；插齿刀容易制造得准确，可通过高精度磨齿机获得精确的渐开线齿形；与滚刀不同，插齿刀本身没有加工原理齿形误差；另外，插齿刀的装夹对齿形加工影响小，而滚刀的装夹误差会引起较大的齿形误差。

（2）插齿加工的齿轮传动精度比较差。插齿刀上的各个刀齿顺次切削工件各个齿槽，因此插齿刀的齿距累积误差将直接传给被切齿轮，使之产生运动误差。而滚齿时，工件的所有齿槽都是由滚刀相同的2~3圈刀齿切削出来的，因此滚刀刀齿的齿距累积误差不影响工件的齿距累积误差。

（3）插齿加工的齿轮齿向误差比较大。插齿的齿向误差取决于插齿机主轴回转轴线与工作台回转轴线的平行度误差。由于插齿刀往复运动频繁，主轴与套筒容易磨损，因此插齿的齿向误差常比滚齿大。

（4）插齿的生产率比滚齿低。这是因为插齿的主运动是插齿刀上下往复运动，插齿速度受插齿刀主轴往复运动惯性和机床刚性的限制；插齿过程又有空程时间损失，故生产率没有滚齿高。只有加工小模数、多齿、齿宽窄的齿轮时，插齿生产率才优于滚齿。

（5）插齿的应用比滚齿灵活。插齿可以加工内齿轮、齿条、扇形齿，可以加工齿圈相距很近的双联齿轮、三联齿轮等，而滚齿则不胜任。插齿加工斜齿轮需用螺旋导轨，不如滚齿方便。插齿可直接加工7~9级精度的齿轮，也可进行7级精度以上齿轮的粗加工和半精加工。

综上所述，插齿适用于加工模数较小、齿宽窄、传动平稳性要求较高而传动精度要求不十分高的齿轮。6级精度以上的齿轮，往往需要在滚齿、插齿之后，经热处理再进行齿面精加工。

常用的齿形精加工方法有剃齿、珩齿、挤齿、磨齿。

（三）剃齿

1. 剃齿原理

剃齿是根据一对轴线交叉的螺旋齿轮无侧隙双面啮合自由对滚时，沿齿向有相对滑动而建立的一种加工方法。剃齿刀实质上是一个在齿面上沿渐开线方向开了很多小槽，以形成切削刃的高精度螺旋齿轮，如图4-46（a）所示。剃齿刀与工件间有一夹角（轴交角），如图4-46（b）所示，$\Sigma = \beta_g \pm \beta_d$，$\beta_g$ 和 β_d 分别为工件和刀具的分度圆螺旋角，工件与刀具螺旋方向相同时为"+",相反时为"-"。图4-46(b)所示为一把左旋剃齿刀剃削一个右旋齿轮的情况,$\Sigma = \beta_g - \beta_d$,剃齿时剃齿刀高速回转并带动工件一起回转。在啮合点,剃齿刀圆周速度为v_d,工件的圆周速度为v_g,它们都可以分解为垂直螺旋线齿面的法向分量(v_{df}和v_{gf})和沿螺旋面的切向分量(v_{dq}和v_{gq})。因啮合点的法向分量必须相等,即$v_{df} = v_{gf}$,而两个切向分量却不相等,所以产生相对滑动。因为剃齿刀齿面上开有小槽,产生了切削作用,所以相对滑动速度就成了切削速度。

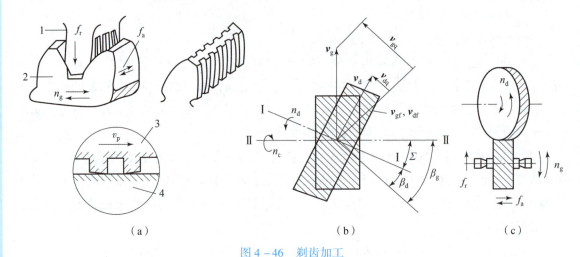

图4-46 剃齿加工

(a) 剃齿刀;(b) 剃削速度;(c) 剃齿运动

1—剃齿刀;2—工件;3—剃齿刀刀齿;4—齿轮轮齿

剃齿时会进行以下运动。

(1) 剃齿刀和齿轮是无侧隙双面啮合,剃齿刀的刀齿两侧面都能进行切削,在剃齿过程中应交替地进行正反转动。

(2) 为使工件整个齿面都能得到加工,工件必须沿其轴线的纵向做往复直线运动。

(3) 工件每往复运动一次后,剃齿刀还应进行一次径向进给运动,如图4-46(c)所示。

2. 剃齿的工艺特点及其应用

(1) 剃齿的生产率高,与磨齿相比,高10倍以上,而成本平均比磨齿低90%。

(2) 剃齿加工对齿轮的齿形误差和基节误差有较强的修正能力,有利于提高齿轮的齿形精度。但剃齿加工对齿轮切向误差的修正能力差,因此要求其上道工序为滚齿,原因是滚齿的传动精度比插齿好,滚齿后的齿形误差虽然比插齿大,但可在剃齿工序中得到纠正。

(3) 剃齿加工精度主要取决于刀具的精度和刃磨质量。其可以加工表面粗糙度Ra在0.32~1.25 μm之间、精度为6~7级的齿轮。

剃齿常用于未淬火圆柱齿轮的精加工。由于剃齿效率高,所以广泛用于汽车、拖拉机、机床等行业的加工中。在大批大量生产中等模数、6~7级精度、非淬硬齿面的齿轮时,剃齿是最常用的方法。近年来,硬齿面剃齿技术也得到发展,它采用立方氮化硼(CBN)镀层剃齿刀,可精加工硬度为60 HRC的渗碳淬硬齿轮,刀具不易刃磨,但成本较高。

(四) 珩齿

1. 珩齿原理

珩齿是对热处理后的齿轮进行精整加工的方法。珩齿的运动关系和所用的机床与剃齿类同，不同的是其用珩磨轮代替了剃齿刀。珩磨轮是一个用磨料和环氧树脂等材料作结合剂浇铸或热压而成的、具有很高齿形精度的塑料齿轮，如图 4-47 (a) 所示。珩磨轮与被加工齿轮类似于一对螺旋齿轮呈无侧隙啮合，切削是在珩磨轮与齿轮的"自由啮合"过程中，依靠珩磨轮表面密布的磨粒，利用啮合处的相对滑动，并在齿面间施加一定的压力的情况下进行的（见图 4-47 (b)）。

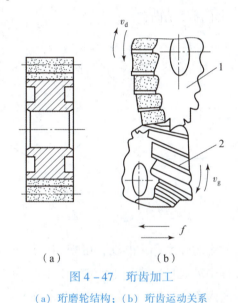

图 4-47 珩齿加工

(a) 珩磨轮结构；(b) 珩齿运动关系

1—珩磨轮；2—工件

2. 珩齿的工艺特点及其应用

（1）珩齿后齿面的表面质量好。珩齿速度一般为 1~3 m/s，比普通磨削速度低，由于磨粒粒度小，结合剂弹性较大，珩齿过程实际上是低速磨削、研磨和抛光的综合过程，齿面不会产生烧伤和裂纹，所以珩齿后齿面的表面质量较好。

（2）珩齿后齿面的表面粗糙度值减小。珩磨轮齿面上均匀密布着磨粒，珩齿后齿面切削痕迹很细，磨粒不仅在齿面产生相对滑动进行切削，而且沿渐开线切线方向也具有切削作用，从而在齿面上产生交叉网纹，使表面粗糙度值明显减小。

（3）珩齿修正误差的能力低。由于珩磨轮弹性大，加工余量小，因此珩齿修正误差的能力不强。为了保证齿轮精度，必须提高珩前齿形加工精度和减少热处理变形。珩齿前可采取剃齿，以提高齿形精度。

（4）生产率高。珩磨轮的齿形简单，制造和修形方便，使用寿命也较长，能多次修正。

珩磨轮每修正一次可加工 60~80 个齿轮。由于珩齿修正误差能力差，目前珩齿主要用来去除热处理后齿面上的氧化皮及毛刺。珩齿具有表面粗糙度值小、生产率高、成本低、设备简单、操作方便等优点,因此是一种很好的齿轮光整加工方法,一般用于大批大量生产 6~8 级精度淬硬齿轮的精加工。

(五) 挤齿(冷挤)

1. 挤齿原理

挤齿是一种齿轮无切屑加工新工艺,有些工厂已用它来替代剃齿。齿轮挤齿过程是挤轮与工件之间在一定压力下按无侧隙啮合的自由对滚过程,是以展成原理为基础的无切屑精加工,如图 4-48 所示。挤轮实质上是一个高精度的圆柱齿轮,具有修形的渐开线齿形,有的挤轮还有一定的变位量。挤轮与被挤齿轮轴线平行旋转,其宽度大于被挤齿轮宽度,所以在挤齿过程中只需要径向进给,不需要轴向移动。

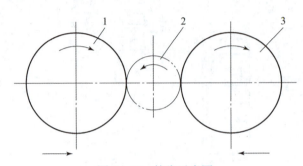

图 4-48 挤齿示意图
1,3—挤轮;2—工件

制造挤轮的材料必须有一定的强度和耐磨性,可采用铬锰钢或高速钢。为了防止工件与挤轮齿面的胶合,在挤齿过程中需要加硫化油来润滑,这样既可以使挤齿后齿面的表面粗糙度值减小,还可以提高挤轮的寿命。

2. 挤齿的工艺特点及其应用

(1) 生产率高。压力足够时,对中等尺寸的齿轮一般只需 5 s 左右就可将齿轮挤到规定尺寸,再精整(停止径向进给)20 s 左右即可完成加工;而剃齿则需要 2~4 min。挤齿加工余量比剃齿小。

(2) 加工质量稳定。挤齿机床传动链少,挤齿只有单纯的径向进给,机床结构简单、调整方便、刚性好。从接触精度来看,挤齿比剃齿稳定,且经冷挤过的齿面,表面产生了冷硬层,使用寿命比剃齿长。

(3) 齿面表面粗糙度值小。挤齿时工件的加工余量被碾压平整,一些表面缺陷和刮伤等容易被填平,挤齿后齿面没有剃齿后出现的刀痕及划伤拉毛现象,表面粗糙度 Ra 在 0.1~0.4 μm 之间。此外,挤齿前滚齿或插齿的齿面表面粗糙度要求比剃齿低一些,因而可以增大滚齿或插齿的进给量,节省上道工序的时间。

(4) 挤齿机床和挤轮的制造成本低。一般挤轮不开槽,结构简单,成本低,而其寿命却比剃齿刀长很多,通常剃齿刀磨一次只能剃几百个齿轮,而挤轮可挤上万个齿轮。

(5) 挤多联齿轮时不受限制。因为挤齿是平行轴传动,所以挤多联齿轮的小齿轮时不受齿圈轴向距离大小的限制。但对模数相同而螺旋角不等的斜齿轮，需配备各种相应螺旋角的挤轮，不像剃齿时只要一把剃齿刀便能满足加工要求。

挤齿与剃齿一样，均为齿轮淬火前的齿形精加工。挤齿可以改善齿轮的齿形精度和表面粗糙度，但对传动精度提高不明显，因此，齿轮的传动精度应依靠上道工序（滚齿或插齿加工）来保证。挤齿可作为7级精度、非淬硬齿轮的终加工，也可作为精度6级以上，珩齿和磨齿的上道工序。

（六）磨齿

磨齿是现有齿轮加工方法中加工精度最高的一种方法。对于淬硬的齿面，要纠正热处理变形，获得高精度齿廓，磨齿是目前最常用的方法。磨齿的加工原理与剃齿、珩齿不同，它不是一种自由啮合运动，而是采用强制性的传动链，因此它的加工精度不直接取决于磨前的齿轮精度。磨齿精度最高可达3级，表面粗糙度 Ra 在 $0.2 \sim 0.8~\mu m$ 之间，但磨齿的加工成本较高，生产率较低。

磨齿方法很多，根据磨齿原理的不同可分成形法和展成法两类。

成形法是一种用成形砂轮磨齿的方法，即将砂轮修整成与被磨齿轮齿槽一致的形状，磨齿过程与用齿轮铣刀铣齿类似。成形法磨齿生产率高，但受砂轮修整精度与分齿精度的影响，加工精度较低。它在目前的生产中应用较少，但可以磨削内齿轮和特殊齿轮。

展成法是用齿轮与齿条啮合原理进行磨齿。将砂轮的工作面构成假想齿条中一个齿的单侧或双侧齿面，因而磨完一个齿后要有分度运动；在砂轮与工件的啮合运动中，砂轮位置不移动，由工件反向移动替代（工件实质是做往复纯滚动），同样能使砂轮的磨削平面包络出齿轮的渐开线齿面。下面介绍展成法磨齿的几种方法。

（1）锥形砂轮磨齿。如图4-49（a）所示，将砂轮的磨削部分修整成锥面，以便构成假想齿条的一个齿廓。磨削时强制砂轮与被磨齿轮保持齿条与齿轮的啮合运动关系，使砂轮锥面包络出渐开线齿形。为了便于在磨齿机上实现这种啮合，采用假想齿条固定不动而由齿轮往复纯滚动的方式：砂轮一方面以 n_0 高速旋转，一方面沿齿宽方向以 v_0 做进给运动（往复移动）；被磨齿轮放在与假想齿条相啮合的位置，一方面以 ω 旋转，一方面以 v 移动，实现展成运动；分别磨完齿侧两面后，工件还需做分度运动，磨削另一个齿槽，直至磨完全部齿槽为止。

采用锥形砂轮磨齿时，形成展成运动的机床传动链较长，传动误差较大，磨齿精度较低，一般只能达到5~6级。新推出的数控锥形砂轮磨齿机，采用数控技术，大大简化了机床的传动结构，并安装有闭环反馈控制功能，可使磨齿精度达到4~5级。

（2）双片碟形砂轮磨齿。如图4-49（b）所示，两片碟形砂轮倾斜成一定角度，以构成假想齿条的两齿侧面，同时对齿轮一个齿槽的两齿面进行磨削。其原理与锥形砂轮磨齿相同。工件的展成运动——往复移动 v 和正反转动 ω，是通过滑座和由框架、滚圆盘及钢带组成的滚圆盘钢带机构实现的。为了磨出全齿宽，工件通过工作台实现轴向的慢速进给运动 f，当一个齿槽的两侧齿面磨完后，工件快速退离砂轮，经分度机构分齿后，再进入下一个齿槽进给磨齿。

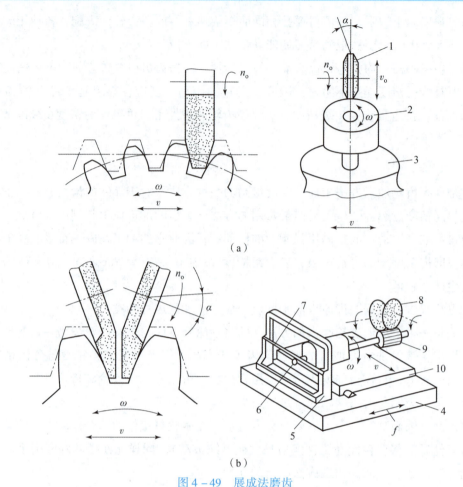

(a)

(b)

图 4-49 展成法磨齿

(a) 锥形砂轮磨齿；(b) 双片碟形砂轮磨齿

1—砂轮；2—工件（齿轮）；3—机床传动蜗轮；4—工作台；5—框架；6—滚圆盘；
7—钢带；8—碟形砂轮；9—工件（齿轮）；10—滑座

（3）蜗杆砂轮磨齿 如图 4-50 所示，它是一种连续分度磨齿机。它的加工原理同滚齿相似，只是相当于将滚刀换成蜗杆砂轮，但其直径比滚刀大得多。这种磨齿方法的砂轮转速很高（2 000 r/min），砂轮转一周，齿轮转过一个齿，工件转速也很高，而且可以连续磨齿，一般磨削一个齿轮仅需几分钟，但蜗杆砂轮的制造和修整较困难。蜗杆砂轮磨齿是目前磨齿方法中效率最高的一种，磨齿精度一般为 5~6 级，最高可达 4 级。

【任务实施】

图 4-51 所示为成批生产、材料为 40Cr 钢、精度为 7 级的双联圆柱齿轮。试编制其工艺过程，并填写表 4-17。

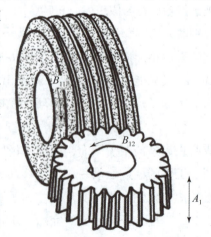

图 4-50 蜗杆砂轮磨齿

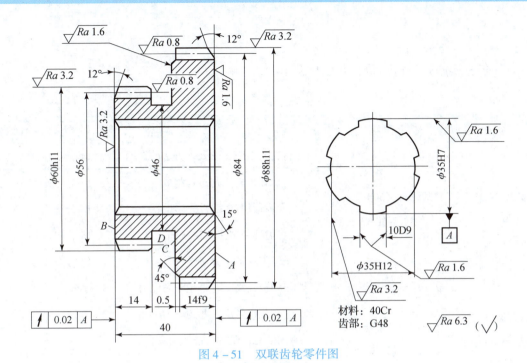

图 4-51 双联齿轮零件图

表 4-17 双联圆柱齿轮工艺过程任务工单

工序号	工序名称	工序内容	定位基准	工艺装备

【任务评价】

对【任务实施】进行评价，并填写表4-18。

表4-18 任务评价表

考核内容	考核方式	考核要点	分值	评分
知识与技能（70分）	教师评价（50%）+互评（50%）	齿轮材料、毛坯、热处理方法的选用	14分	
		认知齿轮工艺过程组成	14分	
		齿形粗加工方法认知	14分	
		齿形精加工方法认知	14分	
		齿形加工方法选择	14分	
学习态度与团队意识（15分）	教师评价（50%）+互评（50%）	学习积极性高，有自主学习能力	3分	
		有分析解决问题的能力	3分	
		有团队协作精神，能顾全大局	3分	
		有组织协调能力	3分	
		有合作精神，乐于助人	3分	
工作与职业操守（15分）	教师评价（50%）+互评（50%）	有安全操作、文明生产的职业意识	3分	
		遵守纪律，规范操作	3分	
		诚实守信，实事求是，有创新意识	3分	
		能够自我反思，不断优化完善	3分	
		有节能环保意识、质量意识	3分	

任务四　套筒零件工艺设计与实践（拓展学习）

【任务描述】

通过参观生产现场，了解图4-52所示C620型车床尾座套筒从毛坯到零件的工艺过程，认知套筒零件机械产品的一般生产过程；熟悉生产零件的图样，合理选择零件的毛坯类型，机械加工工艺规程的格式及内容；学习套筒零件的加工方法选择，套筒零件工艺过程中工序、工步、走刀及安装、工位等概念，能划分简单的工序、工步，并填写工艺过程任务工单。

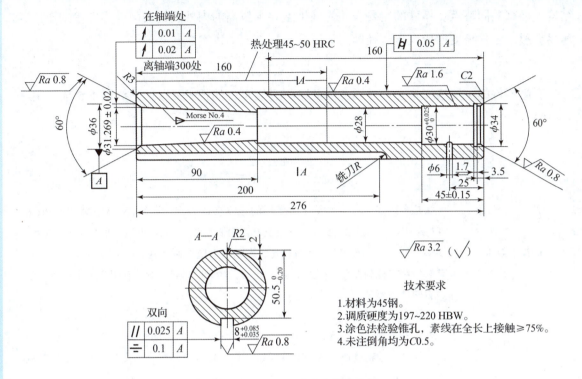

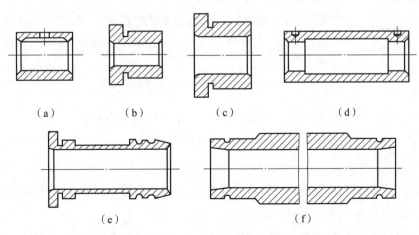

图 4-52　C620 型车床尾座套筒

【知识链接】

一、概述

（一）套筒零件的功用与结构特点

套筒零件是机器中常见的一种零件，通常起支承或导向作用，应用范围很广。图 4-53 所示为套筒零件示例。由于它们的功用不同，因此套筒零件的结构和尺寸有很大的差别，但

图 4-53　套筒零件示例

(a)(b) 滑动轴承套；(c) 钻套；(d) 轴承衬套；(e) 气缸套；(f) 液压缸套

结构上仍有共同特点：零件的主要表面为同轴度要求较高的内外旋转表面、零件壁的厚度较薄易变形、零件长度一般大于直径等。

(二) 套筒零件的技术要求

套筒零件的主要表面是孔和外圆，因此可将套筒零件的技术要求归纳为以下 5 项（见表 4-19）。

表 4-19　套类零件技术要求

分类	一般技术要求
孔的技术要求	孔是套筒零件起支承或导向作用的最主要的表面。孔的直径尺寸精度一般为 IT7 级，精密轴套取 IT6 级；气缸套和液压缸套由于与其相配的活塞上有密封圈，要求可低一些，通常取 IT9 级。孔的形状精度应控制在孔径公差以内，一些精密套筒的精度控制在孔径公差的 1/3~1/2。对于长套筒，除了有圆度要求以外，还应有圆柱度要求
外圆表面的技术要求	外圆是套筒的支承面，常采用过盈配合或过渡配合同箱体或机架上的孔相连接。外径尺寸精度通常取 IT4~IT7 级，形状精度控制在外径公差以内，表面粗糙度 Ra 在 0.63~5 μm 之间
孔轴线与端面的垂直度要求	若套筒的端面（包括凸缘端面）在工作中承受轴向载荷，或虽不承受载荷，但在装配或加工中作为定位基准时，则对端面与孔轴线的垂直度要求较高，一般为 0.01~0.05 mm
孔与外圆的同轴度要求	若孔最终加工是在将套筒装入机座后合件进行的，则在合件前，套筒内、外圆间的同轴度要求可以低一些；若其最终加工是在装入机座前完成的，则同轴度要求较高，一般为 0.01~0.05 mm
表面粗糙度的技术要求	主轴孔和主要平面的表面粗糙度会影响连接表面的配合性质或接触刚度，一般主轴孔的表面粗糙度 Ra 为 0.4 μm，其他各纵向孔的为 1.6 μm，装配基面和定位基面为 0.63~3.2 μm

图 4-54 所示轴承套的材料为 ZQSn6-6-3，每批数量为 200 件。

该轴承套属于短套筒，材料为锡青铜。其主要技术要求：φ34js7 外圆对 φ22H7 孔的径向圆跳动公差为 0.01 mm；左端面对 φ22H7 孔轴线的垂直度公差为 0.01 mm。轴承套外圆为 IT7 级精度，采用精车可以满足要求；内孔精度也为 IT7 级，采用铰孔可以满足要求。内孔的加工顺序为钻孔—车孔—铰孔。

由于外圆对内孔的径向圆跳动要求在 0.01 mm 内，用软卡爪装夹无法保证，因此精车外圆时应以内孔为定位基准，使轴承套在小锥度芯轴上定位，用两顶尖装夹。这样可使加工

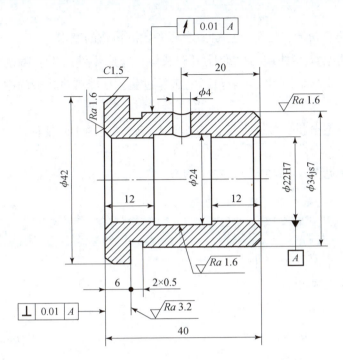

图 4-54 轴承套

基准和测量基准一致，容易达到图纸要求。车、铰内孔时，其应与端面在一次装夹中加工，以保证端面与内孔轴线的垂直度在 0.01 mm 以内。

（三）套筒零件的材料与毛坯

套筒零件一般用钢、铸铁、青铜或黄铜制成。有些滑动轴承采用双金属结构，用离心铸造法在钢或铸铁套筒内壁浇铸巴氏合金等轴承合金材料，既能节省贵重的有色金属，又能提高轴承寿命。对于一些强度和硬度要求较高的套筒（如镗床主轴套筒、伺服阀套），可选用优质合金钢（38CrMoAlA、18CrNiWA）。

套筒的毛坯选择与材料、结构、尺寸及生产批量有关。孔径小的套筒一般选择热轧或冷拉棒料，也可采用实心铸件；孔径较大的套筒常选择无缝钢管或带孔的铸件和锻件。大批大量生产时，采用冷挤压和粉末冶金等少切削毛坯，既能节约用材，又能提高毛坯精度及生产率。

二、套筒零件工艺过程与工艺分析

（一）套筒零件工艺过程实例分析

套筒零件的主要表面为同轴度要求较高的内外旋转表面。其在加工时可以以外圆为基准加工内孔，也可以以孔为基准加工外圆，这就是一个精基准的选择问题。但套筒零件由于尺寸、功用、结构形状、材料、热处理的不同，因此工艺差别很大。按结构形状分，其大体上可分为短套筒与长套筒两类。它们在机械加工中的装夹方法有很大差别。短套筒（如钻套），通常可在一次装夹中完成内、外圆表面及端面加工（车或磨），工艺过程较为简单，精度容易达到。现以图 4-54 所示轴承套的工艺过程为例进行工艺过程编制实例分析。

> **小贴士**
> （1）通过小组协作、角色扮演，培养学生自主学习和团队协作的意识。
> （2）通过生产实训，将套筒零件作为生产性实训载体，完成零件的工艺编制与加工制作，让学生切实接触企业产品，体验企业员工的工作过程，培养其热爱劳动的职业素养，实现产学深度融合。
> （3）通过计时竞赛、方案分析、尺寸保证，培养学生精益求精的工匠精神。

表4-20所示为轴承套（见图4-54）的工艺过程。

表4-20 轴承套的工艺过程

工序号	工序名称	工序内容	定位基准
10	备料	棒料，按五件合一加工下料	
20	钻中心孔	（1）车端面，钻中心孔 （2）调头，车另一端面，钻中心孔	外圆
30	粗车	以中心孔定位，车 $\phi 42$ mm 外圆	中心孔
40	钻	钻 $\phi 22H7$ 孔至 $\phi 20$ mm	$\phi 42$ mm 外圆
50	车	车切单件，取总长为 41 mm	
60	粗车	车 $\phi 42$ mm 外圆长度为 6.5 mm，车 $\phi 34js7$ 外圆至 $\phi 35$ mm，车 2×0.5 mm 空刀槽，取总长为 40.5 mm，两端倒角 $C1.5$	$\phi 42$ mm 外圆
70	车、铰	（1）车端面，取总长为 40 mm 至要求尺寸 （2）车 $\phi 22H7$ 孔，留 0.04~0.06 mm 铰削余量 （3）车 $\phi 24 \times 16$ mm 内槽至要求尺寸 （4）铰 $\phi 22H7$ 孔至要求尺寸 （5）孔两端倒角	$\phi 42$ mm 外圆
80	精车	精车 $\phi 34js7$ 外圆至要求尺寸	$\phi 22H7$ 孔
90	钻	钻径向 $\phi 4$ mm 油孔	$\phi 34js7$ 外圆及端面
100	检验	检验入库	

（二）套筒零件工艺分析

（1）定位基准的选择——保证套筒表面位置精度的方法。

图4-54所示的轴承套属于短套筒，位置精度容易保证。而较长液压缸套的内外表面轴线的同轴度及端面与孔轴线的垂直度要求较高，若能在一次安装中完成内外表面及端面的加工，则可获得很高的位置精度。但这种方法的工序比较集中，尺寸较大，尤其是长径比大的液压缸套，不便一次完成。于是，需要将液压缸套内外表面加工分在几次装夹中进行。一种方法是先加工孔，最后再以孔为精基准加工外圆。由于这种方法所用夹具（芯轴）的结构

简单、定心精度高,可获得较高的位置精度,因此应用广泛。另一种方法是先加工外圆,然后以外圆为精基准最后加工孔。采用这种方法时,工件装夹迅速、可靠,但夹具较为复杂,加工精度也略低。

(2)防止加工中套筒变形的措施。

套筒零件孔壁较薄,加工中常因夹紧力、切削力、内应力和切削热等因素的影响而产生变形。为了防止此类变形,加工中应注意以下几点。

①为减少切削力与切削热的影响,粗、精加工应分开进行,使粗加工产生的变形在精加工中得到纠正。

②为减少夹紧力的影响,工艺上可采取下列措施:改变夹紧力的方向,即径向夹紧改为轴向夹紧。普通精度的套筒,如需径向夹紧时,也应尽可能使径向夹紧力均匀。例如,可以先将开口过渡环套在工件的外圆上,然后一起夹在三爪自定心卡盘内。

③为提高夹具的精度,可采用软卡爪装夹,增大卡爪和工件间的接触面积。软卡爪是未经淬硬的卡爪,其形状与原来的硬卡爪相同,如图4-55(a)所示。首先把硬卡爪前半部A拆下,换上软卡爪,并用螺钉连接;如果软卡爪是整体式的,可以在硬卡爪夹持面上焊一块低碳钢材料或堆焊铜,改制成软卡爪材料;然后用车孔车刀对软卡爪的夹持面进行车削,车削后使软卡爪的直径与被装夹套筒零件的直径基本相同,并车出一个台阶,以便套筒端面定位。在车软卡爪之前,为了消除间隙,应在软卡爪内端夹持一段略小于工件直径的衬柱,待车好后拆除,(见图4-55(b))。这样既能保证位置精度,还能避免夹伤零件的表面,以及减少找正时间。

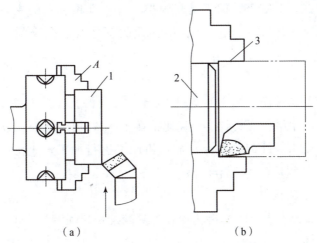

图4-55 用软卡爪装夹工件

(a)软卡爪安装;(b)带有焊层的软卡爪车削方法

1—工件;2—衬柱;3—焊层

(三)套筒零件的孔加工方法

内孔是套筒零件加工的主要表面。套筒零件的孔加工方法很多,有钻孔、扩孔、镗孔、车孔、铰孔、磨孔、拉孔、珩磨、研磨及滚压加工。其中,钻孔、扩孔与镗孔通常作为粗加工与半精加工方法；铰孔、磨孔、拉孔为孔的精加工方法；珩磨、研磨及滚压加工则为孔的光整加工方法。孔加工方法的选择需根据孔径大小、深度与孔的精度、表面粗糙度值，以及零件结构形状、材料而定。

钻孔、扩孔、铰孔、车孔、拉孔等加工方法，不在此详述，以下主要说明磨孔、深孔加工、孔的精加工和光整加工等方法。

1. 磨孔

磨孔是淬火钢套筒零件主要的加工方法，孔的磨削与外圆磨削原理相同，但其磨削工作条件较差。内孔磨削有以下特点。

（1）砂轮直径 D 受到工件孔径 d 的限制，（$0.5d \leq D \leq 0.9d$），因此尺寸较小、损耗快，需经常修整和更换，影响了磨削生产率。

（2）磨削速度低。由于砂轮直径较小，因此即使砂轮转速高达每分钟几万转，要达到线速度 25~30 m/s 也十分困难，所以孔的磨削速度比外圆磨削速度低得多，磨削效率及表面粗糙度也比外圆磨削差。为了提高磨削速度，国内已采用 5 万 r/min 左右的高频电动磨头及 4 万~8 万 r/min 的风动磨头，以便磨削小孔。

（3）砂轮轴受到工件孔径与长度的限制，刚性差，容易弯曲变形与振动，因此影响加工精度和表面粗糙度；同时，磨削深度也因砂轮轴的刚性因素而受到限制。

（4）砂轮与工件内切，接触面积大、散热条件差、易发生烧伤，应采用较软的砂轮。

（5）因为切削液不易进入磨削区，排屑困难，所以脆性材料为了排屑方便，有时采用干磨。

虽然磨孔方法存在以上缺点，但仍是套筒类零件内孔精加工的主要方法，特别是淬硬孔、断续表面孔（带键槽或花键孔）及长度很短的精密孔。孔磨削工艺范围如图 4-56 所示。

2. 深孔加工

一般将孔的长度 L 与直径 d 之比 $L/d > 5$ 的孔，称为深孔，其中 L/d 在 5~20 之间的称为普通深孔，其加工可用深孔刀具或接长麻花钻在车床或钻床上进行；L/d 在 20~100 之间的称为特殊深孔，其需用深孔刀具在深孔加工机床上进行加工。深孔加工与一般孔加工相比，生产率低，难度大，下面进行简要介绍。

（1）深孔加工的工艺特点。

①深孔加工的轴线易歪斜。这是因为深孔刀具较细长，强度和刚性比较差，加工中容易发生引偏和振动，孔的精度不易保证。

②刀具冷却散热条件差。钻头在近似封闭的状态下工作，切削温度升高，使刀具的寿命降低。而且，在钻头深孔内切削时，无法直接观察切削情况。

③切屑排出困难，既容易堵塞深孔，使钻头磨损严重，又会划伤已加工表面，严重时还会引起刀具崩刃甚至折断。

针对上述问题，加工时通常采取以下措施。

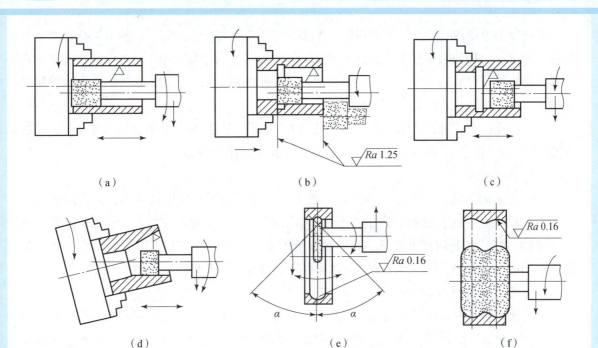

图 4-56 孔磨削工艺范围

(a) 磨通孔；(b) 磨孔及端面；(c) 磨阶梯孔；(d) 磨锥孔；(e) 磨滚道；(f) 成形磨滚道

注：$\sqrt{} = \sqrt{Ra\,0.63}$。

①采取工件旋转、刀具不转且仅做进给运动的方式；预先在工件上加工出一个与刀具直径尺寸相符的短导向孔，引导刀具；改进刀具导向结构，在刀具上安装导向块，减少刀具的引偏。

②采用压力输送切削液的方式来冷却刀具，强制排出切屑带走热量。所用的切削液，除了应具备良好的冷却、润滑和耐蚀性外，还需具有较好的流动性能，黏度不宜过高，其流速一般控制在 8～12 m/s 之间，以利于冲刷切屑。

③改进刀具结构，增加断屑措施，使其具有良好的分屑、断屑和卷屑功能，有利于切屑顺利排出等。

图 4-57 所示为深孔加工，其中由于零件较长，$L/d > 20$，工件安装采用"一夹一托"的方式，孔的粗加工用深孔钻削或镗削（拉镗或推镗）。对于有较高精度要求的孔，可进一步采用铰削（或浮动镗削）、珩磨或滚压加工等工艺。

单件小批生产中的深孔钻削，常采用接长的麻花钻在卧式车床上进行。为了排屑和冷却刀具，钻孔每进给一段不长的距离后，需从孔内退出。加工中，钻头的频繁进退，既影响钻孔效率，又增加加工人员的劳动强度。

图 4-57 深孔加工

成批生产中的深孔钻削，常采用深孔钻头在专用深孔机床上进行。内排屑深孔钻的钻杆外径比外排屑深孔钻的钻杆大，因此能提高刀具刚性，有利于加工中增大进给量，提高钻孔效率；且所排切屑从钻杆中冲出，对钻杆冷却较好，也不会划伤已加工孔表面；但内排屑钻头的供液装置比外排屑的结构复杂。

加工深孔的钻头视孔长 L 和孔径 d 之比（L/d）的不同而异，一般直径为 2~10 mm 的深孔，基本上用枪钻；而直径为 18 mm 以上的深孔则采用喷吸钻。

（2）深孔镗削。

经过钻削的深孔，需要进一步提高孔的直线度并使表面粗糙度值减小，还需用镗刀进一步粗、精镗孔。深孔镗削可在钻杆上装上深孔镗刀刀头（螺纹连接），导向套根据刀头尺寸更换。镗孔是利用镗刀对已钻出、铸出或锻出的孔进行加工的过程。对于直径较大的孔（80 mm＜D＜100 mm）的内成形面或孔内环形槽等，镗孔是主要的加工方法。

（3）浮动镗孔（浮动铰孔）。

浮动镗孔是深孔镗削后的精加工方法，所用设备仍然是深孔钻床，只需取下深孔镗刀刀头换上深孔铰刀刀头即可，油压头中导向套需根据浮动镗孔尺寸更换。图 4-58 所示为深孔铰刀刀头结构，其中浮动镗刀块在刀体长方形孔内可自由滑动。浮动镗孔一般采用低速、大进给量，切削速度取 5~8 m/min，进给量为 0.5~1 mm/r，背吃刀量为 0.05~0.1 mm。浮动镗孔的特点有浮动镗刀结构简单，刃磨方便，磨损后可重磨并调整，刀具寿命长；浮动镗刀块尺寸事先调定，切削刃经过仔细研磨，且浮动镗刀块在切削时能按加工余量自动对中，可有效提高孔的尺寸精度（达 IT6~IT7 级），降低表面粗糙度（Ra 在 0.4~0.8 μm 之间）；浮动镗孔不适合加工带纵向槽的孔，加工大直径孔时因浮动镗刀块尺寸相应增大，且其自重较大，故当浮动镗刀块转到垂直位置时容易沿方孔下滑，造成孔的形状误差；浮动镗孔没有纠正位置误差的能力，因此孔的位置精度取决于上道工序的加工精度。

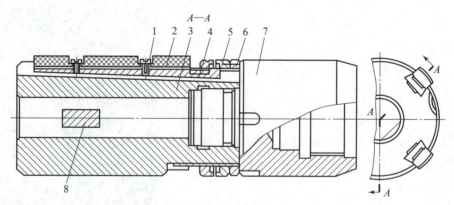

图 4-58　深孔铰刀刀头结构

1—螺钉；2—导向块；3—刀体；4—模形块；5—调节螺母；6—锁紧螺母；7—接头；8—浮动镗刀块

3. 孔的精加工和光整加工

当套筒零件内孔的加工精度和表面质量要求很高时，可进一步采用精细镗孔以及内孔珩磨、研磨、滚压等光整加工方法。

(1) 精细镗孔。

精细镗孔与一般镗孔方法基本相同，由于最初是使用金刚石作镗刀，所以又称金刚镗。这种方法常用于有色金属合金及铸铁套筒零件孔的终加工或珩磨和滚压前的预加工。

精细镗所用刀具为天然金刚石刀具，因此成本高，目前已普遍使用硬质合金 YT30、YT15 或 YG3X 代替，或者采用人工合成的金刚石和立方氮化硼，立方氮化硼加工钢质套筒比金刚石有更多优点。为了达到高精度与小的表面粗糙度值要求，以及减少切削变形对加工质量的影响，可采用高回转精度、刚度大的金刚镗床，其切削速度较高（钢加工时为 200 m/min，铸铁加工时为 100 m/min，铝合金加工时为 300 m/min），加工余量较少（0.2~0.3 mm），进给量小（0.04~0.08 mm/r）。

精细镗在良好条件下，加工尺寸精度可达 IT4~IT7 级。孔径为 $\phi15~\phi100$ mm 时，尺寸偏差为 0.005~0.008 mm、圆度为 0.003~0.005 mm、表面粗糙度 Ra 在 0.25~1.16 μm 之间。

对于精细镗的尺寸控制，可采用微调镗刀刀头来实现。图 4-59 所示为带有游标刻度盘的微调镗刀，微调刀杆上装夹有可转位刀片，刀杆上有精密的小螺距螺纹。微调时，半松开夹紧螺钉，用扳手旋转套筒，刀杆就可做微量进退，键保证刀杆只做移动，最后将夹紧螺钉锁紧。这种微调镗刀的刻度值可达 0.002 5 mm。

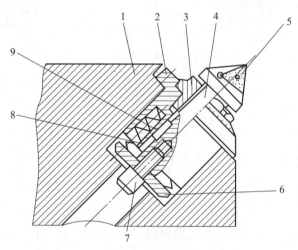

图 4-59　带有游标刻度盘的微调镗刀

1—镗杆；2—套筒；3—刻度导套；4—微调刀杆；5—刀片；6—垫圈；7—夹紧螺钉；8—弹簧；9—键

(2) 内孔珩磨。

珩磨加工的工具主要为珩磨头。珩磨加工时有三种运动，即磨石的径向进给、珩磨头的旋转运动和上下往复运动。珩磨头的旋转运动和上下往复运动是主运动，完成微量磨削和抛光加工；磨石的磨粒走过的轨迹交叉呈网状，因此容易获得较小的表面粗糙度；珩磨加工以工件孔导向；珩磨头与珩磨机应浮动连接。珩磨加工的过程是孔表面凸出的、不圆的地方先与磨石接触，压力较大，很快被磨去，直到工件表面与磨石全部接触，接触面积增大，压力减小，磨削减弱，抛光增强。

珩磨所用的磨具是由几根粒度很细的磨石所组成的珩磨头，其磨石有三种运动，如

图4-60（a）所示，即旋转运动、往复直线运动、加压的径向运动。图4-60（b）所示为珩磨机结构示意图。旋转和往复直线运动是珩磨的主运动，这两种运动的组合，使磨石上的磨粒在孔表面上的切削轨迹呈交叉而不重复的网纹，网纹交叉角 θ 称为切削交叉角，如图4-60（c）所示。交叉网纹表面有利于润滑，选择合适的网纹交叉角 θ，可大大提高内孔表面的耐磨性，这一点已应用在汽车发动机缸套的珩磨加工中，取得了提高发动机缸套使用寿命的良好效果。径向加压运动是磨石的进给运动，加压力越大，进给量就越大。

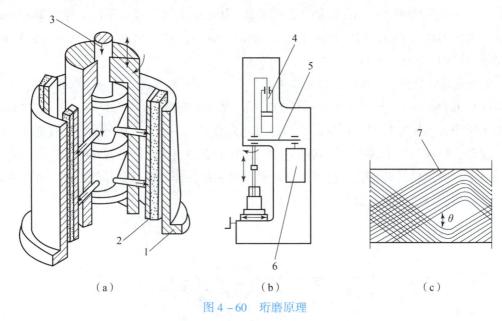

图4-60 珩磨原理
1—工件；2—磨石；3—进刀磨削压力；4—行程进给液压缸；
5—链条；6—变速机构；7—网纹轨迹

珩磨适用的加工材料范围很广，可加工铸铁、淬硬或不淬硬钢件，但不适宜加工容易堵塞磨石的韧性金属材料，珩磨工艺广泛用于汽车、拖拉机、煤矿机械、机床等的生产中。

珩磨能获得很高的尺寸精度和形状精度，珩磨孔的尺寸精度可达 IT6 级，圆度和圆柱度达 0.003~0.005 mm，珩磨后孔的表面粗糙度 Ra 在 0.04~0.63 μm 之间，有时还能达到 Ra 在 0.01~0.02 μm 之间的镜面。

为使磨石能与孔表面均匀地接触，切去少而均匀的加工余量，珩磨头相对工件有小量的浮动，珩磨头与机床主轴是浮动连接的，因此珩磨不能修正孔的位置偏差，而孔的位置精度和孔轴线的直线度，应由珩磨的上道工序给予保证。珩磨对机床的精度要求较低，除珩磨机床外，可直接在车床、镗床和钻床上进行内孔珩磨。

（3）内孔研磨。

内孔研磨的原理与外圆研磨相同，孔研磨工艺的特点也与外圆研磨类同，只是使用的研具有些区别。内孔研磨通常采用铸铁制的芯棒，芯棒表面开槽用来存放研磨剂。图4-61所示为研孔用的研具。其中图4-61（a）所示为粗研具，棒的直径可用螺钉调节；图4-61（b）所示为精研具，用低碳钢制成；图4-61（c）所示为可调研磨棒。

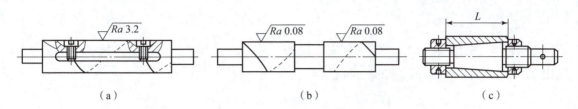

图 4-61 研孔用的研具

(a) 粗研具；(b) 精研具；(c) 可调研磨棒

(4) 内孔滚压（或挤压）。

内孔的滚压加工原理与外圆滚压相同。由于滚压加工效率高，近年来已采用滚压（或挤压）工艺来代替珩磨工艺。内孔经滚压（或挤压）后，精度能达 0.01 mm 以内，表面粗糙度 Ra 可达 0.16 μm 或更小，表面硬化耐磨，生产率提高数倍。

滚压对铸件的质量有很大的敏感性，若铸件的硬度不均、表面疏松、有气孔和砂眼等缺陷，对滚压有很大的影响。因此，对铸件液压缸套，一般不采用滚压工艺而是选用珩磨；对于淬硬套筒孔的精加工，也不宜采用滚压。液压缸套内孔还可采用冷挤压新工艺，直接使用冷拉钢管（45 钢），进行下料—表面处理（去脂—酸洗—清洗—磷化—清洗—皂化）—冷挤（注：短液压缸套用压挤，长液压缸套用拉挤）。挤后内孔尺寸公差小于 0.02 mm、表面粗糙度 Ra 小于 0.4 μm；而且质量稳定、废品减少，因为如果孔径小了，可再次冷挤使孔扩大；如果孔径大了，可冷墩钢管使孔径缩小后再挤。

图 4-62 所示为内孔的滚压方法。图 4-62（a）所示为钢珠滚压；图 4-62（b）所示为涨孔加工，其涨孔工具类似于拉刀，但不发生切削作用，每一节淬硬的阶梯环直径由小到大，随着涨杆在孔内的移动，内孔逐步涨大。

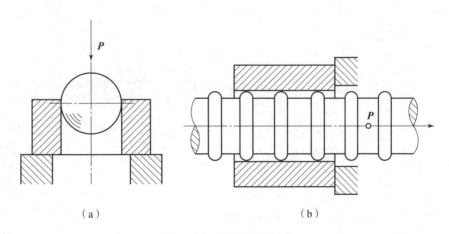

图 4-62 内孔的滚压方法

(a) 钢珠滚压；(b) 涨孔加工

滚压用量：滚压速度 v 通常取 60～80 m/min；进给量 f 通常取 0.25～0.35 mm/r；切削液采用 50% 硫化油加 50% 柴油或煤油。

【任务实施】

编写图 4-52 所示 C620 型车床尾座套筒的工艺过程。其生产类型为小批,毛坯为材料选用 45 钢、尺寸为 $\phi 60$ mm×288 mm 的棒料,并填写表 4-21。

表 4-21 C620 型车床尾座套筒工艺过程任务工单

工序号	工序名称	工序内容	定位基准	工艺装备

【任务评价】

对【任务实施】进行评价,并填写表 4-22。

表4-22 任务评价表

考核内容	考核方式	考核要点	分值	评分
知识与技能 （70分）	教师评价（50%）+ 互评（50%）	套筒材料、毛坯、热处理方法的选用	14分	
		认知套筒工艺过程组成	14分	
		加工阶段划分	14分	
		基准选择	14分	
		孔加工方法认知	14分	
学习态度与 团队意识 （15分）	教师评价（50%）+ 互评（50%）	学习积极性高，有自主学习能力	3分	
		有分析解决问题的能力	3分	
		有团队协作精神，能顾全大局	3分	
		有组织协调能力	3分	
		有合作精神，乐于助人	3分	
工作与职业操守 （15分）	教师评价（50%）+ 互评（50%）	有安全操作、文明生产的职业意识	3分	
		遵守纪律，规范操作	3分	
		诚实守信，实事求是，有创新意识	3分	
		能够自我反思，不断优化完善	3分	
		有节能环保意识、质量意识	3分	

模块五　机械加工质量

模块简介

零件的加工精度直接影响产品的精度，从而影响到产品的使用性能、可靠性和耐久性等质量指标。本模块综合分析加工误差对加工精度的影响，使学生初步掌握定性或定量分析处理工艺问题的方法。教学中，可结合实例进行讨论式教学，并让学生到现场去观察、分析实际问题。

【知识图谱】

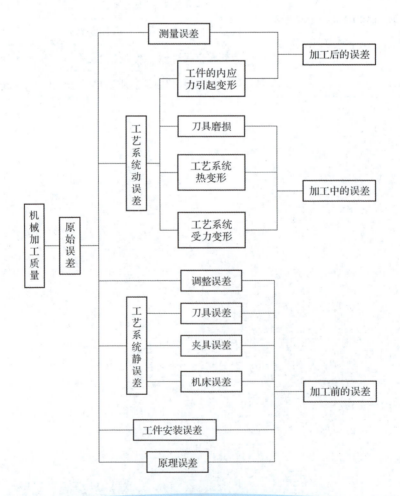

模块五 机械加工质量

【学习目标】

1. 知识目标

（1）机械加工精度基本概念认知。

（2）工艺系统原始误差及其对加工精度的影响。

（3）误差复映认知。

（4）机械加工表面质量的含义。

（5）影响表面粗糙度的工艺因素及改善措施。

2. 技能目标

（1）具有认知与工艺系统原始误差等相关基础知识的能力。

（2）具有分析质量问题的能力。

（3）具有解决质量问题的能力。

（4）具有切削加工及运行监控的能力。

3. 素质目标

（1）培养学生发现问题和解决问题的能力，使学生具有终身学习与专业发展的能力。

（2）培养学生诚实守信、敢于担当的精神，能够弘扬中华优秀传统文化。

（3）培养学生的工匠精神、劳动精神，能够树立社会主义核心价值观。

（4）培养学生的科学素养，使学生具备科学思维、理性思维及辩证思维。

任务一　工艺系统几何误差分析

【任务描述】

随着产品性能要求的不断提高和现代加工技术的发展，对零件的加工精度要求也在不断提高。一般来说，模块四讲的轴、箱体、齿轮等零件的加工精度越高，加工成本就越高，而生产率则相对越低。因此，设计人员应根据零件的使用要求，合理确定零件的加工精度，工艺人员则应根据设计要求、生产条件等采取适当的加工工艺方法，以保证零件的加工误差在规定的公差范围内，并在保证加工精度的前提下，尽量提高生产率和降低成本。如图 5 – 1 所示，孔的加工中会存在加工误差，影响加工精度，分析其加工误差产生的因素。

【知识链接】

一、加工精度概述

（一）加工精度的概念

机械制造企业的基本要求是高产、优质、低消耗、产品技术性能好、使用寿命长，质量

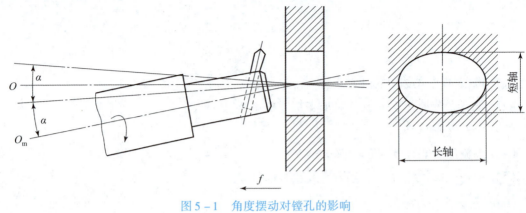

图 5-1 角度摆动对镗孔的影响
O—工件孔轴线；O_m—主轴回转轴线

是其根本。机械加工质量指标包括两方面的参数：一是宏观几何参数，即机械加工精度；二是微观几何参数和表面物理（如力学性能等）参数，即机械加工表面质量。

由于各种因素，机械加工不可能把零件做得绝对精确，总会产生加工误差。在实际生产中，加工精度的高低用加工误差的大小表示。加工误差小，加工精度高；反之，加工精度低。机械加工精度是指零件在加工后的几何参数（尺寸大小、几何形状、表面间的相互位置）的实际值与理论值相符合的程度。符合程度高，加工精度高；反之，加工精度低。机械加工精度包括尺寸精度、形状精度、位置精度三项内容。

(二) 影响加工精度的因素——原始误差

在机械加工过程中，机床、夹具、刀具和工件组成了一个完整的系统，称为工艺系统。工件的加工精度受整个工艺系统的精度影响。工艺系统中各个环节所存在的误差，在不同的条件下，以不同的程度和方式反映在工件的加工误差上，它是产生加工误差的根源，因此工艺系统的误差称为原始误差。原始误差主要来自两方面：一方面是在加工前就存在的工艺系统本身的误差（几何误差），包括加工原理误差，机床、夹具、刀具的制造误差，工件的安装误差，工艺系统的调整误差等；另一方面是加工过程中工艺系统的受力变形、受热变形、工件内应力引起的变形和刀具的磨损等引起的误差，以及加工后因内应力引起的变形和测量引起的误差等。

(三) 原始误差与加工误差的关系

在加工过程中，各种原始误差会使刀具和工件间正确的几何关系遭到破坏，引起加工误差。各种原始误差的大小和方向各不相同，加工误差必须在工序尺寸方向测量。因此，不同的原始误差对加工精度有不同的影响。当原始误差的方向与工序尺寸方向一致时，其对加工精度的影响最大。下面以外圆车削为例说明两者的关系。如图 5-2 所示，车削时工件的回转轴线为 O，刀尖正确位置在点 A。设某一瞬时由于各种原始误差的影响，使刀尖位移到点 A'，AA' 即为原始误差 δ。它与 OA 间的夹角为 φ，由此引起工件加工后的半径由 $R_0 = OA$ 变为 $R = OA'$，故半径上的加工误差为

$$\Delta_R = OA' - OA = \sqrt{R_0^2 + \delta^2 + 2R_0\delta\cos\varphi + \frac{\delta^2}{2R_0}}$$

当原始误差的方向为加工表面的法线方向，即 $\varphi = 0°$ 时，引起的加工误差最大，法线方向为误差的敏感方向。此时加工误差为

$$\Delta_R = \delta + \frac{\delta^2}{2R_0} \approx \delta$$

当原始误差的方向为加工表面的切线方向，即 $\varphi = 90°$ 时，引起的加工误差最小，切线方向为误差的非敏感方向。此时加工误差为

$$\Delta_R = \frac{\delta^2}{2R_0}$$

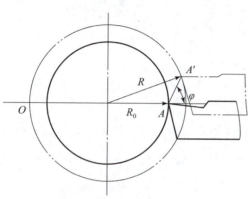

图 5-2　误差的敏感方向

（四）加工精度的研究方法

加工精度的研究方法有以下两种。

（1）单因素分析法。为简单起见，研究某一确定因素对加工精度的影响时，一般不考虑其他因素对加工精度的影响，通过分析、计算或测试、试验，得出该因素与加工误差间的关系，这种方法称为单因素分析法。

（2）统计分析法。统计分析法是指以一批生产工件的实测结果为基础，运用数理统计方法进行数据处理，用以调控工艺过程，确保正常进行。当发生质量问题时，可以从中判断误差的性质，找出误差出现的规律，以帮助解决有关的加工精度问题。统计分析法只适用于批量生产。

在实际生产中，这两种方法常结合起来应用。一般先用统计分析法寻找误差的出现规律，初步判断可能产生加工误差的原因，然后运用单因素分析法进行分析。

二、工艺系统的几何误差

（一）加工原理误差

加工原理误差是指采用近似的成形运动或近似的切削刃轮廓进行加工而产生的误差。车削螺纹和滚切齿轮时必须使刀具和工件间有准确的螺旋运动或展成运动，在生产实践

中，常常采用近似的成形运动，使加工更为经济。因此，用齿轮滚刀滚齿时就会产生两种加工原理误差，一种是为了滚刀制造方便，采用阿基米德蜗杆或法向直廓蜗杆代替渐开线蜗杆而产生的近似造型误差；另一种是由于齿轮滚刀刀齿数有限，实际加工出的齿形是一条由微小折线段组成的曲线，而不是一条光滑的渐开线，如图5-3所示。

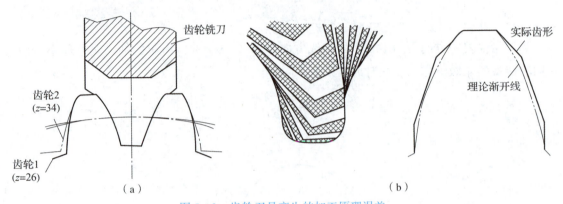

图5-3 齿轮刀具产生的加工原理误差
(a) 5号齿轮铣刀的刀齿轮廓；(b) 用展成法切削齿轮时的齿形误差

采用近似的加工方法或近似的刀刃轮廓，虽然会带来加工原理误差，但往往可简化工艺过程及机床和刀具的设计与制造，提高生产率，降低成本，而由此带来的加工原理误差必须控制在允许的范围内。

(二) 机床几何误差

机床几何误差包括机床本身各部件的制造误差、安装误差和使用过程中磨损引起的误差。接下来着重分析对加工影响较大的机床主轴回转运动误差、机床导轨误差及机床传动链误差。

1. 机床主轴回转运动误差

(1) 机床主轴回转运动误差。

机床主轴是用来安装工件或刀具并将运动和动力传递给工件或刀具的重要零件，它是工件或刀具的位置基准和运动基准，它的回转精度是机床精度的主要指标之一，其误差直接影响工件精度。主轴回转误差是指主轴各瞬间的实际回转轴线相对其理想回转轴线的漂移。主轴回转运动误差表现为径向圆跳动、轴向圆跳动（端面圆跳动）和角度摆动三种形式，如图5-4所示。

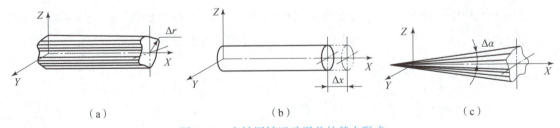

图5-4 主轴回转运动误差的基本形式
(a) 径向圆跳动；(b) 轴向圆跳动；(c) 角度摆动

径向圆跳动是实际回转轴线在垂直于坐标回转轴线方向平面内的径向运动,如图 5-4 (a) 所示。它主要影响圆柱面的精度。

轴向圆跳动是实际回转轴线沿坐标回转轴线方向的轴向运动,如图 5-4 (b) 所示。它主要影响端面形状和轴向尺寸精度。

角度摆动是实际回转轴线与坐标回转轴线呈一定倾斜角度,但其交点位置固定不变的运动,如图 5-4 (c) 所示。在不同横截面内,轴心运动误差轨迹相似,它影响圆柱面与端面加工精度。

上述三种形式是单纯的主轴回转运动误差,实际生产中,常是上述几种运动的合成运动。

(2) 机床主轴回转运动误差的影响因素。

造成主轴径向圆跳动的主要原因是轴径与轴承孔圆度不高、轴承滚道的形状误差、轴与孔安装后不同轴及滚动误差等。主轴径向圆跳动将造成工件的形状误差。造成主轴轴向圆跳动的主要原因有推力轴承端面滚道的跳动、轴承间隙等。以车床为例,主轴轴向圆跳动将造成车削端面与轴线的垂直度误差。主轴前后轴颈的不同轴及前后轴承、轴承孔的不同轴会使主轴出现角度摆动。角度摆动不仅会造成工件的尺寸误差,还会造成工件的形状误差。

机床的主轴是以其轴颈支承在床头箱前后轴承内的,因此影响主轴回转精度的主要因素是轴承精度、主轴轴颈精度和床头箱主轴承孔的精度。如果采用滑动轴承,则影响主轴回转精度的主要因素是主轴颈的圆度、与其配合的轴承孔的圆度和配合间隙。不同类型机床的主轴回转运动误差所引起加工误差的形式不同,对于工件回转类机床(如车床,内、外圆磨床等),因切削力的方向不变,主轴回转时作用在支承上的作用力方向也不变,所以主轴颈与轴承孔的接触点位置也是基本固定的,即主轴颈在回转时总是与轴承孔的某一段接触,因此,轴承孔的圆度误差对主轴回转精度的影响较小,而主轴颈的圆度误差对主轴回转精度的影响较大,如图 5-5 (a) 所示。对于刀具回转类机床(如镗床、钻床等),因切削力的方向是变化的,所以轴承孔的圆度误差对主轴回转精度的影响较大,而主轴颈的圆度误差对主轴回转精度的影响较小,图 5-5 (b) 所示为轴颈回转到不同位置时与轴承孔接触的情况。

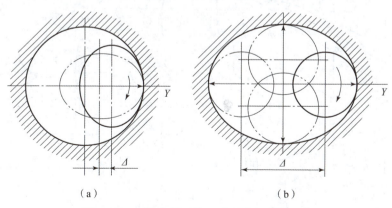

图 5-5 两类主轴回转运动误差的影响因素

(a) 工件回转类;(b) 刀具回转类

2. 机床导轨误差

机床导轨是机床上确定各机床部件相对位置关系的基准，也是机床运动的基准，因此机床导轨误差对加工精度有直接影响，包括导轨在水平面内的直线度误差、导轨在垂直面内的直线度误差及导轨面间的平行度误差三种形式。

（1）磨床导轨在水平面内的直线度误差影响。

如图 5-6 所示，导轨在 X 轴方向存在误差 Δ，因此磨削外圆时工件沿砂轮法线方向产生位移，引起工件在半径方向上的误差 $\Delta_R = \Delta$。因此水平方向是外圆磨床、卧式车床等机床加工误差的敏感方向，当加工长外圆工件时，会造成圆柱度误差（鞍形或鼓形）。

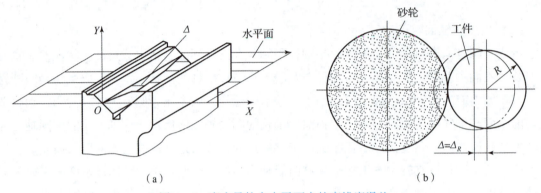

图 5-6 磨床导轨在水平面内的直线度误差
(a) 水平面内的误差；(b) 工件产生的误差

（2）磨床导轨在垂直面内的直线度误差影响。

如图 5-7 所示，由于磨床导轨在垂直面内存在误差 Δ，磨削外圆时，工件沿砂轮切线方向产生位移（误差非敏感方向），此时工件产生圆柱度误差，$\Delta_R \approx \Delta^2 / 2R$，其值甚小（$\Delta_R$ 为半径尺寸误差）。因此外圆磨床、卧式车床对导轨在垂直面内的直线度误差不敏感；而平

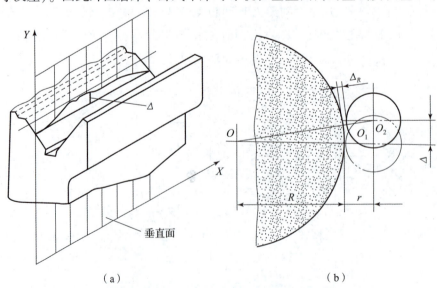

图 5-7 磨床导轨在垂直面内的直线度误差

面磨床、龙门刨床、铣床等设备垂直面内的导轨直线度误差会直接反映到被加工工件的表面上,产生形状误差。加工薄长件时,由于工件刚性差,如果机床导轨为中凹形,则工件也会是中凹形。

(3) 导轨面间的平行度误差影响。

车床两导轨间的平行度误差(扭曲)使床鞍产生横向倾斜,刀具产生位移,因此引起工件的形状误差,如图5-8所示。由几何关系可知

$$\Delta_R = \frac{H\Delta}{B} \tag{5-1}$$

式中 Δ_R——工件产生的半径误差;
H——主轴至导轨面的距离;
Δ——导轨在垂直方向的最大平行度误差;
B——导轨宽度。

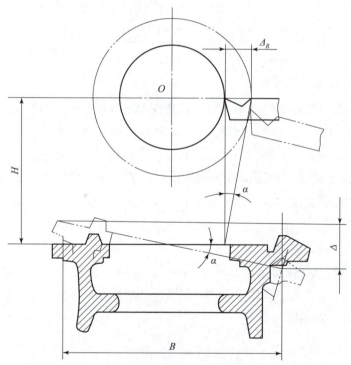

图5-8 导轨面间的平行度误差

机床的安装对导轨的原有精度影响也很大,尤其是刚性较差的长床身在自重的作用下容易产生变形,因此,地基和机床的安装方法,都将直接影响导轨的变形,从而使工件产生加工误差。

3. 机床传动链误差

(1) 传动链误差的概念。

传动链误差是指传动链中首末两端传动元件之间相对运动的误差,它是按展成原理加工工件(如螺纹、齿轮、蜗轮及其他零件等)时影响加工精度的主要因素。

传动链中的各传动元件，如齿轮、蜗轮、蜗杆等，因有制造误差（主要是影响传动精度的误差）、装配误差（主要是装配偏心）和磨损破坏准确的运动关系，故传动链中首末两端传动元件之间存在相对运动的误差。图 5-9 所示为齿轮加工传动链误差。

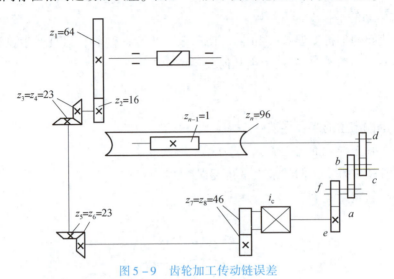

图 5-9　齿轮加工传动链误差

（2）传动链误差的传递系数。

传动链误差一般可用传动链末端元件的转角误差来衡量。由于各传动件在传动链中所处的位置不同，因此它们对工件加工精度（即末端元件的转角误差）的影响程度是不同的。例如，若传动链是升速传动，则传动元件的转角误差将被扩大；反之，传动元件的转角误差将被缩小。如图 5-9 所示，假设滚刀轴均匀旋转，若初始齿轮 z_1 有转角误差 $\Delta\varphi_1$，而其他各传动件无误差，则传到末端件（即第 n 个传动元件）上所产生的转角误差 $\Delta\varphi_{1n}$ 为

$$\Delta\varphi_{1n} = k_1 \Delta\varphi_1 \tag{5-2}$$

式中　k_1——z_1 到末端的传动比。

k_1 反映了 z_1 的转角误差对末端元件传动精度的影响，又称为误差传递系数。由于所有的传动件都存在误差，因此，各传动件对工件精度影响的总和 $\Delta\varphi_\Sigma$ 为各传动元件所引起末端元件转角误差的叠加，即

$$\Delta\varphi_\Sigma = \sum_{j=1}^{n} k_j \Delta\varphi_j \tag{5-3}$$

（3）减少传动链误差的措施。

为了减少机床传动链误差对加工精度的影响，可以采取以下措施。

①尽量减少传动元件数量，缩短传动链，减少误差的来源。

②提高传动链中各元件，尤其是末端元件的加工和装配精度，保证传动精度。

③减少各传动元件装配时的几何偏心，提高装配精度。

④采用降速传动（即 $i \ll 1$）。降速传动是保证传动精度的重要措施。为保证降速传动，螺纹加工机床传动丝杠的导程应大于工件的导程；齿轮加工机床最后传动副为蜗轮副，为了得到 $i \ll 1$ 的降速传动比，应使蜗轮的齿数远大于工件的齿数。

⑤采用校正装置。校正装置的实质是在原传动链中人为地加入一个误差,其大小与传动链本身的误差相等且方向相反,从而使误差相互抵消。

(三) 其他几何误差

其他几何误差包括刀具误差、工件的装夹(定位、夹紧)误差与夹具误差、测量误差及调整误差等。

1. 刀具的制造误差与磨损

(1) 刀具的制造误差。

机械加工中常用的刀具有定尺寸刀具、成形刀具、展成刀具和一般刀具。

刀具种类不同,刀具的制造误差对加工精度的影响不同。当采用定尺寸刀具(如钻头、铰刀、拉刀、键槽铣刀等)加工时,刀具的尺寸精度将直接影响到工件的尺寸精度;当采用成形刀具(如成形车刀、成形铣刀等)加工时,刀具的形状精度将直接影响工件的形状精度;当采用展成刀具(如齿轮滚刀、插齿刀等)加工时,刀刃的形状必须是加工表面的共轭曲线,因此刀刃的形状误差会影响加工表面的形状精度;当采用一般刀具(如车刀、镗刀、铣刀等)加工时,刀具的制造误差对零件的加工精度并无直接影响,但刀具的磨损对加工精度、表面粗糙度有直接影响。

(2) 刀具的磨损。

在精加工及大型工件加工时,刀具磨损对加工精度可能会有较大影响,刀具磨损往往是影响工序加工精度稳定性的重要因素。

任何刀具在切削过程中都不可避免地要产生磨损,并由此引起工件的尺寸和形状误差。例如,用成形刀具加工时,刀具刃口的不均匀磨损将直接复映到工件上造成形状误差;在加工较大表面(一次走刀时间长)时,刀具的尺寸磨损也会严重影响工件的形状精度;用调整法加工一批工件时,刀具的磨损会扩大工件尺寸的分散范围,使同一批工件的尺寸前后不一致。

2. 夹具的制造误差与磨损

夹具的制造误差与磨损包括3个方面。

(1) 定位元件、刀具导向元件、分度机构、夹具体等的制造误差。

(2) 夹具装配后,定位元件、刀具导向元件、分度机构等元件工作表面间的相对尺寸误差。

(3) 夹具在使用过程中,定位元件、刀具导向元件工作表面的磨损。

这些误差将直接影响到工件加工表面的位置精度或尺寸精度。一般来说,夹具误差对加工表面的位置误差影响最大,在设计夹具时,凡影响工件精度的尺寸应严格控制其制造误差,一般可取工件上相应尺寸或位置公差的 1/5~1/3 作为夹具元件的公差。

3. 测量误差

工件在加工过程中要用各种量具、量仪等进行检验测量,再根据测量结果对工件进行试切或调整机床。测量工具本身的制造误差、测量时的接触力、温度、自测准确程度等,都直接影响加工误差。因此,要正确地选择和使用测量工具,以保证测量精度。

4. 调整误差

在机械加工的每一道工序中，总是要对工艺系统进行相应的调整工作。由于调整不可能绝对准确，因而会产生调整误差。

工艺系统的调整有以下两种基本方式，不同的调整方式有不同的误差来源。

（1）试切法调整。

单件小批生产中，通常采用试切法调整。该方法是对工件进行试切—测量—调整—再试切，直至达到要求的精度为止。

（2）调整法调整。

采用调整法对工艺系统进行调整时，也要以试切为依据。影响调整精度的因素主要有：用定程机构调整时，调整精度取决于行程挡块、靠模及凸轮等机构的制造精度和刚度，以及与其配合使用的离合器、控制阀等的灵敏度；用样件或样板调整时，调整精度取决于样件或样板的制造、安装和对刀精度。工艺系统初调后，一般试切几个工件，并以其平均尺寸作为判断调整是否准确的依据。

【任务实施】

对图 5-1 所示的加工误差进行机床几何误差分析，并填写表 5-1。

表 5-1 机床几何误差分析任务工单

机床的几何误差	分类	精度影响

【任务评价】

对【任务实施】进行评价，并填写表 5-2。

表 5-2 任务评价表

考核内容	考核方式	考核要点	分值	评分
知识与技能 （76 分）	教师评价（50%）+ 互评（50%）	加工精度认知	16 分	
		机床主轴回转运动误差认知	20 分	
		机床导轨误差认知	20 分	
		机床传动链误差认知	20 分	
学习态度与 团队意识 （12 分）	教师评价（50%）+ 互评（50%）	学习积极性高，有自主学习能力	3 分	
		有分析解决问题的能力	3 分	
		有团队协作精神，能顾全大局	3 分	
		有组织协调能力	3 分	
工作与职业操守 （12 分）	教师评价（50%）+ 互评（50%）	有安全操作、文明生产的职业意识	3 分	
		遵守纪律，规范操作	3 分	
		诚实守信，实事求是，有创新意识	3 分	
		能够自我反思，不断优化完善	3 分	

任务二　工艺系统受力变形

【任务描述】

在车削细长轴时，工件在切削力作用下的弯曲变形，加工后会产生鼓形的圆柱度误差，如图 5-10（a）所示。在内圆磨床上横向切入磨孔时，磨出的孔会产生带有锥度的圆柱度误差，如图 5-10（b）所示。本任务将分析工艺系统中的受力变形。

【知识链接】

一、基本概念

由机床、夹具、刀具和工件组成的工艺系统，在切削力、传动力、惯性力、夹紧力及重力等的作用下，将产生相应的变形。这种变形将破坏切削刃和工件之间已调整好的正确位置关系，从而产生加工误差，如图 5-10 所示。

由材料力学性质可知，任何一个受力物体总要产生一些变形。作用力 F（静载）的大小与由

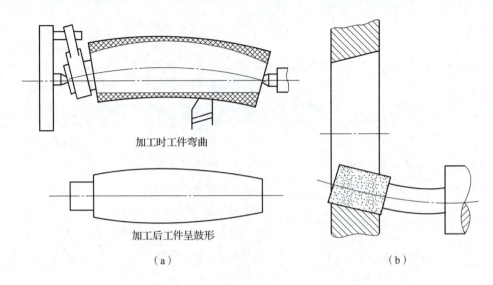

图 5-10 工艺系统受力变形引起的加工误差

(a) 工件变形；(b) 砂轮轴变形

它所引起的在作用力方向上产生的变形量 y 的比值，称为物体的静刚度 k（简称刚度）。

$$k = \frac{F}{y} \tag{5-4}$$

式中　k——刚度，N/mm；

　　　F——作用力，N；

　　　y——沿作用力 F 方向的变形量，mm。

对于工艺系统受力变形，主要研究误差敏感方向。因此，工艺系统刚度定义：工件和刀具的法向切削分力 F_y 与在总切削力的作用下，工艺系统在该方向上的相对位移 $y_{系统}$ 的比值，即 $k_{系统} = F_y / y_{系统}$。由于法向位移是在总切削力作用下工艺系统综合变形的结果，因此有可能出现变形方向与 F_y 的方向不一致的情况。当 F_y 与 $y_{系统}$ 方向相反时，即出现负刚度。负刚度现象对保证加工质量是不利的，应尽量避免，如图 5-11 所示。

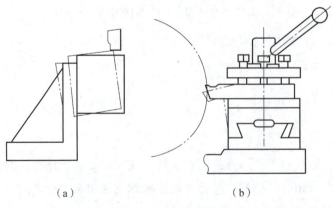

图 5-11 工艺系统的负刚度现象

(a) 刨削；(b) 车削

工艺系统的总变形量为

$$y_{系统} = y_{机床} + y_{夹具} + y_{刀具} + y_{工件} \tag{5-5}$$

由于 $k_{系统} = F_y / y_{系统}$，$k_{机床} = F_y / y_{机床}$，$k_{夹具} = F_y / y_{夹具}$，$k_{刀具} = F_y / y_{刀具}$，$k_{工件} = F_y / y_{工件}$，因此，工艺系统刚度计算的一般式为

$$k_{系统} = 1/(1/k_{机床} + 1/k_{夹具} + 1/k_{刀具} + 1/k_{工件}) \tag{5-6}$$

由此可见，已知工艺系统的各个组成部分刚度，即可求出系统刚度。

用刚度一般式求解某一系统刚度时，应针对具体情况进行具体分析。例如，外圆车削时，车刀本身在切削力作用下的变形对加工误差的影响很小，可忽略不计；又如，镗孔时，镗杆的受力变形严重影响着加工精度，而工件（如箱体零件等）的刚度一般较大，其受力变形很小，可忽略不计。

二、工艺系统受力变形对加工精度的影响

1. 切削力着力点位置变化产生的工件形状误差

切削过程中，工艺系统的刚度会随切削力作用点位置的变化而变化，工艺系统受力变形也随之变化，引起工件形状误差。下面以在车床顶尖间加工光轴为例来讨论这个问题。

（1）在两顶尖间车削短而粗的光轴。

假设工件刚度大，故其变形可忽略不计，此时系统的总变形完全取决于机床床头、尾架（包括顶尖）和刀架的变形，以及受力点位置变化引起的形状误差。

如图 5-12 所示，当加工中的车刀处于图 5-12 所示位置时，在切削分力 F_y 的作用下，主轴箱由点 A 位移到点 A'，尾座由点 B 位移到点 B'，刀架由点 C 位移到点 C'，它们的位移量分别用 $y_{主}$，$y_{尾}$ 及 $y_{刀架}$ 表示。而工件轴线 AB 位移到 $A'B'$，则刀具切削点处工件轴线的位移 y_x 为

$$y_x = y_{主} + \delta_x$$

设工件刚度很大，而 F_A，F_B 为 F_y 所引起的主轴箱、尾座处的作用力，则有

$$y_{主} = F_A/k_{主} = F_y(l-x)/(lk_{主}) \tag{5-7}$$

$$y_{尾} = F_B/k_{尾} = F_y x/(lk_{尾}) \tag{5-8}$$

$$y_{系统} = y_{刀架} + y_x \tag{5-9}$$

将式（5-7）和式（5-8）代入式（5-9），得工艺系统的总位移为

$$y_{系统} = y_{刀架} + y_x = F_y \left[\frac{1}{k_{刀架}} + \frac{1}{k_{主}} \left(\frac{l-x}{l} \right)^2 + \frac{1}{k_{尾}} \left(\frac{x}{l} \right)^2 \right] \tag{5-10}$$

由式（5-10）看出工艺系统刚度随受力点位置，即 x 的变化而变化。当按上述条件车削时，工艺系统刚度实为机床刚度。

当 $x = 0$ 时

$$y_{机床} = y_{系统} = \left(\frac{1}{k_{主}} + \frac{1}{k_{刀架}} \right) F_y \tag{5-11}$$

当 $x = l/2$ 时

$$y_{机床} = y_{系统} = \left[\frac{1}{k_{刀架}} + \frac{1}{4} \left(\frac{1}{k_{主}} + \frac{1}{k_{尾座}} \right) \right] F_y \tag{5-12}$$

当 $x = l$ 时 $\quad y_{机床} = y_{系统} = \left(\dfrac{1}{k_{尾座}} + \dfrac{1}{k_{刀架}}\right)F_y$ （5-13）

由图 5-12 及式（5-11）、式（5-12）、式（5-13）可知，变形最大的是头架（变形量为 0.012 5 mm）和尾座（变形量为 0.013 5 mm），变形最小的是轴中心位置（变形量为 0.010 3 mm）。

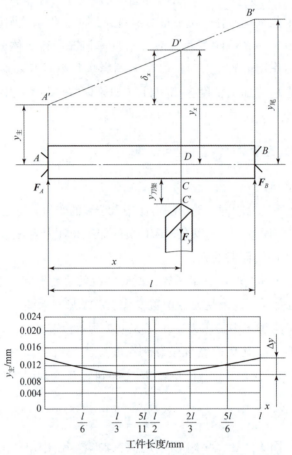

图 5-12　车短轴时工艺系统变形随受力点变化而变化

（2）在两顶尖间车削细长轴。

如图 5-13 所示，若工件为细长轴刚性很差，系统变形主要是工件变形，因此，机床、夹具和刀具的受力变形可忽略不计。加工中车刀处于图 5-13 所示位置时，工件的轴线产生弯曲变形。若工件刚性较差应考虑其变形，按简支梁计算，则其切削点的变形量为

$$y_{工件} = \dfrac{F_y}{3EI}\dfrac{(l-x)^2 x^2}{l}$$ （5-14）

式中　l——棒料悬伸长度，mm；

E——棒料的弹性模量，GPa，钢材的弹性模量 $E = 2 \times 10^2$ GPa；

I——棒料截面的惯性矩，mm^4，对于圆棒料 $I = \pi d^4/64$，d 为棒料直径，mm。

由图 5-13 及式（5-14）可知，变形最大的是轴中心位置，最小的是头架和尾座，当 $x = l/2$ 时，$y_{工件max} = F_y l^3/(48EI)$，工件变形后为腰鼓形。

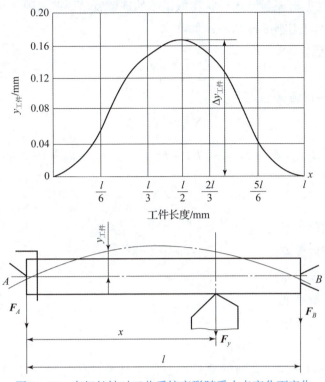

图 5-13 车细长轴时工艺系统变形随受力点变化而变化

2. 误差复映

在切削加工过程中，工艺系统在切削力作用下产生的变形大小取决于切削力，如果毛坯形状误差较大或材料硬度不均，则工件加工时切削力大小就会有较大变化，从而使工件加工后存在与加工之前毛坯相类似误差的现象，称为误差复映。

在切削加工中，由于工件加工余量和材料硬度不均将引起切削力的变化，从而造成加工误差。例如，车削图 5-14 所示的毛坯时，由于它本身有圆度误差（椭圆），背吃刀量 a_P 将不一致（$a_{P1} > a_{P2}$），因此当工艺系统的刚度为常数时，切削分力 F_y 也不一致（$F_{y\Delta_1} > F_{y\Delta_2}$），从而引起工艺系统的变形不一致（$\Delta_1 > \Delta_2$），这样在加工后的工件上仍留有较小的圆度误差。

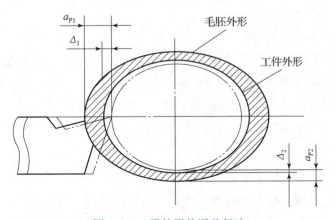

图 5-14 零件形状误差复映

这种在加工后的工件上出现与毛坯形状相似误差的现象就是误差复映。

误差复映的大小可用刚度计算公式求得。

毛坯圆度的最大误差为

$$\Delta_{\text{毛坯}} = a_{P1} - a_{P2} \tag{5-15}$$

车削后工件的圆度误差

$$\Delta_{\text{工件}} = \Delta_1 - \Delta_2 \tag{5-16}$$

$$\Delta_{\text{工件}} = \Delta_1 - \Delta_2 = \frac{1}{k}(F_{P1} - F_{P2}) = \frac{C}{k}(a_{P1} - a_{P2}) = \varepsilon \Delta_{\text{毛坯}} \tag{5-17}$$

$$\varepsilon = \frac{\Delta_{\text{工件}}}{\Delta_{\text{毛坯}}} = \frac{C}{k}$$

式中 C——径向切削力系数；

$\Delta_{\text{工件}}$——工件圆度误差；

$\Delta_{\text{毛坯}}$——毛坯圆度误差；

k——工艺系统刚度；

ε——误差复映系数。

$$\varepsilon_{\Sigma} = \varepsilon_1 \cdot \varepsilon_2 \cdot \varepsilon_3 \cdot \cdots \cdot \varepsilon_n \tag{5-18}$$

式（5-18）中的 ε 为误差复映系数，它定量地反映了毛坯误差经过加工后减少的程度。当毛坯误差较大，一次进给不能满足加工精度要求时，需要多次进给来消除复映到工件上的误差。要减少工件误差复映，可增加工艺系统刚度或减少径向切削力系数（如用主偏角 K 接近 90°的车刀、减少进给量 f 等）。

注意：$\varepsilon = \Delta_{\text{工件}}/\Delta_{\text{毛坯}} = C/k$，$\varepsilon$ 总是小于且远小于 1，有修正误差的能力。因此，一般公差等级为 IT7 级的工件经过 2~3 次进给后，可使 $\Delta_{\text{毛坯}}$ 复映到工件上的误差减小到公差允许值的范围内。

3. 其他力引起的加工误差

(1) 夹紧力引起的加工误差。

被加工工件在装夹过程中，刚度低或着力点不当，都会引起工件的变形，造成加工误差，特别是薄壁套、薄板等零件。

(2) 重力引起的加工误差。

在工艺系统中，有些零部件在自身重力作用下产生的变形也会造成加工误差。例如，龙门铣床、龙门刨床横梁在刀架自重下引起的变形将造成工件的平面度误差。对于大型工件，因自重而产生的变形有时会成为引起加工误差的主要原因，所以在安装工件时，应通过恰当布置支承的位置或通过平衡措施来减少自重的影响。

(3) 传动力和惯性力引起的加工误差。

当在车床上用单爪拨盘带动工件回转时，传动力在拨盘的转动中不断改变其方向。在高速切削时，如果工艺系统中有不平衡的高速旋转的构件存在，就会产生离心力，离心力在工件的转动中不断变更方向，当不平衡质量的离心力大于切削力时，将会表现出来，它和传动力一样,在工件的转动中不断地改变方向。这样,工件在回转中因受到不断变化方向的力的作用而造成加工误差。

三、减少工艺系统受力变形的措施

减少工艺系统受力变形,是机械加工中保证产品质量和提高生产率的主要途径之一。根据生产实际情况,可采取以下几方面措施。

1. 提高接触刚度

所谓接触刚度就是互相接触的两表面抵抗变形的能力,提高接触刚度是提高工艺系统刚度的关键。常用的方法是提高工艺系统主要零件接触表面的配合质量和预加载荷,使配合表面的表面粗糙度和形状精度得到改善,实际接触面积增加,微观表面和局部区域的弹性、塑性变形减少,从而有效提高接触刚度。例如,机床导轨副、锥体与锥孔、顶尖与中心孔等配合表面采用刮研与研磨,可提高配合表面的形状精度,减小表面粗糙度值,使实际接触表面增加,从而有效提高接触刚度。

2. 提高工件的刚度

在加工中,若工件本身的刚度较低,特别是叉架类、细长轴等零件,则容易变形。在这种情况下,如何提高工件的刚度是提高加工精度的关键。其主要措施是缩小切削力的作用点到支承之间的距离,以增大工件在切削时的刚度。图5-15(a)所示为车削较长工件时采用中心架增加支承,图5-15(b)所示为车削细长轴时采用跟刀架增加支承,这两种情况都可以提高工件的刚度。

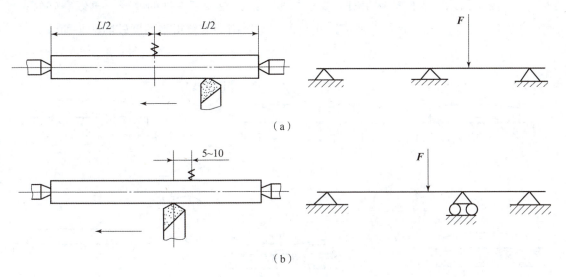

图5-15 增加支承以提高工件刚度
(a)采用中心架;(b)采用跟刀架

3. 提高机床部件的刚度

在切削加工中,有时由于机床部件刚度低而产生变形和振动,影响加工精度和生产率的提高。此时，可以采用一些辅助装置提高机床部件的刚度，减少受力变形。例如，在转塔车床上采用固定或转动导向支承套，再配以加强杆可提高转塔车床部件的刚度。

4. 合理装夹工件以减少夹紧变形

加工薄壁件时，由于工件刚度低，解决夹紧变形的影响是关键问题之一。在夹紧前，薄壁套的内外圆是正圆形，三爪自定心卡盘夹紧后则呈三棱形，如图 5-16（a）所示。镗孔后，内孔呈正圆形，如图 5-16（b）所示。松开卡爪后，工件由于弹性恢复会使已镗圆的孔产生三棱形，如图 5-16（c）所示。为了减少工件变形，应使夹紧力均匀分布，可采用开口过渡环，如图 5-16（d）所示，或采用专用卡爪，如图 5-16（e）所示。

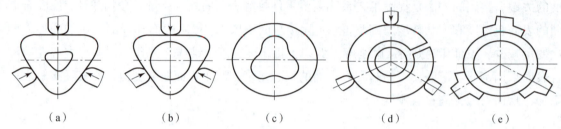

图 5-16 零件夹紧变形引起的误差
(a) 第一次夹紧；(b) 镗孔；(c) 松开后工件变形；(d) 采用开口过渡环；(e) 采用专用卡爪

磨削薄板工件如图 5-17 所示。当磁力将工件吸向磁盘表面时，工件将产生弹性变形，如图 5-17（b）所示。磨完后，由于弹性恢复，已磨完的表面又产生翘曲，如图 5-17（c）所示。改进的办法是在工件和磁力吸盘之间垫橡皮垫（厚 0.5 mm），如图 5-17（d）、图 5-17（e）所示。工件被夹紧时，橡皮垫被压缩，减少了工件的变形；再以磨好的表面为定位基准，磨另一面。这样，经多次正反面交替磨削即可获得平面度较高的平面。

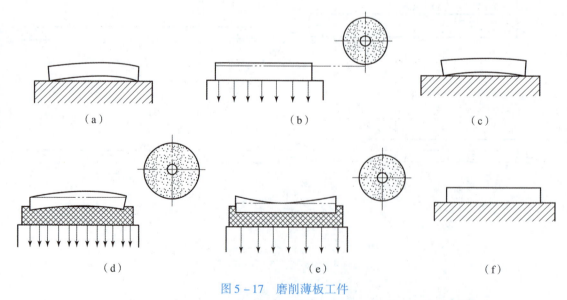

图 5-17 磨削薄板工件
(a) 毛坯翘曲；(b) 吸盘吸紧；(c) 磨后松开；(d) 磨削凸面；(e) 磨削凹面；(f) 磨后松开

【任务实施】

在三台车床上用两顶尖装夹工件车削细长轴的外圆,加工后经测量工件有表 5-3 中图所示的形状误差:(a)锥形;(b)鞍形;(c)腰鼓形。试分别分析产生上述形状误差的主要原因,并填写表 5-3。

表 5-3 车削细长轴误差分析任务工单

误差形式	产生形状误差的主要原因
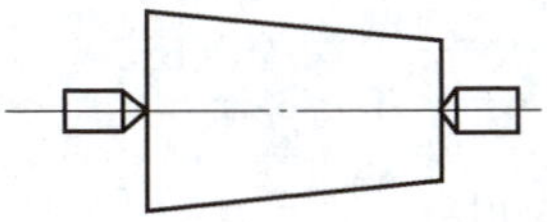 (a)锥形	
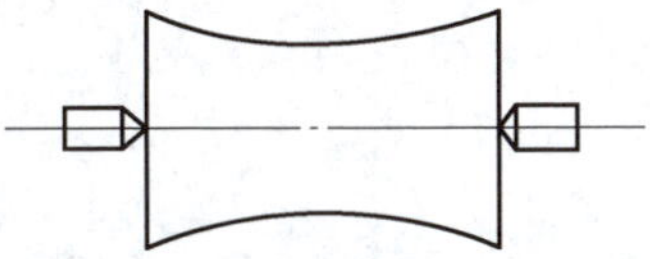 (b)鞍形	
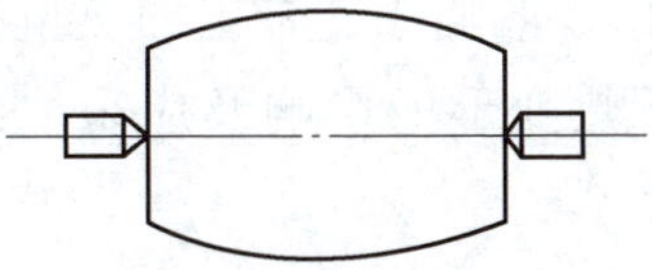 (c)腰鼓形	

【任务评价】

对【任务实施】进行评价,并填写表 5-4。

表 5-4 任务评价表

考核内容	考核方式	考核要点	分值	评分
知识与技能 （76 分）	教师评价（50%）+ 互评（50%）	在两顶尖间车削短粗轴	16 分	
		在两顶尖间车削细长轴	20 分	
		误差复映	20 分	
		其他误差形式	20 分	
学习态度与 团队意识 （12 分）	教师评价（50%）+ 互评（50%）	学习积极性高，有自主学习能力	3 分	
		有分析解决问题的能力	3 分	
		有团队协作精神，能顾全大局	3 分	
		有组织协调能力	3 分	
工作与职业操守 （12 分）	教师评价（50%）+ 互评（50%）	有安全操作、文明生产的职业意识	3 分	
		遵守纪律，规范操作	3 分	
		诚实守信，实事求是，有创新意识	3 分	
		能够自我反思，不断优化完善	3 分	

任务三　工艺系统热变形

【任务描述】

在切削和磨削过程中由于挤压、摩擦和金属塑性变形产生切削热，在车削时，大量的切削热由切屑带走，传给工件的为 10%~30%，传给刀具的为 1%~5%。孔加工时，大量切屑滞留在孔中，使大量的切削热传入工件。磨削时，由于磨屑小，带走的热量很少，故大部分热量传入工件。本任务是分析不同加工情况下热变形的影响及应采取的措施。

【知识链接】

一、概述

引起工艺系统热变形的热源主要来自两个方面。一是外部热源，主要是环境温度变化和热辐射，对大型和精密工件的加工影响较大。例如，室温变化及车间内不同位置、不同高度和不同时间存在的温度差别，以及因空气流动产生的温度差等；日照、照明设备及取暖设备等的热辐射等。二是内部热源，指轴承、离合器、齿轮副、丝杠螺母副、高速运动的导轨副、镶模套等工作时产生的摩擦热，以及液压系统和润滑系统等工作时产生的摩擦热；切削和磨削过程中由于挤压、摩擦和金属塑性变形产生的切削热等。

在各种热源的影响下，工艺系统常产生复杂变形，会破坏工件与切削刃相对的正确位置，从而产生加工误差。据统计，在精密加工中，由于热变形引起的加工误差占总加工误差的 40%~70%。随着高效、高精度、自动化加工技术的发展，工艺系统热变形问题变得更为突出，已成为机械加工技术进一步发展的重要研究课题。

工艺系统受热源影响，温度逐渐升高，与此同时，其热量通过各种传导方式向周围散发。当单位时间内的热量传入与传出相等时，温度不再升高，这时工艺系统就达到热平衡状态。在热平衡状态下，工艺系统各部分的温度保持在一相对固定的数值上，因此各部分的热变形也相应趋于稳定。

由于作用于工艺系统各组成部分的热源，其发热的数量、位置和作用时间各不相同，各部分的热容量、散热条件也不一样，因此各部分的温升不等。即使是同一物体，处于不同空间位置上的各点在不同时间的温度也是不等的。物体中各点温度的分布称为温度场。当物体未达到热平衡时，各点温度不仅是坐标位置的函数，也是时间的函数，这种温度场称为不稳定温度场。当物体达到热平衡后，各点温度将不再随时间而变化，而只是其坐标位置的函数，这种温度场称为稳态温度场，此时的工艺系统稳定，有利于保证工件的加工精度。

二、机床热变形引起的加工误差

机床受热源的影响，各部分温升将发生变化，由于热源分布不均匀及机床结构的复杂性，机床各部件将发生不同程度的热变形，这破坏了机床原有的几何精度，造成加工误差，从而降低了机床的加工精度。

车、铣、钻、镗类机床的主要热源是主轴箱，主轴箱中的齿轮、轴承摩擦发热，热量传给润滑油，使主轴箱及与之相连的床身或立柱的温度升高而产生较大的热变形。例如，如图 5-18（a）所示，车床主轴箱的温升使主轴抬高，主轴前轴承的温升高于后轴承又使主轴倾斜，主轴箱的热量传给床身及床身导轨运动副之间的摩擦使床身导轨向上凸起，又进一步使主轴向上倾斜，最终导致主轴回转轴线与导轨的平行度误差，使加工后的工件产生圆柱度误差。

各类磨床通常都采用液压传动系统和高速回转磨头，并使用大量的冷却液，因此其主要热源是液压系统和高速磨头的摩擦热，以及冷却液带来的磨削热。平面磨床床身的热变形由油池安放位置及导轨副的摩擦热决定，当油池不放在床身内时，导轨上部的温度高于下部，床身将中凸，如图 5-18（b）所示。砂轮架主轴承的温升，使主轴轴线升高并使砂轮架向工件方向趋近，致使被磨工件产生直径误差，外圆磨床工件头架运转温升产生的热变形大于尾座的热变形，使工件回转轴线与工作台运动方向不平行，磨出的工件产生锥度，如图 5-18（c）所示。当油池放在床身内时，如果导轨下部温度高于上部，则会使床身中凹，这些都将使磨后工件的平面产生平面度误差。双端面磨床的冷却液喷向床身中部的顶面，使其局部受热而产生中凸变形，使两砂轮的端面产生倾斜，如图 5-18（d）所示。

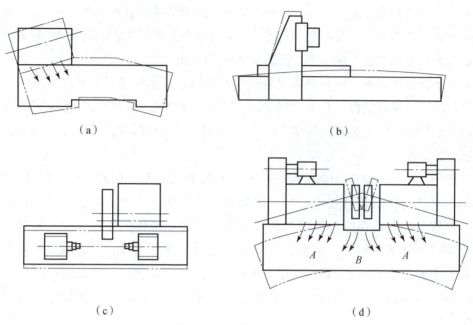

图 5-18 机床热变形
(a) 车床；(b) 平面磨床；(c) 外圆磨床；(d) 双端面磨床

大型机床，如龙门铣床、龙门刨床、导轨磨床等，主要热源是工作台导轨面与床身导轨面间的摩擦热及车间内不同位置的温差。当车间温度高于地表温度时，床身呈中凸；反之，床身呈中凹。

数控加工中心是一种高效率机床，能在不改变工件装夹的条件下对工件进行多面、多工位的加工。由于其转速高，自动化程度高，内部有很多热源，而散热时间极少，工序集中的加工方式和高的加工精度又不允许有大的热变形，因此，在数控加工中心上采取了很多防止和减少热变形的措施。

三、工件热变形引起的加工误差

使工件产生变形的热源主要是切削热，然而对于精密件，外部热源也不可忽视。同时，加工方法不同，工件材料、结构和尺寸不同，工件的受热变形也不相同。

1. 棒料

车削或磨削外圆时，切削热从四周均匀传入工件，主要是使工件的长度和直径增大，其尺寸误差可以按物理学计算热膨胀的公式求出，即

长度方向上 $$\Delta L = \alpha L \Delta t \tag{5-19}$$

直径方向上 $$\Delta D = \alpha D \Delta t \tag{5-20}$$

式中 α——工件材料的线膨胀系数；

L, D——工件原有的长度和直径；

Δt——工件切削后的温升。

细长轴在顶尖间车削时,热变形将使工件伸长,丝杠的螺距累积误差按规定在全长上不允许超过 0.02 mm。

2. 板材

板材的温升和热变形如图 5-19 所示,其变形量公式为

$$\Delta = \frac{\alpha \Delta t L^2}{8h} \tag{5-21}$$

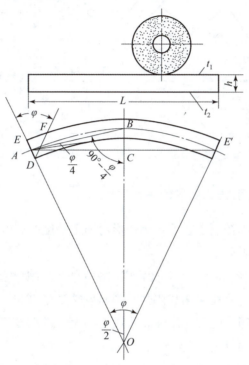

图 5-19 板材的温升和热变形

例如,精刨铸铁导轨,$L = 2\,000$ mm,$h = 600$ mm,如果床面与床脚温差为 2.4 ℃,$\alpha = 1.1 \times 10^{-5}$℃$^{-1}$,则

$$\Delta = 1.1 \times 10^{-5} \times 2.4 \times \frac{2\,000^2}{8 \times 600} \text{ mm} \approx 0.022 \text{ mm}$$

四、刀具热变形引起的加工误差

刀具的热变形主要是切削热引起的,传给刀具的热量虽不多,但由于刀具体积小、热容量小且热量又集中在切削部分,因此切削部分仍产生很大的温升。例如,高速钢刀具车削时,刃部的温度可高达 700~800 ℃,刀具的热伸长量可达 0.03~0.05 mm。因此,其影响不可忽略。图 5-20 所示为车削时车刀的热伸长量与切削时间的关系。连续车削时,车刀的热变形情况如曲线 A,经过 10~20 min,即可达到热平衡,车刀热变形影响很小;当车刀停止车削后,刀具冷却变形过程如曲线 B;当车削一批短小轴类工件时,加工时断时续(如装

卸工件等）间断切削，变形过程如曲线 C。因此，在开始切削阶段，其热变形显著；在热平衡后，对加工精度的影响则不明显。

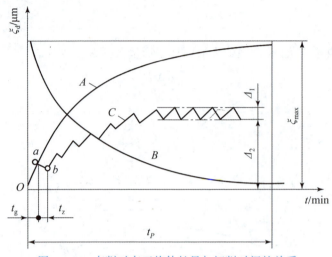

图 5-20　车削时车刀热伸长量与切削时间的关系

五、减少和控制工艺系统热变形的主要途径

可采用如下措施减少和控制工艺系统热变形对加工精度的影响。

（1）减少热源、隔离热源。

为了减少机床的热变形，将能从主机分离出去的热源（如电动机、变速箱、液压泵和油箱等）尽可能放到机床外；也可采用隔热材料将发热部件和机床大件（如床身、立柱等）隔离开；对发热量大的热源，还可采用强制式风冷、大流量水冷等散热措施。

（2）采用合理的结构减少热变形。

例如，在变速箱中，尽量让轴、轴承、齿轮对称布置，使箱壁温升均匀，减少箱体变形。

（3）保持机床的热平衡状态。

让机床在开车后空转一段时间，在达到或接近热平衡后再进行加工。大型、精密机床达到热平衡的时间较长，可采取措施加速实现热平衡，如使机床高速空转、人为给机床加热等。加工一些精密零件时，间断时间内不要停车，以免破坏其热平衡。

（4）控制环境温度。

精密机床应安装在恒温室内，其恒温精度一般控制在 ±1 ℃以内，精密级为 ±0.5 ℃。恒温室平均温度一般为 20 ℃，冬季可取 17 ℃，夏季可取 23 ℃。

【任务实施】

对车削、磨削、钻孔加工的热源传递形式进行分析，并填入表 5-5。

表 5-5　热源传递分析任务工单

加工形式	热源传递形式
车削加工	
磨削加工	
钻孔加工	

【任务评价】

对【任务实施】进行评价，并填写表 5-6。

表 5-6　任务评价表

考核内容	考核方式	考核要点	分值	评分
知识与技能 （76 分）	教师评价（50%）+ 互评（50%）	机床热变形引起的加工误差	16 分	
		工件热变形引起的加工误差	20 分	
		刀具热变形引起的加工误差	20 分	
		减少和控制工艺系统热变形的主要途径	20 分	
学习态度与 团队意识 （12 分）	教师评价（50%）+ 互评（50%）	学习积极性高，有自主学习能力	3 分	
		有分析解决问题的能力	3 分	
		有团队协作精神，能顾全大局	3 分	
		有组织协调能力	3 分	
工作与职业操守 （12 分）	教师评价（50%）+ 互评（50%）	有安全操作、文明生产的职业意识	3 分	
		遵守纪律，规范操作	3 分	
		诚实守信，实事求是，有创新意识	3 分	
		能够自我反思，不断优化完善	3 分	

任务四　工件内应力分析

【任务描述】

图 5-21 所示为一个内外截面薄厚不同的铸件，在浇铸后的冷却过程中产生内应力的情况。本任务是分析加工过程中产生内应力的常见状况及应采取的措施。

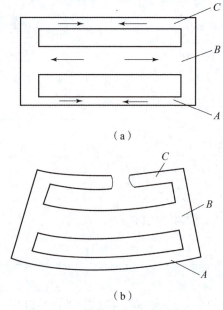

图 5-21 铸件内应力引起的变形
(a) 毛坯；(b) 切后变形

【知识链接】

一、工件内应力引起的误差

内应力是指外部载荷去除后，仍残存在工件内部的应力，又称残余应力。零件中的内应力往往处于一种很不稳定的相对平衡状态，在常温下特别是在外界某种因素的影响下，内应力很容易失去原有状态，重新分布，使零件产生相应的变形，从而破坏了原有的精度。因此，必须采取措施消除内应力对零件加工精度的影响。

(一) 产生内应力的原因

内应力是由于金属内部的相邻组织发生了不均匀的体积变化而产生的，影响体积变化的因素主要来自热加工或冷加工中的力和热。

1. 毛坯制造中产生的内应力

在铸、锻、焊及热处理等热加工过程中，工件各部分热胀冷缩不均匀及金相组织转变时的体积变化，使毛坯内部产生了相当大的内应力。毛坯的结构越复杂、壁厚越不均，散热的条件差别越大，毛坯内部产生的内应力也越大。箱体铸件加强筋分布不均，直径大的铸孔和另一个无孔壁相邻，均会使箱体壁厚不均匀，增大内应力。箱体加工过程中的内应力会重新分布进而造成箱体变形。具有内应力的毛坯，内应力暂时处于相对平衡状态，变形是缓慢的，但当切去一层金属后，就打破了这种平衡，内应力重新分布，工件明显出现变形。

图 5-21 所示为一个内外截面厚薄不同的铸件，在浇铸后的冷却过程中产生内应力的情况。当铸件冷却时，由于壁 A 和壁 C 比较薄，散热较容易，因此冷却较快；壁 B 较厚，冷

却较慢。当壁 A，C 从塑性状态冷却到弹性状态时（620 ℃左右），壁 B 仍处于塑性状态，因此壁 A，C 继续收缩时，壁 B 起不到阻止变形的作用，故不会产生内应力。当壁 B 也冷却到弹性状态时，壁 A，C 的温度已经降低很多，收缩速度变得很慢，但这时壁 B 收缩较快，因此受到了壁 A，C 的阻碍。这样，壁 B 内就产生了拉应力，壁 A，C 内就产生了压应力，形成了相互平衡的状态。

如果在铸件壁 C 上切开一个缺口，如图 5-21（b）所示，则壁 C 的压应力消失。铸件在壁 B，A 的内应力作用下，壁 B 收缩，壁 A 伸长，铸件产生了弯曲变形，直至内应力重新分布，达到新的平衡。推及一般情况，各种铸件都难免因冷却不均匀形成内应力。

2. 冷校直带来的内应力

某些刚度低的零件，如细长轴、曲轴和丝杠等，由于机械加工产生弯曲变形不能满足精度要求，因此常采用冷校直工艺进行校直。校直的方法是在弯曲的反方向加外力 F，如图 5-22（a）所示。在外力 F 的作用下，工件内部内应力的分布如图 5-22（b）所示，即在轴线以上产生压应力，在轴线以下产生拉应力。在轴线和两条双点画线之间是弹性变形区域，在双点画线之外是塑性变形区域。当外力 F 卸载后，外层的塑性变形区域阻止内部弹性变形的恢复，使应力重新分布，如图 5-22（c）所示，其中，负号表示压应力，正号表示拉应力。这时，冷校直虽减小了弯曲，但工件却处于不稳定状态，如再次加工，则又将产生新的变形。因此，高精度丝杠的加工，不允许冷校直，可在热处理后进行时效处理来消除内应力，常用人工时效、振动时效和天然时效等方法。

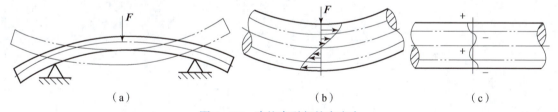

图 5-22　冷校直引起的内应力

（a）冷校直方法；（b）外力 F 加载时应力的分布；（c）外力 F 卸载后内应力的分布

3. 切削加工中产生的内应力

切削过程中产生的力和热，也会使被加工工件的表面层变形，产生内应力。力的作用使工件表层产生压应力，热作用使工件表层产生拉应力。在大多数的情况下热的作用大于力的作用，故工件表面层应力通常呈"表层受拉，里层受压"状态。

二、减少或消除内应力的措施

1. 合理设计零件结构

在机器零件的结构设计中，应尽量简化结构，增大零件的刚度，保证壁厚均匀，减少内应力的产生。

2. 对工件进行热处理和时效处理

一是对毛坯或大型工件粗加工之后，让工件在自然条件下停留一段时间再加工，利用温度的自然变化使之多次热胀冷缩，进行自然时效。二是通过热处理工艺进行人工时效。例如，对铸、锻、焊接件进行退火或回火；零件淬火后进行回火；对精度要求高的零件，如床身、丝杠、箱体、精密主轴等，在粗加工后进行低温回火；对丝杠、精密主轴等在精加工后进行冰冷处理等。三是对一些铸、锻、焊接件以振动的形式将机械能加到工件上，进行振动时效处理，引起工件内部晶格变化，消除内应力，使金属内部结构状态稳定。

3. 合理安排工艺过程

将粗、精加工分开在不同工序中进行，使零件在粗加工后有足够的时间进行弹性恢复，让内应力重新分布，以减少对精加工的影响。对于粗、精加工需要在一道工序中完成的大型工件，也应在粗加工后松开工件，让工件的弹性恢复后，再用较小的夹紧力夹紧工件进行精加工。

【任务实施】

对图 5-21 产生内应力的原因和减少或消除内应力的措施进行分析，并填写表 5-7。

表 5-7 内应力分析任务工单

产生内应力的原因	减少或消除内应力的措施

【任务评价】

对【任务实施】进行评价，并填写表 5-8。

表 5-8 任务评价表

考核内容	考核方式	考核要点	分值	评分
知识与技能 （70 分）	教师评价（50%）+ 互评（50%）	毛坯制造中产生的内应力	20 分	
		冷校直带来的内应力	20 分	
		切削加工中产生的内应力	15 分	
		减少或消除内应力的措施	15 分	

续表

考核内容	考核方式	考核要点	分值	评分
学习态度与团队意识（15分）	教师评价（50%）+互评（50%）	学习积极性高，有自主学习的能力	3分	
		有分析解决问题的能力	3分	
		有团队协作精神，能顾全大局	3分	
		有组织协调能力	3分	
		有合作精神、乐于助人	3分	
工作与职业操守（15分）	教师评价（50%）+互评（50%）	有安全操作、文明生产的职业意识	3分	
		遵守纪律，规范操作	3分	
		诚实守信，实事求是，有创新意识	3分	
		能够自我反思，不断优化完善	3分	
		有节能环保意识、质量意识	3分	

任务五　机械加工表面质量认知

【任务描述】

任何机械加工所得到的零件表面，实际上都不是完全理想的表面。实践表明，机械零件的破坏，一般都是从表面层开始的，这说明零件的机械加工表面质量对产品的质量有很大影响。例如，评价轴、箱体、齿轮等零件的质量合格指标除了机械加工精度外，还有机械加工表面质量。机械加工表面质量是指零件经过机械加工后其表面层的状态，图5-23所示为表面层的几何形状特征。本任务是对机械加工表面质量包含内容进行分析。

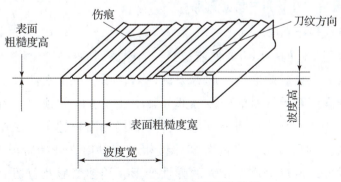

图5-23　表面层的几何形状特征

【知识链接】

一、机械加工表面质量基本认知

（一）机械加工表面质量的含义

机械加工表面质量又称表面完整性，其含义包括两个方面的内容。

1. 表面层的几何形状特征

表面层的几何形状特征主要由以下几部分组成。

（1）表面粗糙度。

表面粗糙度是指加工表面上较小间距的峰谷所组成的微观几何形状特征，即加工表面的微观几何形状误差，其评定参数主要有轮廓的算术平均偏差 Ra，或轮廓的最大高度 Rz。

（2）表面波度。

表面波度是介于宏观形状误差与微观表面粗糙度之间的周期性形状误差，主要由机械加工过程中的低频振动引起，应作为工艺缺陷设法消除。

（3）表面加工纹理。

表面加工纹理是指表面切削加工刀纹的形状和方向，取决于表面形成过程中所采用的机械加工方法及其切削运动的规律。

（4）伤痕。

伤痕是指在加工表面个别位置上出现的缺陷，如砂眼、气孔、裂痕、划痕等，大多随机分布。

2. 表面层的力学性能

表面层的力学性能主要指以下三个方面的内容。

（1）表面层的加工硬化。

（2）表面层金相组织的变化。

（3）表面层的内应力。

（二）表面质量对零件使用性能的影响

1. 表面质量对零件耐磨性的影响

零件的耐磨性是零件的一项重要性能指标，当摩擦副的材料、润滑条件和加工精度确定之后，零件的表面质量对耐磨性将起着关键性的作用。由于零件表面存在着表面粗糙度，当两个零件的表面开始接触时，接触部分集中在其波峰的顶部，因此实际接触面积远小于理论接触面积，并且表面粗糙度越大，实际接触面积越小。在外力作用下，波峰接触部分将产生很大的压应力。当两个零件做相对运动时，开始阶段由于接触面积小、压应力大，在接触处的波峰会产生较大的弹性变形、塑性变形及剪切变形，波峰很快被磨平。即使有润滑油，也会因为接触点处压应力过大、油膜被破坏而形成干摩擦，导致零件接触表面的磨损加剧。当然，表面粗糙度并非越小越好，如果表面粗糙度过小，接触表面间储存润滑油的能力变差，接触表面就容易发生分子胶合、咬焊，同样也会造成磨损加剧。

表面层的加工硬化可提高表面层的硬度，增强表面层的接触刚度，从而降低接触处的弹性、塑性变形，使耐磨性有所提高。但如果硬化程度过大，表面层金属组织会变脆，出现微观裂纹，甚至会使表面层金属组织剥落而加剧零件的磨损。

2. 表面质量对零件疲劳强度的影响

表面粗糙度对承受交变载荷的零件疲劳强度影响很大。在交变载荷的作用下，表面粗糙度波谷处容易引起应力集中，产生疲劳裂纹。并且表面粗糙度越大，表面划痕就越深，其抗疲劳破坏能力也就越差。

表面层内应力对零件的疲劳强度影响也很大。当表面层存在残余压应力时，能延缓疲劳裂纹的产生、扩展，提高零件的疲劳强度；当表面层存在残余拉应力时，零件则容易引起晶间破坏，产生表面裂纹而降低其疲劳强度。

表面层的加工硬化对零件疲劳强度也有影响。适度的加工硬化能阻止已有裂纹的扩展和新裂纹的产生，提高零件疲劳强度；但加工硬化过于严重会使零件表面层组织变脆，容易出现裂纹，从而使零件疲劳强度降低。

3. 表面质量对零件耐腐蚀性能的影响

表面粗糙度对零件耐腐蚀性能的影响很大。零件表面粗糙度越大，在波谷处就越容易积聚腐蚀性介质而使零件发生化学腐蚀和电化学腐蚀。

表面层内应力对零件耐腐蚀性能也有影响。残余压应力使表面组织致密，腐蚀性介质不易侵入，有助于提高表面的耐腐蚀能力；残余拉应力对零件耐腐蚀性能的影响则相反。

4. 表面质量对零件间配合性质的影响

相配合零件间的配合性质是由过盈量或间隙量来决定的。在间隙配合中，若零件配合表面的表面粗糙度大，则会导致磨损迅速使配合间隙增大、配合质量降低，从而影响配合的稳定性；在过盈配合中，若表面粗糙度大，则装配时表面波峰被挤平，使得实际有效过盈量减少、配合件的连接强度降低，从而影响配合的可靠性。因此，对有配合要求的表面应规定较小的表面粗糙度值。

在过盈配合中，如果表面加工硬化严重，将可能造成表面层金属与内部金属脱落的现象，从而破坏配合性质和配合精度。表面层内应力会引起零件变形，使零件的形状、尺寸发生改变，因此它也将影响配合性质和配合精度。

5. 表面质量对零件其他性能的影响

表面质量对零件的使用性能还有一些其他影响。例如，对于间隙密封的液压缸、滑阀，减小表面粗糙度值可以减少泄漏情况的发生、提高密封性能，使零件具有较高的接触刚度；对于滑动零件，减小表面粗糙度值能降低摩擦因数、提高运动灵活性，减少发热和功率损失；表面层的内应力会使零件在使用过程中继续变形、失去原有的精度、工作性能恶化等。

总之，提高加工表面质量，对于保证零件的性能、提高零件的使用寿命是十分重要的。

二、影响表面质量的工艺因素

(一) 影响表面粗糙度的因素及减小表面粗糙度的工艺措施

1. 影响切削加工表面粗糙度的因素

在切削加工中,影响已加工表面表面粗糙度的因素主要包括几何因素、物理因素和加工中工艺系统的振动。下面以车削为例来说明。

(1) 几何因素。

切削加工时表面粗糙度值主要取决于切削的残留面积高度,如图 5-24 所示。下面为车削时残留面积高度的计算公式。

如图 5-24 (a) 所示,当刀尖圆弧半径 $r_\varepsilon = 0$ 时,残留面积高度 H 为

$$H = \frac{f}{\cot k_r + \cot k_r'} \qquad (5-22)$$

如图 5-24 (b) 所示,当刀尖圆弧 $r_\varepsilon \neq 0$ 时,由于 $H \ll r_\varepsilon$,因此,残留面积高度 H 为

$$H \approx \frac{f^2}{8r_\varepsilon} \qquad (5-23)$$

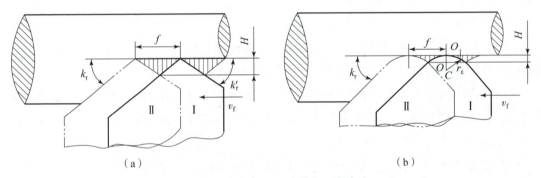

图 5-24 车削加工理论残留面积高度
(a) $r_\varepsilon = 0$;(b) $r_\varepsilon \neq 0$

从式 (5-22)、式 (5-23) 可知,进给量 f、主偏角 k_r、副偏角 k_r' 和刀尖圆弧半径 r_ε 对切削加工表面粗糙度的影响较大。减小进给量 f、减小主偏角 k_r 和副偏角 k_r' 或增大刀尖圆弧半径 r_ε,都能减小残留面积的高度 H,也就减小了零件的表面粗糙度。

(2) 物理因素。

在切削加工过程中,刀具对工件的挤压和摩擦使金属材料发生塑性变形,引起原有的残留面积扭曲或沟纹加深,增大表面粗糙度。当采用中等或中等偏低的切削速度去切削塑性材料时,在前刀面上容易形成硬度很高的积屑瘤,它可以代替刀具进行切削,但状态极不稳定,积屑瘤生成、长大和脱落将严重影响加工表面的表面粗糙度值。另外,在切削过程中由于切屑和前刀面的强烈摩擦作用及撕裂现象,还可能在加工表面上产生鳞刺,使加工表面的表面粗糙度增加。

(3) 动态因素——振动的影响。

在加工过程中，工艺系统有时会发生振动，即在刀具与工件间出现除切削运动之外的另一种周期性的相对运动。振动会使加工表面出现波纹，增大加工表面的表面粗糙度，强烈的振动还会使切削无法继续下去。

除上述因素外，造成已加工表面粗糙不平的原因还有被切屑拉毛和划伤等。

2. 减小表面粗糙度的工艺措施

（1）在精加工时，选择较小的进给量 f、较小的主偏角 k_r 和副偏角 k_r'、较大的刀尖圆弧半径 r_ε，可得到较小的表面粗糙度。

（2）加工塑性材料时，采用较高的切削速度可防止积屑瘤的产生，减小表面粗糙度。

（3）根据工件材料、加工要求，合理选择刀具材料，有利于减小表面粗糙度。

（4）适当地增大刀具前角和刃倾角，提高刀具的刃磨质量，降低刀具前后刀面的表面粗糙度均能降低工件加工表面的表面粗糙度。

（5）对工件材料进行适当的热处理，以细化晶粒，均匀晶粒组织，可减小表面粗糙度。

（6）选择合适的切削液，减小切削过程中的界面摩擦，降低切削区温度，减小切削变形，抑制鳞刺和积屑瘤的产生，可以大大减小表面粗糙度。

（二）影响表面力学性能的工艺因素

1. 表面层的内应力

外载荷去除后，仍残存在工件表层与基体材料交界处的相互平衡的应力称为内应力。产生表面层内应力的原因主要有以下几种。

（1）冷态塑性变形引起的内应力。

切削加工时，加工表面在切削力的作用下产生强烈的塑性变形，表层金属的比容增大、体积膨胀，但受到与它相连的里层金属的阻止，从而在表层产生了残余压应力，在里层产生了残余拉应力。当刀具在被加工表面上切除金属时，由于受后刀面的挤压和摩擦作用，加大了表面层伸长的塑性变形，表面层的伸长变形受到里层金属的阻止，而在表层产生残余压应力，在里层产生残余拉应力。

（2）热态塑性变形引起的内应力。

切削加工时，大量的切削热会使加工表面产生热膨胀，由于基体金属的温度较低，会对表层金属的膨胀产生阻碍作用，因此表层产生热态压应力。当加工结束后，表层温度下降要进行冷却收缩，但受到基体金属的阻止，从而在表层产生残余拉应力，里层产生残余压应力。

（3）金相组织变化引起的内应力。

如果在加工中工件表层温度超过金相组织的转变温度，则工件表层将产生组织转变，表层金属的比容将随之发生变化，而表层金属的这种比容变化必然会受到与之相连的基体金属的阻碍，从而在表层、里层产生互相平衡的内应力。例如，在磨削淬火钢时，由于磨削热导致表层可能产生回火，表层金属组织将由马氏体转变成接近珠光体的屈氏体或索氏体，密度增大，比容减小，此时表层金属要产生相变收缩但会受到基体金属的阻止，从而在表层金属产生残余拉应力，里层金属产生残余压应力。如果磨削时表层金属的温度超过相变温度，且冷却充分，表层金属将成为淬火马氏体，密度减小，比容增大，则表层将产生残余压应力，里层则产生残余拉应力。

2. 表面层加工硬化

（1）加工硬化的产生及衡量指标。

机械加工过程中，工件表面层金属在切削力的作用下产生强烈的塑性变形，金属的晶格扭曲，晶粒被拉长、纤维化甚至破碎而引起表面层金属的强度和硬度增加，塑性降低，这种现象称为加工硬化（或冷作硬化）。另外，加工过程中产生的切削热会使得工件表面层金属温度升高，当升高到一定程度时，会使得已强化的金属恢复到正常状态，失去其在加工硬化中得到的力学性能，这种现象称为软化。因此，金属的加工硬化实际取决于硬化速度和软化速度的比例。

评定加工硬化的指标有下列三项。

①表面层的显微硬度 HV。

②硬化层深度 h，μm。

③硬化程度 N。

$$N = \frac{\mathrm{HV} - \mathrm{HV}_0}{\mathrm{HV}_0} \tag{5-24}$$

式中　HV_0——金属原来的显微硬度；

　　　HV——金属加工后的显微硬度。

（2）影响加工硬化的因素。

①切削用量的影响。切削用量中进给量和切削速度对加工硬化的影响较大。增大进给量，切削力随之增大，表面层金属的塑性变形程度增大，加工硬化程度增大；增大切削速度，刀具对工件的作用时间减少，塑性变形的扩展深度减小，因此硬化层深度减小。另外，增大切削速度会使切削区温度升高，有利于减少加工硬化。

②刀具几何形状的影响。刀刃钝圆半径对加工硬化影响最大。实验证明，已加工表面的显微硬度随着刀刃钝圆半径的增大而增大，这是因为径向切削分力会随着刀刃钝圆半径的增大而增大，使表面层金属的塑性变形程度加剧，导致加工硬化增大。此外，刀具磨损会使后刀面与工件间的摩擦加剧，表面层的塑性变形增加，导致表面层加工硬化增大。

③加工材料性能的影响。工件的硬度越低、塑性越好，加工时塑性变形越大，加工硬化越严重。

三、磨削加工表面粗糙度

（一）磨削加工中影响表面粗糙度的因素

1. 几何因素

砂轮表面上的磨粒与被磨工件做相对运动产生刻痕，单位面积上的刻痕越多（通过单位面积的磨粒越多），且刻痕越细密均匀，则表面粗糙度就越小。

2. 物理因素

在磨削加工中产生的塑性变形。磨粒切削刃口半径较大，磨削厚度小，磨粒在工件表面滑擦、挤压和耕犁，使加工表面出现塑性变形，同时单位磨削力大和磨削区温度高，会加剧塑性变形。

3. 工艺因素

（1）磨削用量。

①砂轮速度v_s对表面粗糙度的影响。砂轮速度v_s与表面粗糙度的关系如图5-25所示。从图5-25可以看出，砂轮速度v_s越大，参与切削的磨粒数越多，工件单位面积上的刻痕数就越多；又因为磨削时塑性变形不充分，所以可降低表面粗糙度。

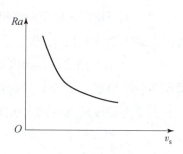

图5-25 砂轮速度v_s与表面粗糙度的关系

②磨削深度与工件速度越大，产生的塑性变形也越大，从而使表面粗糙度增大。为提高磨削效率，在磨削时应先采用较大的磨削深度，后采用较小的磨削深度，以减小表面粗糙度。

（2）砂轮。

①砂轮的粒度越小，单位面积上的磨粒就越多，加工表面的刻痕就越细密，表面粗糙度也就越小。但粒度过细，容易堵塞砂轮，使塑性变形增大，从而使表面粗糙度增大。

②砂轮硬度应适宜，使磨粒在磨钝后能及时脱落，露出新的磨粒继续磨削，即具有良好的自砺性，能获得较小的表面粗糙度。

③砂轮应及时修整，去除已钝化的磨粒，保证砂轮具有等高微刃。砂轮上的切削微刃越多，其等高性也越好，磨出的表面粗糙度就越小。

（3）工件材料。

①硬度的影响。工件材料太硬时，磨粒易钝化，太软时砂轮易堵塞，从而使表面粗糙度增大。

②韧性、导热性的影响。韧性大和导热性差的材料，会使磨粒早期崩落而破坏刀刃的等高性，从而使表面粗糙度增大。

（二）加工表面的内应力（见本模块任务四）

加工表面的内应力主要包括毛坯制造产生的内应力、冷校直带来的内应力以及切削加工产生的内应力。

（三）加工表面金相组织变化

1. 磨削表面层金相组织变化

磨削表面层金相组织变化与机械加工过程中磨削烧伤产生的切削热会使工件的加工表面产生剧烈的温升，当温度超过工件材料金相组织变化的临界温度时，将发生金相组织转变。在磨削加工中，磨削温度很高，磨削热有60%～80%传给工件，因此极容易出现金相组织的转变，使得表面层金属的硬度和强度下降，产生内应力，甚至引起显微裂纹，这种现象称为磨削烧伤。产生磨削烧伤时，加工表面常会出现黄、褐、紫、青等烧伤色，这是磨削表面在瞬时高温氧化下的氧化膜颜色，不同的烧伤色，表明工件表面受到的烧伤程度不同。磨削淬火钢时，工件表面层由于受到瞬时高温的作用，将可能产生以下三种金相组织变化。

（1）如果磨削表面层温度未超过相变温度，但超过了马氏体的转变温度，这时马氏体将转变成为硬度较低的回火屈氏体或索氏体，称为回火烧伤。

（2）如果磨削表面层温度超过相变温度，则马氏体转变为奥氏体，这时若无切削液，则磨削表面硬度急剧下降，表层被退火，这种现象称为退火烧伤。干磨时很容易产生这种现象。

（3）如果磨削表面层温度超过相变温度，但有充分的切削液对其进行冷却，则磨削表面层将急冷形成二次淬火马氏体，硬度比回火马氏体高，不过该表面层很薄，只有几微米厚，其下为硬度较低的回火索氏体和屈氏体，表面层总的硬度仍然降低，称为淬火烧伤。

2. 磨削烧伤的改善措施

影响磨削烧伤的因素主要是磨削用量、砂轮、工件材料和冷却条件。由于磨削热是造成磨削烧伤的根本原因，因此要避免磨削烧伤，就应尽可能减少磨削时产生的热量及尽量减少传入工件的热量。具体可采用下列措施。

（1）合理选择磨削用量，不能采用太大的磨削深度。因为当磨削深度增加时，工件的塑性变形会随之增加，工件表层及里层的温度都将升高，磨削烧伤仍会增加。工件速度增加，虽然磨削区表面温度会增高，但由于热作用时间减少，因此可减轻磨削烧伤。

（2）工件材料。工件材料对磨削区温度的影响主要取决于它的硬度、强度、韧性和热导率。工件材料硬度、强度越高，韧性越大，磨削时耗功越多，产生的热量就越多，也就越易产生磨削烧伤。导热性较差的材料，在磨削时也容易出现磨削烧伤。

（3）砂轮的选择。硬度太高的砂轮，钝化后的磨粒不易脱落，容易产生磨削烧伤。因此用软砂轮较好。选用粗粒度砂轮磨削，砂轮不易被磨粒堵塞，可减少磨削烧伤。

（4）冷却条件。采用切削液带走磨削区热量可以避免磨削烧伤。

四、控制表面质量的工艺途径

随着科学技术的发展，对零件表面质量的要求已越来越高。为了获得合格零件，保证机器的使用性能，人们一直在研究控制和提高零件表面质量的途径。提高表面质量的工艺途径大致可以分为两类：一类是用低效率、高成本的加工方法，寻求各工艺参数的优化组合，以减小表面粗糙度；另一类是着重提高工件表面的力学性能，以提高其表面质量。

（一）减小表面粗糙度的加工方法

1. 超精密切削加工和小粗糙度磨削加工

（1）超精密切削加工。

超精密切削加工是指表面粗糙度 Ra 在 0.04 μm 以下的加工方法。超精密切削加工最关键的是要在最后一道工序切削 0.1 μm 的微薄表面层，这就既要求刀具极其锋利，刀具钝圆半径应为纳米级尺寸;同时又要求刀具有足够的耐用度,以维持其锋利。超精密切削加工时,走刀量要小,切削速度要非常快,才能保证工件表面上的残留面积小,从而获得极小的表面粗糙度。

(2) 小粗糙度磨削加工。

为了简化工艺过程,缩短工序周期,有时用小粗糙度磨削加工替代光整加工。小粗糙度磨削加工除要求设备精度高外,磨削用量的选择最为重要。在选择磨削用量时,参数之间往往会相互矛盾和排斥。例如,为了减小表面粗糙度,砂轮应修整得细一些,但如此却可能引起磨削烧伤;为了避免磨削烧伤,应将工件转速加快,但这样又会增大表面粗糙度,而且容易引起振动;采用小磨削用量有利于提高工件表面质量,但会降低生产率,增加生产成本,而且工件材料不同,其磨削性能也不一样,一般很难凭手册确定磨削用量,要通过试验不断调整参数,因此表面质量较难准确控制。近年来,国内外对磨削用量的最优化做了不少研究,分析了磨削用量与磨削力、磨削热之间的关系,并用图表表示各参数的最佳组合,加上计算机的运用,通过指令进行过程控制,使得小粗糙度磨削加工逐步达到了应有的效果。

(二) 改善表面力学性能的加工方法

如前所述,表面层的力学性能对零件的使用性能及寿命影响很大,如果在最后一道工序中不能保证零件表面获得预期的表面质量要求,则应在工艺过程中增设表面强化工序来保证零件的表面质量。表面强化工艺包括化学处理、电镀和表面机械强化等几种。这里仅讨论机械强化的工艺问题。机械强化是指通过对工件表面进行冷挤压加工,使零件表面层金属发生冷态塑性变形,从而提高其表面硬度并在表面层产生残余压应力的无屑光整加工方法。采用表面强化工艺还可以降低零件的表面粗糙度。这种方法工艺简单、成本低,在生产中应用十分广泛,用得最多的是喷丸强化和滚压加工。

1. 喷丸强化

喷丸强化是利用压缩空气或离心力将大量直径为 $0.4 \sim 4$ mm 的珠丸高速打至零件表面,使其产生硬化层和残余压应力,显著提高零件的疲劳强度。珠丸可以采用铸铁、砂石及钢铁制造。所用设备是压缩空气喷丸装置或机械离心式喷丸装置,这些装置使珠丸能以 $35 \sim 50$ mm/s 的速度喷出。喷丸强化工艺可用来加工各种形状的零件,加工后零件表面的硬化层深度可达 0.7 mm,表面粗糙度 Ra 可由 3.2 μm 减小到 0.4 μm,使零件使用寿命提高几倍甚至几十倍。

2. 滚压加工

滚压加工是在常温下通过淬硬的滚压工具(滚轮或滚珠)对工件表面施加压力,使其产生塑性变形,将工件表面上原有的波峰填充到相邻的波谷中,从而减小表面粗糙度,并在其表面产生硬化层和残余压应力,使零件的承载能力和疲劳强度得以提高。滚压加工可使表面粗糙度 Ra 从 $1.25 \sim 5$ μm 减小到 $0.8 \sim 0.63$ μm,表面层硬度一般可提高 $20\% \sim 40\%$,表面层金属的耐疲劳强度可提高 $30\% \sim 50\%$。滚压用的滚轮常用碳素工具钢 T12A 或合金工具钢 CrWMn, Cr12, CrNiMn 等材料制造,淬火硬度在 $62 \sim 64$ HRC 之间;或用硬质合金 YG6,

YT15 等制成；其型面在装配前需经过粗磨，装上滚压工具后再进行精磨。

3. 金刚石压光

金刚石压光是一种用金刚石挤压加工表面的新工艺，已在国外精密仪器制造业中得到较广泛应用。压光后的零件表面粗糙度可达 0.02~0.4 μm，耐磨性比磨削后提高 1.5~3 倍，但仍比研磨后低 20%~40%，但生产率却比研磨高得多。金刚石压光用的机床必须是高精度机床，它要求机床刚性好、抗振性好，以免损坏金刚石。此外，它还要求机床主轴精度高，径向跳动和轴向窜动在 0.01 mm 以内，主轴转速能在 2 500~6 000 r/min 的范围内无级调速。机床主轴运动与进给运动应分离，以保证压光的表面质量。

【任务实施】

对机械加工表面质量包含内容进行分析，并填写表 5-9。

表 5-9 机械加工表面质量包含内容分析任务工单

机械加工表面质量包含内容	组成	备注
表面层的几何形状特征		
表面层的力学性能		

【任务评价】

一、任务评价表

对【任务实施】进行评价，并填写表 5-10。

表 5-10 任务评价表

考核内容	考核方式	考核要点	分值	评分
知识与技能（70 分）	教师评价（50%）+互评（50%）	表面粗糙度	20 分	
		表面层的加工硬化	20 分	
		表面层金相组织的变化	15 分	
		表面层的内应力	15 分	

续表

考核内容	考核方式	考核要点	分值	评分
学习态度与团队意识（15分）	教师评价（50%）+互评（50%）	学习积极性高，有自主学习的能力	3分	
		有分析解决问题的能力	3分	
		有团队协作精神，能顾全大局	3分	
		有组织协调能力	3分	
		有合作精神，乐于助人	3分	
工作与职业操守（15分）	教师评价（50%）+互评（50%）	有安全操作、文明生产的职业意识	3分	
		遵守纪律，规范操作	3分	
		诚实守信，实事求是，有创新意识	3分	
		能够自我反思，不断优化完善	3分	
		有节能环保意识、质量意识	3分	

二、选择题

1. 切削液应浇注在刀齿与工件接触处，即尽量浇注到靠近（　　）的地方。
   A. 切削力最大　　B. 切削变形最大　　C. 温度最高　　D. 切削刃工作

2. 磨削加工时，由于磨削热使工件表面达到很高的温度，表面层金属的金相组织会产生变化，表面硬度下降，工件表面呈现氧化膜颜色，这种现象称为（　　）。
   A. 磨削受热变形　　B. 磨削加工事故　　C. 磨削烧伤　　D. 磨削加工误差

3. 磨削淬火钢时，在工件表面层上形成的瞬时高温将使表面金属产生金相组织变化，其中不包括（　　）。
   A. 正火烧伤　　B. 回火烧伤　　C. 退火烧伤　　D. 淬火烧伤

三、判断题

1. 零件表面粗糙度越小，其耐磨性越好。（　　）

2. 一般来说，工件材料的塑性越大，越不容易得到较小的表面粗糙度。（　　）

3. 磨削烧伤是由磨削高温引起的，外圆磨削时为了消除烧伤可以适当地降低工件转速。（　　）

4. 对于精车加工塑性材料来说，采用较高或较低的切削速度，可避免积屑瘤产生。（　　）

5. 如果工件表面没有磨削烧伤色，就说明工件表面层没有发生磨削烧伤。（　　）

模块六　发动机装配工艺

【模块简介】

任何机器都是由若干零件、组件和部件组成的。按规定的技术要求，将零件、组件和部件进行配合和连接，使之成为半成品或成品的工艺过程称为装配。把零件、组件装配成部件的过程称为部件装配，把零件、组件和部件装配成为最终产品的过程称为总装配。例如，把轴、齿轮、箱体等零件装配成主轴箱为部件装配，把缸体、活塞、连杆、曲轴等装配成发动机为总装配（简称总装）。

【知识图谱】

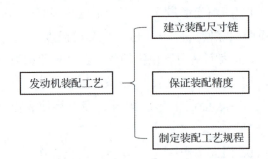

【学习目标】

1. 知识目标

（1）装配工艺认知。
（2）装配尺寸链认知。
（3）装配方法认知。
（4）装配工艺规程的制订。

2. 技能目标

（1）具有建立装配尺寸链的能力。
（2）具有选择装配方法的能力。
（3）具有切削加工及运行监控的能力。

3. 素质目标

（1）培养学生发现问题和解决问题的能力，使学生具有终身学习与专业发展能力。

（2）培养学生诚实守信、敢于担当的精神，能够弘扬中华优秀传统文化。

（3）培养学生的工匠精神、劳动精神，能够树立社会主义核心价值观。

（4）培养学生的科学素养，使学生具备科学思维、理性思维及辩证思维。

任务一　建立装配尺寸链

【任务描述】

在图 6-1 所示的轴和孔的装配中，为保证孔和轴的装配精度，需要通过建立尺寸链去控制装配精度。装配精度是轴和孔的配合精度，即间隙 A_0，它是封闭环；组成环是孔和轴的直径 A_1 和 A_2。A_1、A_2 和 A_0 构成装配尺寸链。本任务是分析轴和孔的配合关系，建立装配尺寸链。

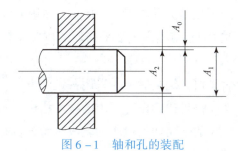

图 6-1　轴和孔的装配

【知识链接】

一、概述

（一）装配的概念

装配是机械制造过程中的最后一个阶段。为了使产品达到规定的技术要求，装配不仅是零件、组件和部件的装配和连接等过程，还应包括调整、检验、试验、涂饰和包装等工作。常见的装配工作主要有以下 5 项。

1. 清洗

进入装配的零部件，装配前要经过认真的清洗，对机器的关键部件，如轴承、密封、精密偶件等的清洗尤为重要。其目的是去除黏附在零件上的灰尘、切屑和油污，根据不同的情况，可以采用擦洗、浸洗、喷洗、超声清洗等不同的方法。清洗液有煤油、汽油、碱液、化学清洗液。

2. 连接

装配过程中要进行大量的连接，连接包括可拆卸连接和不可拆卸连接两种。可拆卸连接常用的有螺纹连接、键连接和销连接，不可拆卸连接常用的有焊接、铆接和过盈连接等。

3. 校正、调整与配作

校正是指产品中相关零部件相互位置的找正、找平及相应的调整工作，在产品总装和大型机械的基本件装配中应用较多。例如，车床总装中主轴箱主轴中心与尾座套筒中心的等高校正等。

调整是指机械装配过程中对相关零部件相互位置所进行的具体调节工作，以及为保证运动部件的相对运动精度而对运动副间隙进行的调整工作，如轴承间隙、导轨副间隙及齿轮与齿条的啮合间隙的调整等。

配作是指配钻、配铰、配刮、配磨等，这是装配中附加的一些钳工和机械加工工作。配钻用于螺纹连接，配铰多用于定位销孔加工，而配刮、配磨则多用于运动副的结合表面。配作通常与校正和调整结合进行。

4. 平衡

对高速回转的机械，为防止振动，需对回转部件进行平衡。平衡方法有静平衡和动平衡两种。对大直径小长度零件可采用静平衡，对长度较大的零件则要采用动平衡。常见的平衡方法有去重法（用钻、铣、磨或锉等去除重量）、配重法（用补焊、铆焊、胶结或螺纹连接等加配重量）、调整法（在预制的平衡槽内改变平衡块的位置和数量）。

5. 验收、试验

验收是在机械产品完成后，按一定的标准，采用一定的方法，对机械产品进行规定内容的检验。通过检验可以确定产品是否达到设计要求的技术指标。不同的产品有不同的质量要求，其检验方法也不相同，常见的金属切削机床的验收试验项目有机床几何精度的检验、空运转试验、负荷试验和工作精度试验等。

机器的质量是以机器的工作性能、使用效果、可靠性和寿命等综合指标来评定的。这些指标除和产品结构设计及材质选择的正确性有关外，还取决于零件的制造质量（包括加工精度、表面质量和热处理性能等）和机器的装配质量。机器的质量最终是通过装配质量保证的，若装配不当，即使零件的制造质量都合格，也不一定能够成为合格的产品；反之，即使零件的制造质量不是非常好，但只要在装配中采取合适的工艺措施，也能使产品达到规定的技术要求。因此，研究装配工艺，制订合理的装配工艺规程，选择合适的装配方法，是保证机器装配质量、提高装配生产率、降低制造成本的有力措施。

（二）装配精度

装配精度是装配工艺的质量指标，可根据机器的工作性能来确定。正确地规定机器和部件的装配精度是产品设计的重要环节之一。其不仅关系到产品质量，也影响产品制造的经济性。装配精度是制订装配工艺规程的主要依据，也是选择合理装配方法和确定零件加工精度的依据。因此，应正确规定机器的装配精度。

对于一些标准化、通用化和系列化的产品，如通用机床和减速器等，它们的装配精度可根据国家标准和行业标准来确定。

对于一些重要产品，其装配精度要经过分析计算和试验研究后才能确定。归纳起来，装配精度包括零部件间的配合精度、接触精度、距离精度（距离尺寸精度）、位置精度、相对运动精度等。

1. 配合精度

零部件间的配合精度是指配合表面间达到规定的间隙或过盈的要求，它影响配合性质和配合质量。

2. 接触精度

零部件间的接触精度是指配合表面、接触表面和连接表面达到规定的接触面积大小与接触点分布的情况，它影响接触刚度和配合质量。例如，齿轮啮合、锥体配合及导轨之间均有接触精度要求。

3. 距离精度

距离精度是指相关零部件间距离尺寸的精度，如轴向距离精度和中心距精度等。例如，卧式车床床头和尾座两顶尖的等高度就属于距离精度。

4. 位置精度

零部件间的位置精度包括平行度、垂直度、同轴度和各种跳动，如卧式车床检验标准中规定的主轴各种跳动。图6-2所示为单缸发动机装配的相对位置精度，即活塞外圆中心线与缸体孔中心线的平行度。α_0 是缸体孔中心线与其曲轴孔中心线的垂直度，α_1 是活塞外圆中心线与其销孔中心线的垂直度，α_2 是连杆小头孔中心线与其大头孔中心线的平行度，α_3 是曲轴的连杆轴颈中心线与其主轴轴颈中心线的平行度。由图6-2中可以看出，影响装配相对位置精度的是 α_0，α_1，α_2，α_3，即装配相对位置精度反映了各有关相对位置精度与装配相对位置精度的关系。

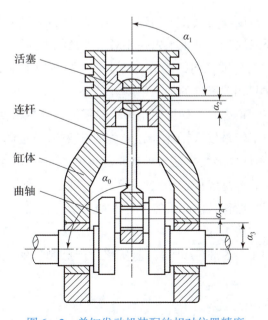

图6-2 单缸发动机装配的相对位置精度

5. 相对运动精度

相对运动精度是指产品中有相对运动的零部件在运动方向和相对速度上的精度，包括回转运动精度、直线运动精度和传动链精度等。例如，滚齿机滚刀主轴与工作台的相对运动精度和车床车螺纹时的主轴与刀架移动的相对运动精度等。

上述各种装配精度之间存在一定的关系。配合精度和接触精度是距离精度和位置精度的基础，而位置精度又是相对运动精度的基础。

（三）装配精度与零件精度的关系

机器和部件是由零件装配而成的，装配精度与相关零部件制造误差的累积有关。显然，装配精度取决于零件的精度，特别是关键零件的加工精度。例如，在卧式车床装配中，要满足尾座移动对床鞍移动的平行度要求，而该平行度主要取决于床身上床鞍移动导轨面 A 与尾座移动导轨面 B 之间的平行度及导轨面间的接触精度，如图 6-3 所示。可见，该装配精度主要是由基准件床身上导轨面之间的位置精度保证的。

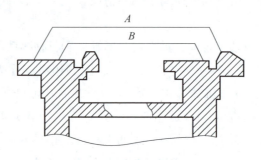

图 6-3　床身导轨简图
A—床鞍移动导轨面；B—尾座移动导轨面

一般而言，多数装配精度与与其相关的若干个零部件的加工精度有关。例如，主轴定芯轴颈的径向圆跳动，主要取决于滚动轴承内径相对于外径的径向圆跳动、主轴定芯轴颈相对于主轴支承轴颈（装配基准）的径向圆跳动及其他结合件（如锁紧螺母等）的精度。这时，就应合理地规定和控制这些相关零件的加工精度。

当遇到要求较高的装配精度时，如果完全靠相关零件的制造精度来直接保证，则零件的加工精度将会很高，给加工带来较大困难。在装配时应采用一定的工艺措施（如选择、修配和调整等），从而形成不同的装配方法来保证装配精度。如图 6-4 所示，卧式车床床头前顶尖和尾座后顶尖两顶尖的等高度要求，主要取决于主轴箱、尾座体、尾座底板和床身等零部件的加工精度。该装配精度很难由相关零件的加工精度直接保证，因此在生产中，常按较经济的精度来选择装配方法去加工相关零部件。本例就采用了修配尾座底板的方法保证装配精度。该方法虽然增加了装配的劳动量，但从整个产品制造的全局来分析，仍是经济可行的。

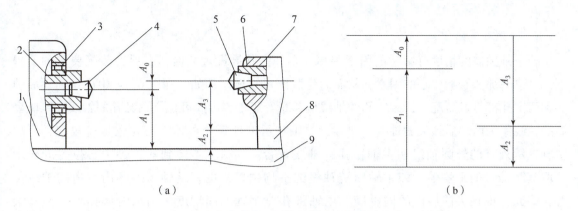

图6-4 卧式车床床头和尾座两顶尖的等高度要求示意图
(a) 结构示意图;(b) 装配尺寸链图
1—主轴箱;2—主轴;3—轴承;4—前顶尖;5—后顶尖;6—尾座套筒;
7—尾座体;8—尾座底板;9—床身

由此可见,装配时采用不同的工艺措施,会形成各种不同的装配方法,而不同的装配方法,装配精度与零件的加工精度也具有不同的关系。

二、建立装配尺寸链

装配尺寸链是产品或部件在装配过程中,由相关零件的相关尺寸(表面或轴线间距离)或相互位置关系(平行度、垂直度或同轴度等)所组成的尺寸链。装配精度和相关零件精度之间的关系构成装配尺寸链。装配尺寸链特点如下。

(1) 装配尺寸链的封闭环一定是机器产品或部件的某项装配精度。

(2) 装配精度只有产品装配后才能测量,故封闭环只有在装配后才能形成,不具有独立性。

(3) 装配尺寸链是全部组成环为不同零件设计尺寸所形成的尺寸链。

(4) 装配尺寸链的形式较多,除常见的线性尺寸链外,还有角度尺寸链、平面尺寸链和空间尺寸链等。

建立装配尺寸链就是根据封闭环——装配精度,查找组成环,即相关零件的设计尺寸,并画出装配尺寸链图,判别组成环的性质(判别增减环)。

(一) 装配尺寸链的建立方法

建立装配尺寸链的步骤如下。

(1) 明确装配关系:看懂产品或部件的装配图,看清各个零件的装配关系。

(2) 确定封闭环:明确装配精度的要求,即准确找到封闭环。

(3) 查找组成环:沿装配精度要求的方向,以相邻零件装配基面间的联系为线索,分别找出影响该装配精度要求的相关零件。

(4) 画装配尺寸链图:当相关尺寸齐全后,即可画出装配尺寸链图,确定组成环性质。

（二）建立装配尺寸链的注意事项

1. 简化装配尺寸链

若对某项装配精度有影响的因素很多，则在查找装配尺寸时，在保证装配要求的前提下，可忽略那些影响较小的因素，从而简化装配尺寸链。例如，在图 6-4 中由于前、后顶尖和两锥孔都是过盈配合，故它们的轴线偏移量等于零，因此可把主轴锥孔的轴线和尾座套筒的轴线作为前、后顶尖的轴线。同样，主轴轴承的外环和主轴箱的孔也是过盈配合，故主轴轴承外环的外圆轴线和主轴箱孔的轴线重合。同时，考虑到前顶尖中心位置的确定是取其跳动量的平均值，即主轴回转轴线的平均位置，也就是轴承外环内滚道的轴线位置，因此，前顶尖前后锥的同轴度、主轴锥孔对主轴的同轴度，轴承内环孔和内环外滚道的同轴度及滚柱的不均匀性等，都可不计入装配尺寸链中，以简化尺寸链。

2. 环数最少原则

在查找装配尺寸链时，每个相关的零部件只应有一个尺寸作为组成环列入装配尺寸链，这样组成环的数目就等于相关零部件的数目，即"一件一环"。

3. 多方向原则

在同一装配结构中，不同的位置方向都有装配精度要求时，应按不同方向分别建立装配尺寸链。例如，图 6-5 所示的蜗杆副传动结构，需要同时保证蜗杆轴线与蜗轮中间平面的重合精度、蜗杆副两轴线间的距离精度和蜗杆副两轴线间的垂直度精度。

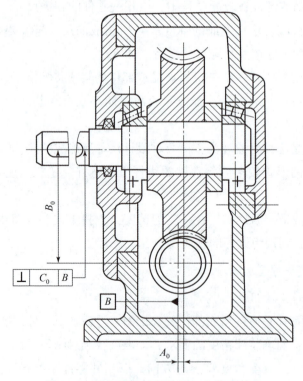

图 6-5　蜗杆副传动结构的三个装配精度

（三）建立装配尺寸链的实例

例 1 图 6-6（a）所示为某减速器的齿轮轴组件装配示意图。齿轮轴在两滑动轴承中转动，两滑动轴承又分别压入左箱体和右箱体的孔内，装配要求是齿轮轴台肩和轴承端面间轴向间隙为 $0.2\sim0.7$ mm，试建立以轴向间隙为装配精度的尺寸链。

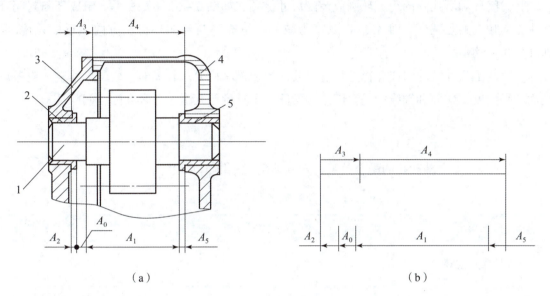

（a）

（b）

图 6-6 齿轮轴组件的装配尺寸链

（a）装配示意图；（b）装配尺寸链图

1—齿轮轴；2—左滑动轴承；3—左箱体；4—右箱体；5—右滑动轴承

解 一般按下列步骤建立装配尺寸链。

1. 确定封闭环

装配尺寸链的封闭环是装配精度 $A_0 = 0.2\sim0.7$ mm。

2. 查找组成环

装配尺寸链的组成环是相关零件的相关尺寸。所谓相关尺寸，就是指该相关零件上会引起封闭环变化的尺寸。查找的步骤是先找出相关零件，再确定相关零件上的相关尺寸。

（1）查找相关零件。

从封闭环两端所依的零件出发，以零件的装配基准为联系，逐个找到基准件，最后由基准件把两端封闭，其间经过的所有零件都是相关零件。本例中封闭环 A_0 两端所依的零件分别是齿轮轴和左滑动轴承，这两个零件就是相关零件。左端和左滑动轴承的装配基准相联系的是左箱体（基准件），故左箱体也是相关零件。右端和齿轮轴的装配基准相联系的是右滑动轴承；和右滑动轴承的装配基准相联系的右箱体也是基准件，故右滑动轴承和右箱体都是相关零件。左、右箱体通过接合止口封闭。因此，轴向间隙为封闭环的装配尺寸链的相关零件是齿轮轴、左滑动轴承、左箱体、右箱体和右滑动轴承。

（2）确定相关零件上的相关尺寸。

确定相关尺寸应该遵守尺寸链环数最少原则（或称尺寸链最短原则）。遵守这条原则，能使尺寸链环数最少，从而有利于保证装配精度。

3. 画装配尺寸链图并确定组成环的性质

将封闭环和所找到的组成环画成装配尺寸链图，如图 6-6（b）所示。组成环与封闭环箭头方向相同的是减环，即 A_1，A_2，A_5 为减环；组成环与封闭环箭头方向相反的是增环，即 A_3，A_4 是增环。

上述装配尺寸链的组成环都是长度尺寸。当装配精度要求较高时，装配尺寸链还应考虑端面的平面度、端面和轴线的垂直度、端面间的平行度等几个公差环和配合间隙环。

【任务实施】

分析图 6-1 中轴和孔的配合关系，建立装配尺寸链，并填写表 6-1。

表 6-1　建立装配尺寸链分析任务工单

考核要求	装配尺寸链分析	备注
画出装配尺寸链图		
封闭环		
增环		
减环		

【任务评价】

一、任务评价表

对【任务实施】进行评价，并填写表 6-2。

表 6-2　任务评价表

考核内容	考核方式	考核要点	分值	评分
知识与技能（70 分）	教师评价（50%）+ 互评（50%）	装配尺寸链组成	14 分	
		封闭环认知	14 分	
		增环认知	14 分	
		减环认知	14 分	
		装配精度认知	14 分	

续表

考核内容	考核方式	考核要点	分值	评分
学习态度与团队意识（15分）	教师评价（50%）+互评（50%）	学习积极性高，有自主学习的能力	3分	
		有分析解决问题能力	3分	
		有团队协作精神，能顾全大局	3分	
		有组织协调能力	3分	
		有合作精神，乐于助人	3分	
工作与职业操守（15分）	教师评价（50%）+互评（50%）	有安全操作、文明生产的职业意识	3分	
		遵守纪律，规范操作	3分	
		诚实守信，实事求是，有创新意识	3分	
		能够自我反思，不断优化完善	3分	
		有节能环保意识、质量意识	3分	

二、判断题

1. 建立尺寸链的最短原则是要求组成环的数目最少。（　　）
2. 任一零件可以有多个尺寸参与装配尺寸链。（　　）
3. 装配是机器制造过程中的最后一个阶段，它仅仅是指零部件的结合过程。（　　）
4. 装配尺寸链是全部组成环为同一零件量度尺寸所组成的尺寸链。（　　）
5. 在查找装配尺寸链时，一个零件有时可有两个尺寸作为组成环列入装配尺寸链。（　　）
6. 提高装配精度的唯一方法是提高组成环零件的加工精度。（　　）

任务二　保证装配精度

【任务描述】

　　装配时采用不同的工艺措施，会形成各种不同的装配方法，而不同的装配方法，装配精度与零件的加工精度也具有不同的关系。如图6-7所示，卧式车床床头和尾座两顶尖的等高度要求，主要取决于主轴箱、尾座、尾座底板和床身等零部件的加工精度。该装配精度很难由相关零部件的加工精度直接保证。在生产中，常按较经济的精度来加工相关零部件，而在装配时则采用一定的工艺措施（如选择、修配和调整等），从而形成不同的装配方法来保证装配精度。本任务是分析装配方法，并指出图6-7中应采用的装配方法。

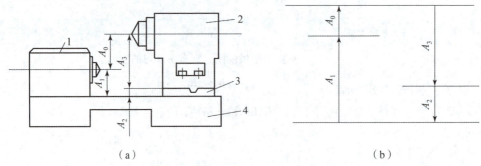

图6-7 卧式车床床头和尾座两顶尖的等高度要求示意图
（a）结构示意图；（b）装配尺寸链图
1—主轴箱；2—尾座；3—尾座底板；4—床身

【知识链接】

在机械制造中，达到装配尺寸链封闭环要求的常用方法有互换装配法、选配装配法、修配装配法和调整装配法等，现分别介绍如下。

一、互换装配法

在装配时各配合零件不经修理、选择或调整即可达到装配精度的方法称为互换装配法。互换装配法的特点是装配质量稳定可靠，装配工作简单、经济、生产率高。零部件有互换性，便于组织流水装配和自动化装配，是一种比较理想和先进的装配方法。因此，只要各零件的加工在技术上经济合理，就应该优先采用。大批大量生产中广泛采用互换装配法。按互换的程度不同，互换装配法有完全互换装配法和大数互换装配法两种。

（一）完全互换装配法

1. 完全互换装配法的分配原则

采用完全互换装配法时，装配尺寸链采用极值算法进行计算，其核心问题是将封闭环的公差合理地分配到各组成环上。完全互换装配法分配的一般原则如下。

（1）当组成环是标准尺寸时（如轴承宽度、挡圈厚度等），其公差大小和分布位置为确定值。

（2）当某一组成环是几个不同装配尺寸链的公共环时，其公差大小和公差带位置应根据对其精度要求最严的那个装配尺寸链确定。

（3）在确定各待定组成环公差大小时，可根据具体情况选用不同的公差分配方法，如等公差法、等精度法或按实际加工可能性分配公差等。在处理直线装配尺寸链时，若各组成环尺寸相近，加工方法相同，可优先考虑等公差法；若各组成环加工方法相同，但基本尺寸相差较大，可考虑使用等精度法；若各组成环加工方法不同，加工精度差别较大，则通常按实际加工可能性分配公差。

（4）各组成环公差带的位置一般可按入体原则标注，但要保留一环作为协调环，因为封闭环的公差是装配要求确定的既定值。当大多数组成环取为标准公差值之后,就可能有一个组成环的公差值取的不是标准公差值,此组成环在尺寸链中起协调作用,这个组成环称为协调环,其上、下偏差用极值法有关公式求出。选择协调环的原则:①选择无须用定尺寸刀具加工,无须用极限量规检验的尺寸作协调环;②选择易于加工的尺寸作协调环,或将易于加工的尺寸公差从严取标准公差值,然后选择一个难于加工的尺寸作为协调环。

例 2 图 6-8 所示为齿轮与轴部件装配,齿轮空套在轴上,要求齿轮与挡圈的轴向间隙为 0.1~0.35 mm。已知各零件有关的基本尺寸: $A_1 = 30$ mm, $A_2 = 5$ mm, $A_3 = 43$ mm(标准件), $A_5 = 5$ mm,用完全互换装配法装配,试确定各组成环的偏差。

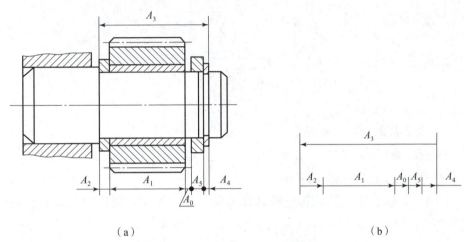

图 6-8 齿轮与轴部件装配
(a) 部件装配图;(b) 装配尺寸链图

解 (1) 建立装配尺寸链,如图 6-8(b)所示。

(2) 确定各组成环的公差,若按等公差法计算,各组成环公差为 $T_1 = T_2 = T_3 = T_4 = T_5 = (0.35 - 0.1)$ mm/5 $= 0.05$ mm。考虑加工难易程度,进行适当调整(标准尺寸 A_4 公差不变),得到 $T_4 = 0.05$ mm;$T_1 = 0.06$ mm;$T_3 = 0.1$ mm;$T_2 = T_5 = 0.02$ mm。

(3) 确定各组成环的偏差,取 A_5 为协调环,A_4 为标准尺寸,$A_4 = 3_{-0.05}^{\ 0}$ mm。除协调环以外各组成环公差按入体原则标注为 $A_1 = 30_{-0.06}^{\ 0}$ mm,$A_2 = 5_{-0.02}^{\ 0}$ mm,$A_3 = 43_{\ 0}^{+0.1}$ mm。计算协调环的偏差有 $E_{s0} = (E_{s3}) - (E_{i1} + E_{i2} + E_{i4} + E_{i5})$,即 0.35 mm $= (0.1$ mm$) - (-0.06$ mm $- 0.02$ mm $- 0.05$ mm $+ E_{i5})$,得到 $E_{i5} = -0.12$ mm,$E_{s5} = E_{i5} + T_5 = -0.1$ mm。于是有 $A_5 = 5_{-0.12}^{-0.10}$ mm。

2. 完全互换装配法的特点及应用场合

完全互换装配法的特点:装配质量稳定可靠,对装配人员的技术等级要求较低,装配工作简单、经济、生产率高,便于组织流水装配和自动化装配,又可保证零部件的互换性,便于组织专业化生产和协作生产,容易解决备件供应。因此,完全互换装配法是比较先进和理想的装配方法。

但是,当封闭环要求较严和组成环数目较多时,会提高零件的精度要求,加工比较困难。因此,只要各组成环的加工在技术上有可能,且经济上合理时,应该尽量优先采用完全互换装配法，尤其在成批、大量生产时更应该如此。例如，大批大量生产汽车、拖拉机、小型柴油机、缝纫机及小型电机的部分部件，大多采用完全互换装配法。

（二）大数互换装配法

1. 概念及尺寸链的计算方法

大数互换装配法是指在绝大多数产品中，装配时的各组成环不需要挑选或改变其大小或位置，装入后即能达到封闭环的公差要求。大数互换装配法采用统计公差公式计算。为保证绝大多数产品的装配精度要求，尺寸链中封闭环的统计公差应小于或等于封闭环的公差要求值，即

$$T_{0S} \leqslant T_0$$

因为

$$T_{0S} = \frac{1}{K_0} \sqrt{\sum_i^m \zeta_i^2 k_i^2 T_i^2}$$

所以

$$\frac{1}{K_0} \sqrt{\sum_i^m \zeta_i^2 k_i^2 T_i^2} \leqslant T_0 \tag{6-1}$$

式中　T_{0S}——封闭环统计公差；

　　　K_0——封闭环的相对分布系数；

　　　k_i——第 i 个组成环的相对分布系数；

　　　ζ_i——第 i 个组成环的传递系数。

例3　图 6-8（a）所示的齿轮与轴部件装配，已知条件同例 2，用大数互换装配法装配，试确定各组成环的偏差。

解　（1）建立装配尺寸链，如图 6-8（b）所示。

（2）确定各组成环的公差，A_4 为标准尺寸，公差确定为 $T_4 = 0.05$ mm。A_1，A_2，A_5 公差取经济公差，$T_1 = 0.1$ mm，$T_2 = T_5 = 0.025$ mm，$T_0 = \sqrt{T_1^2 + T_2^2 + T_3^2 + T_4^2 + T_5^2}$。

将 T_1，T_2，T_4，T_5 及 T_0 代入，可求出 $T_3 = 0.135$ mm。

（3）确定各组成环的偏差（仍取 A_5 为协调环），A_4 为标准尺寸，公差带位置确定为 $A_4 = 3_{-0.05}^{\ 0}$ mm，除协调环以外各组成环公差按入体原则标注为 $A_1 = 30_{-0.1}^{\ 0}$ mm，$A_2 = 5_{-0.025}^{\ 0}$ mm，$A_3 = 43_{\ 0}^{+0.135}$ mm。计算协调环的偏差，假定各组成环分布不对称系数均为0。有 $A_{0M} = (A_{3M}) - (A_{1M} + A_{2M} + A_{4M} + A_{5M})$，即 0.225 mm = （43.067 5 mm）-（29.95 mm + 4.987 5 mm + 2.975 mm + A_{5M}），得到 $A_{5M} = 4.93$ mm，于是有 $A_5 = (4.93 \pm 0.012\ 5)$ mm = $5_{-0.082\ 5}^{-0.057\ 5}$ mm。

2. 大数互换装配法的特点及应用场合

大数互换装配法的特点和完全互换装配法的特点相似，只是互换程度不同。由于大数互换装配法采用统计公差公式计算，因此扩大了组成环的公差，尤其是在环数较多，组成环又呈正态分布时，扩大的组成环公差最显著，因此对组成环的加工更方便，但是会有少数产品超差。为了避免超差，采用大数互换装配法时，应具有相应的工艺措施。只有当放大组成环公差所得到的经济效果超过为避免超差所采取的工艺措施的代价后，才可能采用大数互换装配法。

大数互换装配法常应用于大批大量生产，组成环较多、装配精度要求又较高的场合。例如，机床和仪器仪表等产品中，封闭环要求较宽的多环尺寸链场合应用大数互换装配法较多。

二、选配装配法

在成批或大量生产条件下，对于组成环不多而装配精度却要求很高的尺寸链，若采用完全互换装配法，则零件的公差过严，甚至超过了加工工艺的实际可能性。在这种情况下，可选择选配装配法。选配装配法是将组成环的公差放大到经济可行的程度，然后选择合适的零件进行装配，以保证规定的装配精度要求。选配法有三种：直接选配法、分组选配法和复合选配法。

（一）直接选配法

直接选配法是由装配人员从许多待装零件中，凭经验挑选合适的零件通过试凑法进行装配的方法。其优点是装配简单，缺点是装配精度在很大程度上取决于装配人员的技术水平，而且装配工时也不稳定，故常用于封闭环公差要求不太严、产量不大或生产节拍要求不太严格的成批生产中。

（二）分组装配法

1. 概念

互换装配法达到封闭环公差要求，是靠限制组成环的加工误差来保证的。当封闭环公差要求很严时，采用互换装配法会使组成环加工很困难或很不经济。为此，当尺寸链环数不多时，可采用分组装配法。分组装配法是先将组成环的公差相对于互换装配法所求值增大若干倍，使其能较经济地加工；然后，将各组成环按实际尺寸的大小分为若干组，各对应组进行装配，从而达到封闭环公差要求。由于分组装配法中同组零件具有互换性，因此又称分组互换法。分组装配法采用极值公差公式计算。

2. 尺寸链的计算方法

现以图6-9（a）所示发动机中活塞销和连杆小头孔的配合精度为例，说明分组装配法的计算方法。

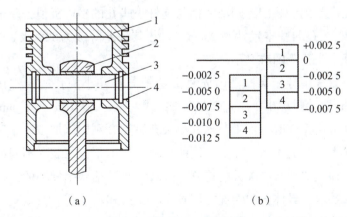

图6-9　发动机中活塞销与连杆小头孔的配合精度
（a）装配关系；（b）分组尺寸公差带图
1—活塞；2—连杆；3—活塞销；4—挡圈

例 4 如图 6−9 所示，连杆小头孔的直径为 $\phi 25^{+0.0025}_{0}$ mm，活塞销的直径为 $\phi 25^{-0.0025}_{-0.0050}$ mm，其配合间隙要求为 0.002 5~0.007 5 mm，因此，生产上采用分组装配法，连杆小头孔直径公差放大 4 倍，为 $\phi 25^{+0.0025}_{-0.0075}$ mm，将活塞销直径公差也放大 4 倍，为 $\phi 25^{-0.0025}_{-0.0125}$ mm，再分为 4 组相应进行装配，就可以保证配合精度和性质，如表 6−3 所示。

表 6−3 活塞销和连杆小头孔的分组尺寸

组别	标志颜色	活塞销直径/mm	连杆小头孔直径/mm	配合性质 最大间隙/mm	配合性质 最小间隙/mm
1	白	$\phi 25^{-0.0025}_{-0.0050}$	$\phi 25^{+0.0025}_{0}$		
2	绿	$\phi 25^{-0.0050}_{-0.0075}$	$\phi 25^{0}_{-0.0025}$	0.007 5	0.002 5
3	黄	$\phi 25^{-0.0075}_{-0.0100}$	$\phi 25^{-0.0025}_{-0.0050}$		
4	红	$\phi 25^{-0.0100}_{-0.0125}$	$\phi 25^{-0.0050}_{-0.0075}$		

解 装配技术要求中规定，活塞销与连杆小头孔在冷却装配时，应有 0.002 5~0.007 5 mm 的间隙量，即最大间隙量 $X_{\max}$ 和最小间隙量 $X_{\min}$ 分别为

$$X_{\max} = D_{\max} - d_{\min} = +0.0075 \text{ mm}$$

$$X_{\min} = D_{\min} - d_{\max} = +0.0025 \text{ mm}$$

式中 　$D_{\max}$——连杆小头孔的最大直径；

　　　$D_{\min}$——连杆小头孔的最小直径；

　　　$d_{\max}$——活塞销的最大直径；

　　　$d_{\min}$——活塞销的最小直径。

因此，封闭环的公差 T_0——间隙公差为

$$T_0 = |X_{\max} - X_{\min}| = |+0.0075 - (+0.0025)| \text{ mm} = 0.0050 \text{ mm}$$

若采用完全互换装配法装配，则活塞销与连杆小头孔的平均极值公差 $T_{\text{av,L}} = 0.0025$ mm（当活塞销与连杆小头孔的基本尺寸为 25 mm 时，其公差等级为 IT2 级），显然制造这样精度的活塞销与连杆小头孔既困难又不经济。

在实际生产中，采用分组装配法。先将活塞销与连杆小头孔的公差在同方向都放大 4 倍，由 0.002 5 mm 放大到 0.010 mm，即 $d = 25^{-0.0025}_{-0.0125}$ mm，$D = 25^{+0.0025}_{-0.0075}$ mm。

这样，活塞销可用无心磨床加工，连杆小头孔可用金刚镗床加工。然后，用精密量具测量尺寸，并按尺寸大小分成 4 组，涂上不同的颜色加以区别，或装入不同的容器内，再按各对应组进行装配，即大的活塞销配大的连杆小头孔，小的活塞销配小的连杆小头孔，装配后仍能保证间隙量的要求。具体分组情况如图 6−9（b）和表 6−3 所示。

正确采用分组装配法的关键，是保证分组后各对应组的配合性质和配合公差满足设计要求。同时，对应组内相配件的数量要配套。为此，应满足下列条件：

（1）配合件的公差应相等，公差要向同方向增大，增大的倍数应等于分组数。从

图 6-9（b）中可知本例满足要求。

（2）由于装配精度取决于分组公差，故配合件的表面粗糙度和形状公差均需与分组公差相适应，不能随尺寸公差的增大而放大。表面粗糙度和形状公差一般应小于分组公差的50%。因此，分组装配法的组数不能任意增加，它受零件表面粗糙度和形状公差的限制。

为保证对应组内相配件的数量配套，相配件的尺寸分布应相同。为此，在实际生产中常常专门生产一些与剩余件配套的零件，以解决剩余件积压问题。

3. 分组装配法的特点及应用场合

分组装配法可以降低对组成环的加工要求，而不降低装配精度。但是，分组装配法增加了测量、分组和配套工作。当组成环数较多时，这种工作就会变得非常复杂。因此，分组装配法适用于成批、大量生产中封闭环公差要求很严，尺寸链组成环很少的装配尺寸链中，如精密偶件的装配、精密机床中精密件的装配和滚动轴承的装配等。

（三）复合选配法

复合选配法是分组装配法和直接选配法的复合形式，即零件预先测量分组，装配时再在各对应组内凭装配人员经验直接选配来达到装配精度要求。其特点是配合件公差可以不相等，由于在分组的范围内直接选配，因此既能达到理想的装配精度，又能较快地选择合适的零件，但装配精度在一定程度上仍要依赖装配人员的技术水平，加工工时也不稳定。故常作为分组装配法的一种补充形式，应用于封闭环公差要求不太严、产品产量不大或生产节拍要求不是很严格的成批生产中，如汽车发动机中气缸与活塞的装配。

三、修配装配法

（一）基本概念

在成批生产中，若封闭环公差要求较严，组成环又较多，用互换装配法势必要求组成环的公差很小，增加了加工的难度，并影响加工经济性；用分组装配法，又因环数多会使测量、分组和配套工作变得非常困难和复杂，甚至造成生产上的混乱。在单件小批生产时，若封闭环公差要求较严，即使组成环环数很少，也会因零件生产数量少而不能采用分组装配法。此时，常采用修配装配法达到封闭环公差要求。

修配装配法（简称修配法）是将尺寸链中各组成环的公差相对于互换装配法所求值增大，使其能按该生产条件下较经济的公差制造，装配时去除补偿环（预先选定的某一组成环）部分材料以改变其实际尺寸，使封闭环达到其公差与极限偏差要求。补偿环（或称修配环）是用来补偿其他各组成环由于公差放大后所产生的累积误差的。因修配装配法是逐个修配，所以零件不能互换。修配装配法通常采用极值公差公式计算。

（二）正确选择补偿环和确定其尺寸及极限偏差

采用修配装配法的关键是正确选择补偿环和确定其尺寸及极限偏差。

1. 选择补偿环

选择补偿环应满足以下要求。

（1）要便于装拆，易于修配。一般应选形状比较简单、修配面较小的零件。

（2）尽量不选公共环。因为公共环难以同时满足几个装配要求，因此，应选只与一项装配精度有关的环。

2. 确定补偿环的尺寸及极限偏差

确定补偿环尺寸及极限偏差的出发点，是要保证修配时的修配量足够和尽量小。为此，首先要了解补偿环被修配时，对封闭环的影响是逐渐增大还是逐渐变小的，不同的影响有不同的计算方法。

第一种情况：越修配补偿环，封闭环尺寸越大，简称"越修越大"。

此时，为了保证修配量足够和最小，放大组成环公差后，实际封闭环公差带和设计要求封闭环公差带的相对关系应如图 6-10（a）所示。其中，T_0，L_{0max} 和 L_{0min} 分别表示设计要求封闭环的公差、上极限尺寸和下极限尺寸；T'_0，L'_{0max} 和 L'_{0min} 分别表示放大组成环后实际封闭环的公差、上极限尺寸和下极限尺寸；F_{max} 表示最大修配量。由图 6-10（a）可知

$$L'_{0max} = L_{0max} \quad (6-2)$$

若 $L'_{0max} > L_{0max}$，那么修配补偿环后 L'_{0max} 会更大，不能满足设计要求。

第二种情况：越修配补偿环，封闭环尺寸越小，简称"越修越小"。

由图 6-10（b）可知，为保证修配量足够和最小，应满足

$$L'_{0min} = L_{0min} \quad (6-3)$$

上述两种情况下，分别满足式（6-2）和式（6-3）时，最大修配量 F_{max} 为

$$F_{max} = T'_0 - T_0 = \sum_{i=1}^{m} T_i - T_0 \quad (6-4)$$

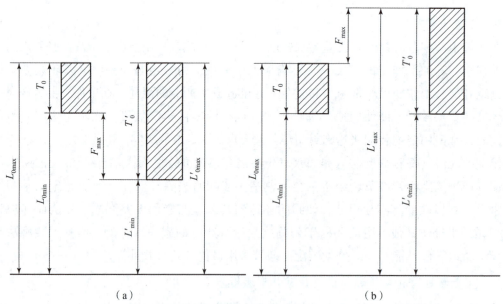

图 6-10 实际要求封闭环公差带要求值和设计要求封闭环公差带的相对关系
(a)"越修越大"；(b)"越修越小"

当已知各组成环放大后的公差,并按入体原则确定组成环的极限偏差后,就可按式(6-3)或式(6-4)求出补偿环的某一极限尺寸(或极限偏差),再由已知的补偿环公差求出补偿环的另一极限尺寸(或极限偏差)。

(三) 尺寸链的计算步骤和方法

下面通过例5,说明采用修配装配法时尺寸链的计算步骤和方法。

例5 图6-7(a)所示卧式车床床头和尾座两顶尖的等高度要求为 0~0.06 mm(只许尾座高)的结构示意图。已知:$A_1 = 202$ mm,$A_2 = 46$ mm,$A_3 = 156$ mm,建立图6-7(b)所示的装配尺寸链。其中,封闭环 $A_0 = 0^{+0.06}_{0}$ mm;A_1 为减环;A_2、A_3 为增环。若按完全互换装配法用极值公差公式计算,各组成环的平均极值公差为

$$T_{av,L} = \frac{T_0}{m} = 0.02 \text{ mm}$$

显然,由于组成环的平均极值公差太小,加工困难,不宜用完全互换装配法,现采用修配装配法。

解 具体计算步骤和方法如下。

(1) 选择补偿环。

因组成环 A_2 尾座底板的形状简单,表面积较小,便于刮研修配,故选择 A_2 为补偿环。

(2) 确定各组成环公差。

根据各组成环所采用加工方法的经济精度确定其公差。A_1 和 A_3 采用镗磨加工,取 $T_1 = T_3 = 0.1$ mm;尾座底板采用半精刨加工,取 $T_2 = 0.15$ mm。

(3) 计算补偿环 A_2 的最大修配量。

利用式(6-4)可得

$$F_{max} = \sum_{i=1}^{m} T_i - T_0 = (0.1 + 0.15 + 0.1 - 0.06) \text{ mm} = 0.29 \text{ mm}$$

(4) 确定除补偿环以外各组成环的极限偏差。

因 A_1 与 A_2 是孔轴线和底面的位置尺寸,故极限偏差按对称分布,即 $A_1 = (202 \pm 0.05)$ mm,$A_3 = (156 \pm 0.05)$ mm。

(5) 计算补偿环 A_2 尺寸及极限偏差。

①判别补偿环 A_2 修配时对封闭环 A_0 的影响,从图6-7(a)中可知,越修配补偿环 A_2,封闭环 A_0 越小,是"越修越小"情况。

②计算补偿环尺寸及极限偏差。用式(6-3)$L'_{0min} = L_{0min}$,即 $A'_{0min} = A_{0min}$ 进行计算,代入具体数值并整理后可得

$$A_{2min} = A_{0min} - A_{3min} + A_{1max} = [0 - (156 - 0.05) + (202 + 0.05)] \text{ mm} = 46.1 \text{ mm}$$

因为 $T_2 = 0.15$ mm

所以 $A_{2max} = A_{2min} + T_2 = 46.25$ mm

即 $A_2 = 46^{+0.25}_{+0.10}$ mm。

在实际生产中，为提高接触精度还应考虑尾座底板底面在总装时必须留有一定的刮研量。按式（6-3）$L'_{0\min}=L_{0\min}$求出的A_2，其最大刮研量为 0.29 mm 时，符合要求，但最小刮研量为 0 mm 时就不符合总装要求，故必须将A_2加大。对尾座底板而言，最小刮研量可留 0.1 mm，故A_2应加大 0.1 mm，即$A_2=46^{+0.35}_{+0.20}$ mm。

（四）修配装配法的特点及应用场合

修配装配法可降低组成环的加工要求，利用修配补偿环的方法可获得较高的装配精度，尤其是尺寸链中环数较多时其优点极为明显。但是，修配工作需要技术熟练的装配人员，且大多数是手工操作，逐个修配，因此生产率低，没有一定的生产节拍，不易组成流水装配，产品没有互换性。因此，在大批大量生产中很少采用修配装配法，在单件小批生产中则广泛采用修配装配法。在中批生产中，一些封闭环要求较严的多环装配尺寸链大多采用修配装配法。例如，机床制造时较多采用修配装配法，既保证了封闭环的公差要求，又提高了接触表面的接触精度。

（五）修配装配法的种类

在实际生产中，修配的方式较多，常见的有以下三种。

1. 单件修配法

在装配时，选定某一固定的零件作为补偿环，用去除补偿环的部分材料达到封闭环要求的方法称为单件修配法。上述介绍的两个实例都是单件修配法。

2. 合并加工修配法

将两个或两个以上零件合并在一起当作一个补偿环进行修配的方法，称为合并加工修配法。它能减少尺寸链的环数，有利于减少修配量。

图 6-7 所示的两顶尖等高度要求的装配尺寸链常用合并加工修配法。它是把尾座和尾座底板的配合表面分别加工好，并配刮横向小导轨，然后把两零件装配为一体，以尾座底板的底面为定位基准镗削加工套筒孔，此时A_2和A_3合并为A_{23}，减少了尺寸链的环数和修配量。

合并加工修配法虽然有上述优点，但是由于要合并零件，对号入座，给加工、装配和生产组织工作带来不便。因此，这种方法多用于单件小批生产中。

3. 自身加工修配法

在机床制造中，利用机床本身的切削加工能力，用自己加工自己的方法，也可以说是把所有组成环都合并起来进行修配，直接保证达到封闭环公差要求的方法，称为自身加工修配法。例如，牛头刨床、龙门刨床及龙门铣床总装后，刨或铣自己的工作台面，可以较容易地保证工作台面和滑枕或导轨面的平行度；车床上加工自身三爪自定心卡盘的卡爪，可保证主轴回转轴线和三爪自定心卡盘定位面的同轴度；万能卧式铣床上用专用夹具镗削刀杆支架的锥孔等，都是自身加工修配法的实例。自身加工修配法在机床制造中应用较广。

四、调整装配法

封闭环公差要求较严而且组成环又较多的装配尺寸链，也可用调整装配法（简称调整法)达到要求。调整法是将尺寸链中各组成环的公差相对于互换装配法所求值增大,使其能按该生产条件下较经济的公差制造,装配时用调整的方法改变补偿环(预先选定的某一组成环)的实际尺寸或位置,使封闭环达到其公差与极限偏差要求。一般以螺栓、斜面、挡环、垫片或孔轴连接中的间隙等作为补偿环(或称调整环),用于补偿其他各组成环由于公差放大后所产生的累积误差。调整法通常采用极值公式计算。

调整法和修配装配法的补偿原则是相似的,但方法上有所不同。

调整法分为可动调整法、固定调整法和误差抵消调整法三种,现分述如下。

(一) 可动调整法

采用调整的方法改变补偿环的位置,使封闭环达到其公差与极限偏差要求的方法,称为可动调整法。常用的补偿环有螺栓、斜面、挡环、垫片或孔轴连接中的间隙等,如图 6-11 所示。可动调整法不但调整方便,能获得比较高的精度,而且还可以补偿由于磨损和变形等引起的误差,使设备恢复原有精度。因此,在一些传动机构或易磨损机构中,常采用可动调整法。但是,可动调整法中因可动调整件的出现,削弱了机构的刚性,因而在刚性要求较高或机构比较紧凑而无法安排可动调整件时,应采用其他调整法。

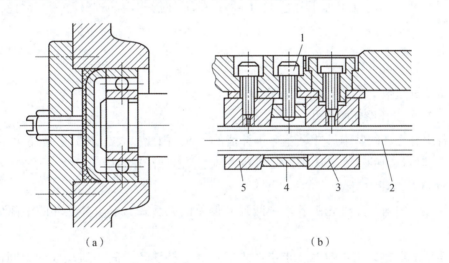

图 6-11 可动调整法
(a) 调节螺钉调整轴承间隙;(b) 楔块调整丝杠和螺母间隙
1—调节螺钉;2—丝杠;3,5—螺母;4—楔块

(二) 固定调整法

1. 基本概念

采用调整的方法改变补偿环的实际尺寸,使封闭环达到其公差与极限偏差要求的方法,称为固定调整法。补偿环要形状简单,便于装卸,常用的补偿环有垫片、挡环、套筒等。改变补偿环实际尺寸的方法是根据封闭环公差与极限偏差的要求,分别装入不同尺寸的补偿环。例如,补偿环是减环,因放大组成环公差后使封闭环实际尺寸较大时,就取较大的补偿环装入;反之,当封闭环实际尺寸较小时,就取较小的补偿环装入。为此,需要预先按一定

的尺寸要求制成若干组不同尺寸的补偿环，供装配时选用。

2. 确定补偿环的组数和各组的尺寸

采用固定调整法时，计算装配尺寸链的关键是确定补偿环的组数和各组的尺寸。

（1）确定补偿环的组数。

首先要确定补偿量 F。采用固定调整法时，由于放大组成环公差，装配后的实际封闭环的公差必然超出设计要求的公差，其超差量需要补偿环补偿，该补偿量 F 等于超差量，即

$$F = T_{0L} - T_0 \qquad (6-5)$$

式中　　T_{0L}——实际封闭环的极值公差（含补偿环）；

　　　　T_0——封闭环公差的要求值。

其次，要确定每一组补偿环的补偿能力 S。若忽略补偿环的制造公差 T_K，则补偿环的补偿能力 S 就等于封闭环公差要求值 T_0；若考虑补偿环的公差 T_K，则补偿环的补偿能力为

$$S = T_0 - T_K \qquad (6-6)$$

当第一组补偿环无法满足补偿要求时，就需要相邻一组的补偿环来补偿。因此，相邻组别补偿环基本尺寸之差也应等于补偿能力 S，以保证补偿作用的连续进行。因此，分组数 Z 为

$$Z = \frac{F}{S} + 1 \qquad (6-7)$$

计算所得分组数 Z 后，要圆整至邻近的较大整数。

（2）计算各组补偿环的尺寸。

由于各组补偿环的基本尺寸之差等于补偿能力 S，因此只要先求出某一补偿环的尺寸，就可推算出其他各组的尺寸。比较方便的办法是先求出补偿环的中间尺寸，再求各组尺寸。

（3）计算补偿环中间尺寸。

计算补偿环中间尺寸可先由各环中间尺寸偏差值关系式，求出补偿环的中间偏差后再求得。

当补偿环的组数 Z 为奇数时，求出的中间尺寸是补偿环中间一组尺寸的中间值，其余各组尺寸的中间值相应增加或减少各组之间的尺寸差 S 即可。

当补偿环的组数 Z 为偶数时，求出的中间尺寸是补偿环的对称中心，再根据各组之间的尺寸差 S 安排各组尺寸。

3. 固定调整法的特点及应用场合

固定调整法可降低对组成环的加工要求，利用调整的方法改变补偿环的实际尺寸，从而获得较高的装配精度，尤其是尺寸链中环数较多时，其优点更为明显。固定调整法在装配时不必修配补偿环，没有修配装配法的一些缺点，因此在大批大量生产中采用较多。固定调整法又没有可动调整法中改变位置的补偿件，因此刚性较好，结构比较紧凑。但是，固定调整法在调整时要拆换补偿环，装拆和调整比较麻烦，因此设计时要选择装拆方便的结构。另外，由于要预先做好若干组不同尺寸的补偿环，这也给生产带来不便。为了简化补偿件的规

格，生产中常用多件组合法。多件组合法是把补偿环（如垫片）做成几种规格，如厚度分别为0.1 mm，0.2 mm，0.5 mm，1 mm等，根据需要把不同规格的垫片组合起来满足封闭环公差要求（类似量规组合使用）。

预先制造各种尺寸的固定调整件（如不同厚度的垫圈、垫片等），装配时根据实际累积误差，选定所需尺寸的调整件装入，以保证装配精度要求。如图6-12所示，传动轴组件装入箱体时，使用适当厚度的调整垫圈（补偿件）补偿累积误差，即可保证箱体内侧面与传动轴组件的轴向间隙。

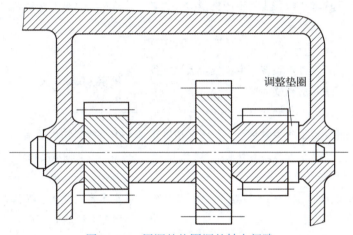

图6-12 用调整垫圈调整轴向间隙

固定调整法常用于大批大量生产，以及封闭环要求比较严的多环装配尺寸链中，尤其是在比较精密的机械传动中用固定调整法还能补偿使用过程中的磨损和误差，恢复原有精度。例如，精密机械、机床和传动机械中的锥齿轮啮合精度的调整与轴承间隙或预紧度的调整等，都广泛采用固定调整法。

（三）误差抵消调整法

误差抵消调整法是通过调整几个补偿环的相互位置，使其加工误差相互抵消一部分，从而使封闭环达到其公差与极限偏差要求的方法。误差抵消调整法和可动调整法相似，不同的是误差抵消调整法的补偿环是矢量，且多于一个。常见的补偿环是轴承件的跳动量、偏心量和同轴度等。

误差抵消调整法可在不提高轴承和主轴的加工精度条件下，提高装配精度。它与其他调整法一样，常用于机床制造，且封闭环要求较严的多环装配尺寸链中。但由于误差抵消调整法需事先测出补偿环的误差方向和大小，装配时需技术等级高的装配人员，因此增加了装配时和装配前的工作量，并给装配组织工作带来一定的麻烦。误差抵消调整法多用于生产批量不大的中小批生产和单件生产。

五、装配方法的选择

上述各种装配方法各有特点。其中有些方法对组成环的加工要求不严，但装配时要求较严格；相反，有些方法对组成环的加工要求较严，而在装配时就比较方便简单。选择装配方法的出发点是使产品制造的全过程达到最佳效果。选择装配方法具体考虑的因素有封闭环公差要求（装配精度）、结构特点（组成环数目）、生产类型及具体生产条件等，如表 6 – 4 所示。

表 6 – 4　装配方法的选择

装配方法	适用范围	应用举例
完全互换装配法	适用于零件数较少、生产批量很大、零件可用经济精度加工时	汽车、中小型柴油机及小型电机的部分部件
大数互换装配法	适用于零件数稍多、生产批量大、零件加工精度可适当放宽时	机床、仪器仪表中的某些部件
选配装配法	适用于成批或大量生产中，装配精度很高，零件数很少，又不便采用调整装配时	中小型柴油机的活塞与缸套、活塞与活塞销、滚动轴承的内外圈与滚子
修配装配法	单件小批生产中，装配精度要求高的场合	车床尾座垫板、滚齿机分度蜗轮与工作台装配后精加工齿形
调整法	除必须采用选配装配法选配的精度配件外，调整法可用于各种装配场合	机床导轨的楔形镶条、滚动轴承调整间隙的间隔套垫圈

一种产品究竟采用何种装配方法来保证装配精度，通常在设计阶段就应确定。因为只有在装配方法确定后，才能通过装配尺寸链的解算，合理地确定各个零部件加工和装配技术要求。但是，同一种产品的同一装配精度要求，在不同的生产类型和生产条件下，可能采用不同的装配方法。例如，在大量生产时采用完全互换装配法或调整法保证的装配精度，在小批生产时可用修配装配法。具体选择时可参考如下 4 点进行：①在大量生产中，由于生产节奏和经济性要求，要维修方便，优先选择完全互换装配法；②装配精度不太高，而组成环数目多，生产节奏不严格可选择大数互换装配法；③大批大量生产的少环高精度装配，则考虑采用选配装配法；④单件小批生产，装配精度要求高，以上方法使零件加工困难时，应选用修配装配法或调整法。

【任务实施】

分析装配方法，并指出图 6 – 7 应采用的装配方法，填写表 6 – 5。

表 6-5 装配方法分析任务工单

装配方法	特点	应用场合	图 6-7 装配方法

【任务评价】

一、任务评价表

对【任务实施】进行评价，并填写表 6-6。

表 6-6 任务评价表

考核内容	考核方式	考核要点	分值	评分
知识与技能（70 分）	教师评价（50%）+ 互评（50%）	互换装配法	14 分	
		选配装配法	14 分	
		修配装配法	14 分	
		调整装配法	14 分	
		应用场合	14 分	
学习态度与团队意识（15 分）	教师评价（50%）+ 互评（50%）	学习积极性高，有自主学习的能力	3 分	
		有分析解决问题能力	3 分	
		有团队协作精神，能顾全大局	3 分	
		有组织协调能力	3 分	
		有合作精神，乐于助人	3 分	
工作与职业操守（15 分）	教师评价（50%）+ 互评（50%）	有安全操作、文明生产的职业意识	3 分	
		遵守纪律，规范操作	3 分	
		诚实守信，实事求是，有创新意识	3 分	
		能够自我反思，不断优化完善	3 分	
		有节能环保意识、质量意识	3 分	

二、判断题

1. 调整法与修配装配法的区别是，调整法不是靠去除金属来补偿，而是靠改变补偿件的位置或更换零件来补偿。（   ）

2. 分组装配法是将组成环的公差相对于互换装配法所求值增大若干倍，使其能较经济加工的方法。（   ）

3. 固定调整法采用改变调整件的相对位置来保证装配精度。（   ）

任务三　制订装配工艺规程

【任务描述】

图 6-13 所示为锥齿轮组件图。减速器锥齿轮组件可以作为独立的装配单元进行单独组装后，再将整个组件装入箱体中。要制订组件装配工艺规程，首先要准确地分析各部分零件的装配关系，确定装配方法和装配顺序，绘制出锥齿轮组件装配单元系统图，如图 6-14 所示，同时完成 JH125 发动机的装配任务。

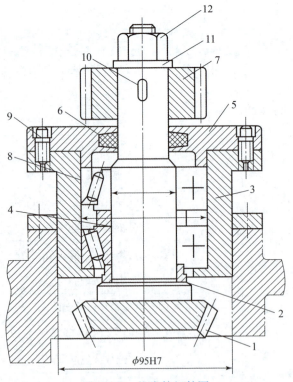

图 6-13　锥齿轮组件图

1—锥齿轮轴；2—衬垫；3—轴承套；4—间隔圈；5—轴承盖；6—毛毡圈；
7—圆柱齿轮；8—轴承；9—螺钉；10—键；11—垫圈；12—螺母

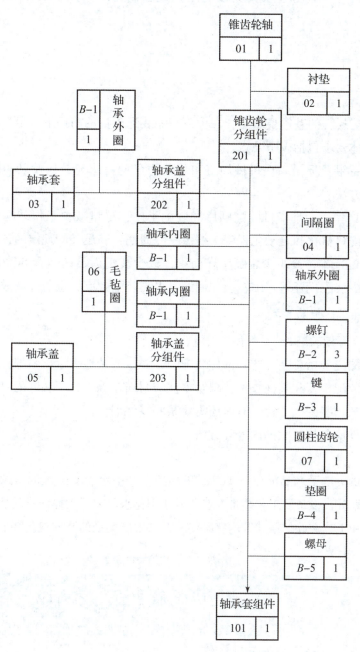

图 6-14 锥齿轮组件装配单元系统图

【知识链接】

装配工艺规程是指导装配生产的主要技术文件，制订装配工艺规程是生产技术准备的一项重要工作。装配工艺规程对保证装配质量、提高装配生产率、缩短装配周期、减轻装配人员的劳动强度、缩小装配占地面积和降低成本等都有重要的影响，因此要合理地制订装配工艺规程。本任务主要讨论装配工艺规程制订时不同于机械加工工艺规程制订时的一些特点。

一、制订装配工艺规程的基本要求及主要依据

（一）基本要求

制订装配工艺规程的基本要求是，在保证产品装配质量的前提下，尽量提高劳动生产率和降低成本。具体要求包括以下几点。

（1）保证产品装配质量。在机械加工和装配的全过程达到最佳效果的前提下，选择合理和可靠的装配方法。

（2）提高生产率。合理安排装配顺序和装配工序，尽量减少工作装配量，特别是手工劳动量，提高装配机械化和自动化程度，缩短装配周期，满足装配规定的计划要求。

（3）减少装配成本。要减少装配生产面积，减少装配人员的数量和降低对装配人员技术等级要求，减少装配投资等。缩短装配周期，提高装配效率，也能降低成本。

（二）主要依据（原始资料）

1. 产品的装配图及验收技术条件

产品的装配图应包括总装配图和部件装配图，并能清楚地表示出零部件的相互连接情况及其联系尺寸、装配精度和其他技术要求及零件的明细栏等。为了在装配时对某些零件进行补充机械加工和核算装配尺寸链，有时还需要某些零件图。

验收技术条件应包括验收的内容和方法。

2. 产品的年产量

产品的年产量决定了产品的生产类型。不同的生产类型，其装配的组织形式、装配的方法、工艺过程的划分、设备及工艺装备专业化或通用化水平、手工操作量的比例、对装配人员技术水平的要求和工艺文件的格式等均有不同。各种生产类型的装配工艺特征如表 6-7 所示。

表 6-7 各种生产类型的装配工艺特征

装配工艺特征	生产类型		
	单件小批生产	中批生产	大批大量生产
产品生产重复（专业化）程度	产品经常变换，很少重复生产	产品周期重复	产品固定不变，经常重复
组织形式	采用固定式装配或固定流水装配	重型产品采用固定流水装配，生产批量较大时采用流水装配，多品种平行投产时采用变节拍流水装配	多采用流水装配线和自动装配线，有间歇移动、连续移动和变节拍移动等方式

续表

装配工艺特征	生产类型		
	单件小批生产	中批生产	大批大量生产
装配方法	常用修配装配法，互换装配法比例较少	优先采用互换装配法，装配精度要求高时，灵活应用调整法和修配装配法（环数多时）及分组装配法（环数少时）	优先采用完全互换装配法；装配精度高，环数少时用分组装配法；环数多时用调整法
工艺过程	工艺灵活掌握，也可适当调整工序	应适合生产批量的大小，尽量使生产均衡	工艺过程划分很细，力求达到高度均衡性
设备及工艺装备	一般为通用设备及工艺装备	较多采用通用设备及工艺装备，部分是高效的工艺装备	宜采用专用、高效设备及工艺装备，易于实现机械化和自动化
手工操作量和对装配人员技术水平的要求	手工操作比重大，需要技术熟练的装配人员	手工操作比重大，需要有一定熟练程度的技术的装配人员	手工操作比重小，对装配人员技术要求较低
工艺文件	仅有装配工艺过程卡	有装配工艺过程卡，复杂产品有装配工序卡	有装配工艺过程卡和装配工序卡
应用实例	重型机械、重型机床、汽轮机和大型内燃机等	机床、机车车辆等	汽车、拖拉机、内燃机滚动轴承等

3. 现有生产条件和标准资料

现有生产条件和标准资料包括现有装配设备、工艺装备、装配车间面积、装配人员技术水平、机械加工条件及各种工艺资料和标准等。设计人员熟悉和掌握了这些内容，才能切合实际地从机械加工和装配的全局出发，制订合理的装配工艺规程。

二、制订装配工艺规程的步骤、方法和内容

1. 研究产品装配图和验收技术条件

（1）审查图样的完整性、正确性，分析产品的结构工艺性，明确各零部件之间的装配关系。

（2）审查产品装配的技术要求和检查验收方法，找出装配中的关键技术。

(3) 研究设计人员所确定的装配方法，进行必要的装配尺寸链分析与计算。

2. 确定装配方法和组织形式

装配的组织形式主要取决于产品的结构特点（包括尺寸、质量和复杂程度等）、年产量和现有生产条件，可分为固定式装配和移动式装配两种。

固定式装配是指全部装配工作在一个固定的地点进行，产品在装配过程中不移动，对时间的限制较松，校正、调整、配作较方便。其多用于单件小批生产或重型产品的成批生产；固定式装配也可组织工人专业分工，按装配顺序轮流到各产品点进行装配。

移动式装配是指将零部件用输送带或输送小车，按装配顺序从一个装配地点有节奏地移动到下一装配地点，各装配地点分别完成其中的一部分装配工作。全部装配地点完成产品的全部装配工作。移动式装配按移动的形式可分为连续移动式装配和间歇移动式装配两种。连续移动式装配即装配线按节拍移动，装配人员在装配时边装边随装配线走动，装配完毕立即回到原位继续重复装配；间歇移动式装配即装配产品不动，装配人员在规定时间（节拍）内完成装配规定工作后，产品再被输送带或输送小车送到下一个装配地点。移动式装配按移动时节拍变化与否可分为强制节拍和变节拍两种。变节拍式移动比较灵活，有柔性，适合多品种装配。移动式装配常用于大批大量生产时组成流水作业线或自动线，如汽车、拖拉机、仪器仪表等产品的装配。

3. 划分装配单元和确定装配顺序

（1）划分装配单元。

将产品划分为可进行独立装配的单元，选定某一零件或比它低一级的装配单元作为装配基准件。这在大批大量生产结构复杂的产品时尤为重要。只有划分好装配单元，才能合理安排装配顺序和划分装配工序，组织平行流水作业。

产品或机器是由零件、套件（合件）、组件和部件等装配单元组成的。零件是组成机器的基本单元，它是由整块金属或其他材料组成的。零件一般都预先装成套件（合件）、组件和部件后，再安装到机器上。套件（合件）是由若干零件永久连接（铆或焊）而成，或连接后再经加工而成，如装配式齿轮、发动机连杆小头孔压入衬套后再精镗孔等。组件是指一个或几个套件（合件）与零件的组合，没有显著完整的作用，如活塞连杆组件或主轴箱中轴与其上的齿轮、套、垫片、键和轴承的组合体。部件是若干个组件、套件（合件）及零件的组合体，并在机器中具有一定的完整功能，如车床的主轴箱、进给箱和溜板箱部件等。机器是由上述各装配单元结合而成的整体，具有独立、完整的功能。

上述各种装配单元都要选定某一个零件或比它低一级的单元作为装配基准件，通常应选体积或质量较大、有足够的支承面、能保证装配时稳定性的零件、组件或部件，如床身零件是床身组件的装配基准件，床身组件是床身部件的装配基准组件，床身部件是机床产品的装配基准部件。

划分好装配单元，并确定装配基准件后，就可安排装配顺序。确定装配顺序的要求是保证装配精度，使装配连接、调整、校正和检验工作能顺利地进行，并且前面工序不妨碍后面工序的进行，后面工序也不应损坏前面工序的质量等。

（2）确定装配顺序。

一般装配顺序的安排：预处理工序在前，如工件的倒角、去飞边、清洗、防锈和防腐处理、涂饰和干燥等；先基准后其他，先重大后轻小，以保证装配过程的稳定性；先下后上，先内后外，先难后易，先精密后一般，以保证装配顺利进行。

4. 绘制装配系统图

在装配工艺规程制订过程中，常用装配单元系统图来表示产品零部件间的相互装配关系及装配流程。图6-15所示分别为套件、组件、部件、产品的装配单元系统图。

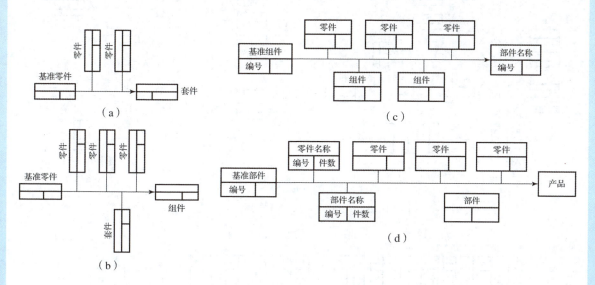

图6-15 装配单元系统图
(a) 套件装配单元系统图；(b) 组件装配单元系统图；
(c) 部件装配单元系统图；(d) 产品装配单元系统图

装配单元系统图的画法：首先画一条横线，横线左端为基准件的长方格，横线右端箭头指向装配单元的长方格；再按装配的先后顺序，从左向右依次将装入基准件的零件、套件（合件）、组件和部件引入；表示零件的长方格画在横线上方，表示套件（合件）、组件和部件的长方格画在横线下方；每一长方格内，上方注明装配单元名称，左下方填写装配单元的编号，右下方填写装配单元的件数；最后合成装配单元系统合成图，如图6-16所示。

在装配单元系统图上加注所需要的工艺说明，如焊接、配钻、配刮、冷压、热压和检验等，就形成图6-17所示的床身部件装配工艺系统图。装配工艺系统图比较清楚而全面地反映了装配单元的划分、装配顺序和装配工艺方法等，是装配工艺规程制订中的主要文件之一，也是划分装配工序的依据。

5. 装配工序的划分与设计

装配顺序确定后，就可将工艺过程划分为若干个工序，并进行具体装配工序的设计。

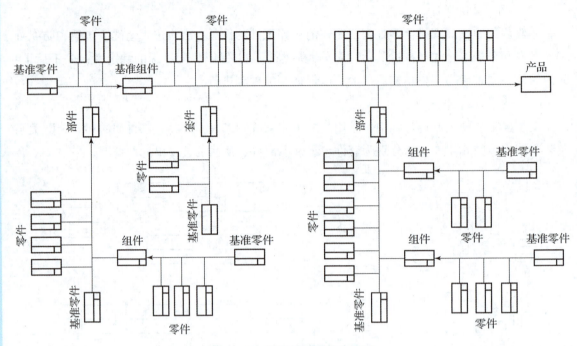

图 6-16 装配单元系统合成图

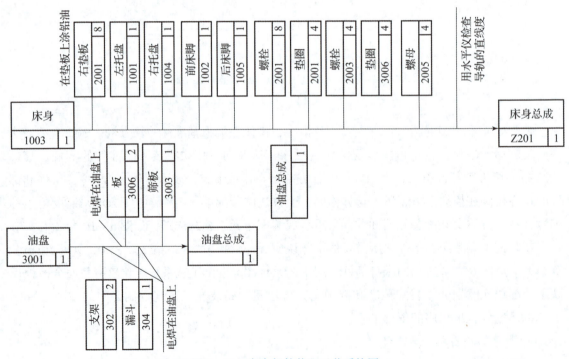

图 6-17 床身部件装配工艺系统图

工序的划分主要是确定工序集中与分散的程度。工序的划分通常和工序的设计一起并行。

工序设计的主要内容有以下几个。

（1）制订工序的操作规范，如过盈配合所需的压力、变温装配的温度值、紧固螺栓连接的预紧扭矩、装配环境等。

（2）选择设备与工艺装备。若需要专用设备与工艺装备，则应提交设计任务书。

（3）确定工时定额，并协调各个工序内容。在大批大量生产时，要平衡工序节拍，均衡生产，实现流水装配。

6. 填写工艺文件

单件小批生产时通常只绘制装配单元系统图，装配时按产品装配图及装配单元系统图工作，它是表明产品零部件装配关系和装配流程的示意图，其上注明有工作内容和操作要点。成批生产时通常还需制订部件、总装的装配工艺卡，写明工序次序、简要工序内容、设备名称、工具和夹具名称与编号、装配人员技术等级和时间定额等项。在大批大量生产中不仅要制订装配工艺卡，而且要制订装配工序卡，以直接指导装配人员进行产品装配。此外，还应按产品图样要求，制订装配检验与试验卡。

7. 制订产品检验与试验规范

产品装配完毕，应按产品技术性能和验收技术条件制订检测与试验规范，包括以下几项。

（1）检测和试验的项目及检验质量指标。

（2）检测和试验的方法、条件与环境要求。

（3）检测和试验所需工艺装备的选择或设计。

（4）质量问题的分析方法和处理措施。

三、装配加工任务评价

1. 编制减速器锥齿轮组件的装配工艺

锥齿轮组件可以作为独立的装配单元进行单独组装后，再将整个组件装入箱体中。要制订组件装配工艺规程，首先要准确分析各部分零件的装配关系，确定装配方法和装配顺序，绘制出锥齿轮组件的装配单元系统图，如图6-14所示。

2. 绘制减速器总装系统图

减速器各组件装配完成后，再进行总装配，示例如图6-18所示。总装从基准零件箱体开始，依据先里后外、先下后上的装配顺序，确定减速器先装蜗杆轴，再装蜗轮轴。

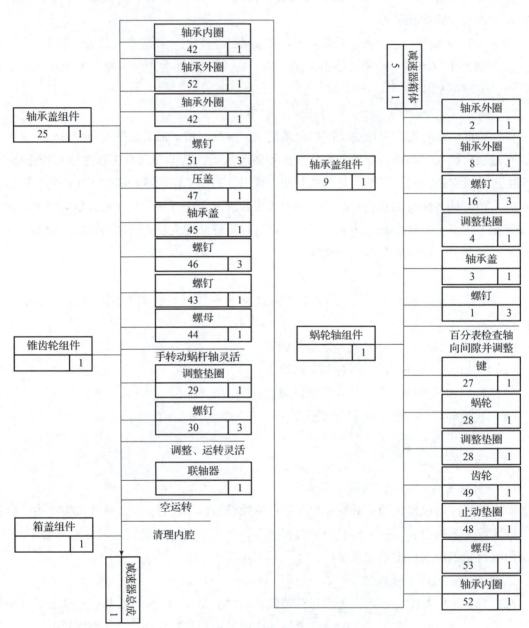

图 6-18 减速器总装系统图示例

【任务实施】

填写发动机装配任务工单,如表 6-8 所示。

表 6-8 发动机装配任务工单

姓名:　　　　　　　学号:　　　　　　　总分:

序号	考核内容	配分	存在问题	备注
1	起动轴、主副轴、变速鼓、曲速装配	10		
2	左右曲轴箱合箱(密封垫)	5		
3	安装紧固双头螺栓(定位板组合、拨板)	5		
4	安装活塞	5		
5	安装气缸(气缸纸垫)	4		
6	安装紧固气缸头(安装导向板、缸垫)	7		
7	安装紧固正时链条、链轮(校对正时)	10		
8	安装张紧装置	4		
9	安装紧固磁电机飞轮	3		
10	安装传动链轮	5		
11	调整进排气门	10		
12	安装气门盖及左侧盖	5		
13	安装紧固磁电机左前盖(压线板)	5		
14	安装变速鼓	3		
15	安装机油泵	4		
16	安装离合器、主动齿轮、滤清器	8		
17	安装紧固油箱(密封垫)	7		

【任务评价】

一、任务评价表

对【任务实施】进行评价,并填写表6-9。

表6-9 任务评价表

序号	考核内容	评分标准	得分	备注
1	螺栓螺钉扭矩不合格一颗	扣1分		
2	螺栓螺钉垫圈规格装错一个	扣2分		
3	垫圈少安一个	扣2分		
4	螺栓螺钉少装一颗	扣5分		
5	大件一件未装	扣10分		
6	小件一件未装	扣5分		
7	一般装配不到位	扣3分		
8	因装配不到位引起发动机不能工作	扣10分		
9	发动机内有异物	扣10分		
10	考试超时1 min	扣2分		
11	安全文明生产	加5分		
12	总计得分			

备注:总分为100分。

二、选择题

1. 装配尺寸链的出现是由于装配精度与( )有关。

A. 多个零件的精度　　　　　　　　B. 一个主要零件的精度

C. 生产量　　　　　　　　　　　　D. 生产类型

2. 组成机器的基本单元是( )。

A. 组件　　　　B. 套件　　　　C. 部件　　　　D. 零件

3. 装配尺寸链的构成取决于( )。

A. 具体加工方法　　　　　　　　　B. 工艺过程方案

C. 零部件结构的设计　　　　　　　D. 都不是

4. 分组装配法适用于成批、大量生产中封闭环公差要求很严、尺寸链组成环（　　）的装配尺寸链中。

 A. 多   B. 少   C. 一般   D. 无关

5. 装配尺寸链的封闭环是（　　）。

 A. 精度要求最高的环   B. 要保证的装配精度

 C. 基本尺寸为零的环   D. 尺寸最小的环

参 考 文 献

[1] 郑修本. 机械制造工艺学［M］. 北京：机械工业出版社，2012.

[2] 葛汉林. 机械加工工艺与设备［M］. 长沙：国防科技大学出版社，2016.

[3] 应鸿烈. 机械加工工艺设计［M］. 北京：高等教育出版社，2019.

[4] 陈旭东，吴静，马敏茹，等. 机床夹具设计［M］. 2 版. 北京：清华大学出版社，2014.

[5] 胡林岚，周益军. 机械加工方法与设备选用［M］. 北京：高等教育出版社，2012.

[6] 马敏莉，陈广健，陈旭东，等. 机械制造工艺编制及实施［M］. 北京：清华大学出版社，2011.

[7] 徐嘉元，曾家驹. 机械制造工艺学［M］. 北京：机械工业出版社，2012.

[8] 吴拓. 机械制造工艺与机床夹具［M］. 北京：机械工业出版社，2006.

[9] 兰建设. 机械制造工艺与夹具［M］. 北京：机械工业出版社，2006.

[10] 朱淑萍. 机械加工工艺及装备［M］. 北京：机械工业出版社，2002.

[11] 吴拓，陨建国. 机械制造工程［M］. 2 版. 北京：机械工业出版社，2005.

[12] 徐文德，邓养廉，张涌海，等. 机械制造工艺基础［M］. 北京：科学出版社，2009.

[13] 王季琨，沈中伟，刘锡珍. 机械制造工艺学［M］. 天津：天津大学出版社，1998.

[14] 傅水根. 机械制造工艺基础［M］. 北京：清华大学出版社，1998.